北京电子科技职业学院 BEIJING POLYTECHNIC "百名教师到企业挂职（岗）实践、开发百门工学结合项目课程、编写百部工学结合校本教材活动"系列教材

单片机应用设计与实现

——基于 Keil C 和 Proteus 开发仿真平台

主　编　张永红

副主编　邱钊鹏

主　审　朱运利

U0303426

电子工业出版社

Publishing House of Electronics Industry

北京·BEIJING

内 容 简 介

本书以 MCS-51 系列单片机为主体，通过 LED 电子彩灯、电子钟、简易电子琴、数字电压表、数字温度控制器和日历时钟的设计与实现等 6 个项目，详细介绍单片机开发必备的基础知识和软硬件条件。在设计的 6 个学习项目中，学习者通过精心安排的案例可以在学习和实现单片机控制系统、编程、调试等技术的同时，由易到难、由浅入深地学习单片机 C 语言开发基础。本书的所有案例均采用 C 语言编程，在仿真软件 Proteus 中仿真实现。

本书在编写时力求通俗易懂，硬件原理以"有用、够用"为原则，内容讲解以项目、任务、工作过程一体化紧密结合实践为特色，因此本书特别适合零起点的初学者使用，本书既可作为高职高专院校的单片机课程教学用书，也可作为高等院校自动化技术、机电一体化技术、电子信息、通信等专业学生、各类工程技术人员和单片机爱好者学习的参考书。

图书在版编目（CIP）数据

单片机应用设计与实现：基于 Keil C 和 Proteus 开发仿真平台 / 张永红主编 . —北京：电子工业出版社，2014.1
ISBN 978-7-121-22260-3

Ⅰ. ①单…　Ⅱ. ①张…　Ⅲ. ①单片微型计算机－高等学校－教材　Ⅳ. ①TP368.1

中国版本图书馆 CIP 数据核字（2013）第 317857 号

策划编辑：程超群
责任编辑：郝黎明
印　　刷：北京七彩京通数码快印有限公司
装　　订：北京七彩京通数码快印有限公司
出版发行：电子工业出版社
　　　　　北京市海淀区万寿路 173 信箱　邮编 100036
开　　本：787×1 092　1/16　印张：18.5　字数：473.6 千字
版　　次：2014 年 1 月第 1 版
印　　次：2021 年 8 月第 6 次印刷
定　　价：38.00 元

本书由北京市级专项"2012 年教育教学改革"专项项目（PXM2012_014306_000060）资助完成。

凡所购买电子工业出版社图书有缺损问题，请向购买书店调换。若书店售缺，请与本社发行部联系，联系及邮购电话：（010）88254888，88258888。

质量投诉请发邮件至 zlts@phei.com.cn，盗版侵权举报请发邮件至 dbqq@phei.com.cn。

本书咨询联系方式：（010）88254577，ccq@phei.com.cn。

序　言

职业教育作为与经济社会联系最为紧密的教育类型，它的发展直接影响到生产力水平的提高和经济社会的可持续发展。职业教育的逻辑起点是从职业出发，为受教育者获得某种职业技能和职业知识、形成良好的职业道德和职业素质，从而满足从事一定社会生产劳动的需要而开展的一种教育活动。高等职业教育以培养高端技能型专门人才为教育目标，由于职业教育与普通教育的逻辑起点不同，其人才培养方式也是不同的。教育部《关于推进高等职业教育改革创新引领职业教育科学发展的若干意见》（教职成[2011]12 号）等文件要求"高等职业学校要与行业（企业）共同制订专业人才培养方案，实现专业与行业（企业）岗位对接、专业课程内容与职业标准对接；引入企业新技术、新工艺，校企合作共同开发专业课程和教学资源；将学校的教学过程和企业的生产过程紧密结合，突出人才培养的针对性、灵活性和开放性；将国际化生产的工艺流程、产品标准、服务规范等引入教学内容，增强学生参与国际竞争的能力"，其目的就是要深化校企合作，工学结合人才培养模式改革，创新高等职业教育课程模式，在中国制造向中国创造转变的过程中，培养适应经济发展方式转变与产业结构升级需要的"一流技工"，不断创造具有国家价值的"一流产品"。我校致力于研究与实践这个高等职业教育创新发展的中心课题，变使命为己任，从区域经济结构特征出发，确立了"立足开发区，面向首都经济，融入京津冀，走出环渤海，与区域经济联动互动、融合发展，培养适应国际化大型企业和现代高端产业集群需要的高技能人才"的办学定位，形成了"人才培养高端化，校企合作品牌化，教育标准国际化"的人才培养特色。

为了创新改革高端技能型人才培养的课程模式，增强服务区域经济发展的能力，寻求人才培养与经济社会发展需求紧密衔接的有效教学载体，学校于 2011 年启动了"百名教师到企业挂职（岗）实践、开发百门工学结合项目课程、编写百部工学结合校本教材活动"（简称"三百活动"），资助 100 名优秀专职教师，作为项目课程开发负责人，脱产到世界 500 强企业挂职（岗）实践锻炼，去选择"好的企业标准"，转化为"好的教学项目"。教师通过深入生产一线，参与企业技术革新，掌握企业的技术标准、工作规范、生产设备、生产过程与工艺、生产环境、企业组织结构、规章制度、工作流程、操作技能等，遵循教育教学规律，收集整理企业生产案例，并开发转化为教学项目，进行"教、学、训、做、评"一体化课程教学设计，将企业的"新观念、新技术、新工艺、新标准"等引入课程与教学过程中。通过"三百活动"，有效促进了教师的实践教学能力、职业教育的项目课程开发能力、"教、学、训、做、评"一体化课程教学设计能力与职业综合素质。

学校通过"教师自主申报"、"学校论证立项"等形式，对项目的选题、实施条件等进行充分评估，严格审核项目立项。在项目实施过程中，做好项目跟踪检查、项目中期检查、项目结题验收等工作，确保项目的高质量完成。《教材名称》是我校"三百活动"系列教材之一。课程建设团队将企业系列真实项目转化为教学载体，经过两轮的"教、学、训、做、评"一体化教学实践，逐步形成校本教学资源，并最终完成本教材的建设工作。"三百活动"系列教材建设，得到了各级领导、行业企业专家和教育专家的大力支持和热心的指导与帮助，在此深表谢意。相信这套"三百活动"系列教材能为我国高等职业教育的课程模式改革与创新做出积极的贡献。

北京电子科技职业学院

副校长　安江英

于 2013 年 2 月

前　言

《国家中长期教育改革和发展规划纲要（2010—2020 年）》提出，"高等职业教育具有高等教育和职业教育双重属性，以培养生产、建设、服务、管理第一线的高端技能型专门人才为主要任务"，"必须坚持以服务为宗旨、以就业为导向"，培养应用型人才。而培养应用型的人才，需要使用应用型的教学方法和应用型的教材。我们在研究高职层面的学生和反思职业教育传统教学方法的基础上，经过二十余年的教改实验积累，打破"章—节"编写模式，建立了"工作项目为导向，工作任务为驱动，行动体系为框架，典型案例情境为引导"的教材内容体系。围绕着学生项目能力的培养组织教材的内容，将单片机开发思路与过程等实用技术融入到具体任务中，使教学中达到"教、学、训、做、评"一体化成为可能。

本书以应用单片机解决实际问题的项目能力为编写主线，通过 LED 电子彩灯、电子钟、简易电子琴、数字电压表、数字温度控制器和日历时钟的设计与实现等 6 个项目，将单片机的基本知识、基本操作和应用方法结合起来，让学生在操作的实践中，体会单片机控制的规律，掌握单片机应用的方法，在不断反复操作的实践中熟练掌握单片机开发的工作过程，从实践到理论，进而内化为学习者的隐性知识。

本书的主要特点表现在以下几个方面。

（1）教材是以学生就业能力为导向，以实际操作为中心，让学生在自己完成任务的过程中完成教学目标为特色，特别适合单片机活动教学模式的项目教学法，教学目的具体明确，重点突出。

（2）现在部分学生毕业与就业不能接轨，常常毕业就意味着失业，其主要原因是学生虽有一些专业能力，但"社会/个人能力"和"方法与学习能力"欠缺，而这恰恰是我们要通过本教材加上适当的教学方法培养学生的"项目能力"，这里从时间管理和责任承担开始培养，以期待学生学完这门课程后，可以在完成任务的同时，项目能力也可以同步提升。

（3）围绕着学生项目能力的培养组织教材的内容，针对高职生以形象思维记忆为主要学习特征，以形象化、动作化的学习行为为主要学习手段的特点，教育者可以采用活动教学模式，利用任务驱动法，以实际动手操作完成任务带动理论课的学习。将单片机开发思路与应用过程等实用技术融入具体的任务中，通过这种类似于学生日后实际生活的真实环境中的反复实践，使学生获得自我构建的隐性知识——过程性知识。

（4）教材可以采用新型的活动教学模式，贯彻理论和实践相结合的原则，采用"理论—实践—自学理论—创新实践"的教学方式，滚动式递进。在内容科学性和知识点关联性的前提下，不刻意追求内容的系统性和完整性，而是着眼于激发学生潜能、培养学生的项目能力、提高学生的素质。在评价内容和方法上用学业的过程性评价和学生项目能力评价代替了以往单一的总结性评价，力图建构一套包括学生学习过程记录、成果演示、学生项目能力评价、教师评鉴的多元化评价系统。

（5）基于 Keil C 和 Proteus 的开发仿真平台。Keil μVision 是目前较优秀的 MCS-51 系列单片机软件集成开发环境，集成了文件编辑、编译连接、项目管理和软件仿真调试等多种功能，也是职业工作岗位使用最多的 MCS-51 系列单片机软件开发平台。教材采用的 C 语言编程易于理解，可移植性非常好。Proteus 是一款功能很强的 EDA 工具软件，可以直接在原理图的虚拟原型上进行单片机和外围电路的仿真，能够与 Keil 连接调试，实时、动态地模拟器件的动作，具有虚拟信号发生器、示波器、逻辑分析仪等多种测量分析工具，在单片机应用电路的仿真中具有突出的优势，是一款实用的单片机应用仿真软件。本书的所有案例均采用 C 语言编程，在仿真软件 Proteus 中仿真实现，仿真演示的直观性可以增加学习者学习单片机的兴趣。

为方便教学，本书提供全部案例的源程序和 Proteus 仿真电路以及部分视频等教学资源，需要者可登录华信教育资源网（www.hxedu.com.cn）免费下载。

本课程教学学时数可以根据学习者的认知程度做出灵活安排，建议课时在 68～120 之间。

本书由张永红担任主编，邱钊鹏担任副主编，其中项目 1、项目 2 和项目 6 由张永红编写，项目 3 由张天擎编写，项目 4 由刘永琦编写，项目 5 由张永红、邱钊鹏编写。全书由朱运利教授主审，由张永红总体结构设计、统稿并定稿。本书在撰写过程中，得到了北京电子科技职业学院自动化工程学院的大力支持，曲鸣飞、陶砂、赵丹参加了本书的前期部分工作，在此表示衷心的感谢。

由于作者水平有限且时间仓促，书中难免有不足之处，恳请广大读者批评指正。

编　者

目 录

项目 1　LED 电子彩灯的设计与实现

1.0　项目 1 任务描述

　　LED 较之于传统照明光源所没有的优势，如较低的功率需求、较好的驱动特性、较快的响应速度、较高的抗振能力、较长的使用寿命、绿色环保，以及不断快速提高的发光效率等，成为目前世界上最有可能替代传统光源的新一代光源。LED 电子彩灯在日常生活中的应用十分广泛，如交通指示、广告、装饰、景观照明和环境美化等多个方面。本学习项目是使用单片机控制，进行 LED 电子彩灯的设计和实现。从认识单片机开始，通过对最小单片机系统的构成，对单片机程序设计工具软件 Keil μVision 和单片机应用仿真软件 Proteus 的了解和使用，在学会单片机最基本的使用方法的同时学会 Keil C51 软件编程，能够用 C51 基础语句，即两选择语句（if/switch）三循环语句（while/for/do…while）编写一般程序，能够用单片机控制 LED 电子彩灯的设计与实现。

1.0.1　项目目标

　　（1）正确认识单片机控制系统的应用、结构与编程方法。

　　（2）对必要的工作任务进行规划、设计，分配任务，确定一个时间进程。

　　（3）选择一个（合作）伙伴，伙伴之间合作式地工作，各尽其责，独立完成自己的任务，并谨慎认真对待工作资料。

　　（4）会操作仿真软件 Proteus，能进行简单的单片机应用硬件电路图设计。

　　（5）会操作单片机程序设计工具软件 Keil μVision，并使用 C 语言进行简单的单片机程序设计。

　　（6）能够根据项目任务要求，自主利用资源（手册、参考书籍、网络等）解决学习过程中遇到的实际问题，并完成单片机控制多只 LED 闪烁时间和点亮花式的设计。

　　（7）能够按照设计任务要求，完成 LED 电子彩灯的设计与实现。

　　（8）工作任务结束后，学会总结和分析，积累经验，找出不足，形成有效的工作方法和解决问题的思维模式。

　　（9）通过与其他小组交流，检查（修订）自身的工作结果，展示汇报。

　　（10）反思自己的工作过程与结果，并进行优化，提出改善性意见。

1.0.2　项目内容

　　（1）认识单片机，知道单片机控制系统的结构和应用场合；学习单片机工具软件 Keil 和仿真软件 Proteus 的使用。

　　（2）学会二、十、十六进位数制及进行数制之间的转换。

　　（3）学会使用单片机引脚，了解 P0～P3 口的功能及应用。

　　（4）了解单片机存储器的应用。

　　（5）学会使用 Keil C 语言编写软件源程序，控制多只 LED 的亮灭时间和点亮花式，并进行编译调试。

　　（6）会根据设计任务的要求，设计出电子彩灯的硬件电路图，并进行硬件调试。

　　（7）会软、硬件联调，并成功进行仿真运行。

　　（8）会根据工作任务完成一般性控制任务的计划、电路的安装制作、简单编程、接线、下载及任务正确实现。

（9）根据需要，完成小组内部的交流或在全班展示汇报并提出改善性意见。

（10）进行"LED 电子彩灯的设计与实现"的项目能力评价。

1.0.3 项目能力评价

教育组织者可以根据学习者的学习反馈和本身具有的设备资源情况，制定项目能力评价体系，以下"项目能力评价表"供大家参考。教育组织者可以让学习者自评、互评或者教育组织者评价，又或联合评价，加权算出平均值进行最终评价。

项目能力评价表

1. 可靠，负责

不能遵守时间和事物上的约定，不能按规定行事	能遵守时间和事物上的约定，能认真按规定行事	能胜任自己的职责，敦促他人。守时，可靠	平均分
20	40	60	80	100

2. 自主，独立解决问题

不能解决问题	可在规定时间里解决问题	能认清复杂问题，可独立并用合适的方法有效地解决问题	平均分
20	40	60	80	100

3. 交流能力

只能倾听，不能语意明确思路清晰地表达	可明确表达自己的意见思想，可参与讨论问题	可公正地进行讨论商议，用合适的方式清晰表达自己的意见	平均分
20	40	60	80	100

4. 团队合作能力

不能和别人共同工作	可对给定作业进行合作与讨论	可良好地与人合作制订计划，实施。可接受别人建议并反馈	平均分
20	40	60	80	100

5. 学习兴趣与主动性

没兴趣	对新内容感兴趣，并能参与课堂教学	对新内容感兴趣，并应用和反思。积极主动参与思考	平均分
20	40	60	80	100

6. 作报告

没有掌握基本报告技巧，结构混乱，有很大的专业错误	掌握基本报告技巧，可使用专业语言表达	客观地、逻辑清晰地运用专业术语。目光交流，说话技巧，身体动作满足要求	平均分
20	40	60	80	100

1.1 任务1 认识单片机

1.1.1 单片机的组成

1. 我们身边的单片机

你见过单片机吗？其实它就存在于我们日常生活的常用设备中，例如，手机、电子表、计算器、掌上型游戏机、数码相机、录音笔，以及电视与空调的遥控器等，如图 1-1 所示。在 PC 内部也有单片机，它化身为光驱激光读取头的控制器、网卡、键盘和鼠标的控制芯片等。

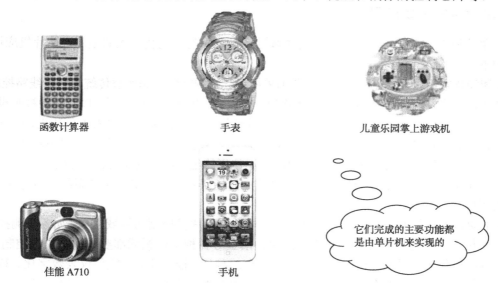

函数计算器　　　　　　　　手表　　　　　　　儿童乐园掌上游戏机

佳能 A710　　　　　　　　手机

它们完成的主要功能都是由单片机来实现的

图 1-1　日常生活的常用电子设备

2. 单片机的组成

单片机是单片微型计算机的简称，是将中央处理单元 CPU、存放程序指令的 ROM 和存放数据的 RAM、输入/输出端口（I/O 口），以及时钟、定时器/计数器等集成在一块芯片上，通过各种总线和输入/输出端口与外围设备连接的微型计算机，又称为"微控制器"、"嵌入式微控制器"。

中央处理单元 CPU（控制器、运算器）是单片机的"大脑"，能"理解"程序意图，根据预先写好的程序指令来指挥单片机各个部件协调一致进行工作，运算器完成各种算数、逻辑运算。随机存储器 RAM 用来存储动态数据，只读存储器 ROM 用来存储程序员事先编好的程序指令和常数。输入/输出（I/O）口负责与外部设备进行交互，从而实现信息输入和控制输出。

我们都知道单片机是一种智能芯片，但是，一个没有写入程序（软件）的单片机，就像是一个没有思维的植物人，只有身体（硬件），不能思考（软件），为了单片机能够完成任务，开发人员需要编写单片机工作程序，并且把程序"写入"单片机的 ROM，单片机才能按程序工作，因此，软件是单片机的灵魂。

单片机技术发展十分迅速，其芯片品类繁多，较为流行的有 51 系列、PIC 系列、AVR 系列、ARM 系列等。不同系列或型号的单片机，内部 ROM 和 RAM 的容量大小可能不一样，I/O 引脚数量也可能不同，内部定时器、串行通信、A/D、D/A 等功能也有差别。51 系列单片机是历史最悠久、应用非常广泛的一类单片机。PIC 系列单片机是采用精简指令集（RISC）的单片机。AVR 系列单片机也使用一种精简指令集，运行速度较快。ARM 系列单片机内部资源丰富，但是学习难度远大于一般单片机。本书将以 51 系列单片机中典型的 AT89S51 为主，引导读者学习单片机技术应用，AT89S51 单片机外形如图 1-2 所示。

图 1-2　AT89S51 单片机外形

1.1.2　单片机的主要应用

由于单片机有许多优点，因此其应用领域之广，几乎到了无孔不入的地步。单片机应用的主要领域如下。

（1）智能化家用电器：各种家用电器普遍采用单片机智能化控制代替传统的电子线路控制，使之升级换代，如洗衣机、空调、电视机、录像机、微波炉、电冰箱、电饭煲，以及各种视听设备等。

（2）办公自动化设备：现代办公室使用的大量通信和办公设备多数嵌入了单片机，如打印机、复印机、传真机、绘图机、考勤机、电话，以及通用计算机中的键盘译码、光盘驱动等。

（3）商业营销设备：在商业营销系统中已广泛使用的电子秤、收款机、条形码阅读器、IC 卡、刷卡机、出租车计价器，以及仓储安全监测系统、商场保安系统、空气调节系统、冷冻保鲜系统等都采用了单片机控制。

（4）工业自动化控制：工业自动化控制是最早采用单片机控制的领域之一，如各种测控系统、过程控制、机电一体化控制等。在化工、建筑、冶金等各种工业领域都要用到单片机控制。

（5）智能化仪表：用单片机微处理器改良原有的测量、控制仪表，能使仪表数字化、智能化、多功能化、综合化。而测量仪器中的误差修正、线性化等问题也可迎刃而解，如智能电表、温度仪表、压力仪表等。

（6）智能化通信产品：单片机在手机、电话机、智能调制解调器、智能线路运行控制等方面得到广泛应用。

（7）汽车电子产品：现代汽车的集中显示系统、动力监测控制系统、自动驾驶系统、通信系统和运行监视器（黑匣子）等都离不开单片机。

单片机应用的意义不仅在于它的广泛及所带来的经济效益，更重要的意义在于，单片机的应用从根本上改变了控制系统传统的设计思想和设计方法。以前采用硬件电路实现的大部分控制功能，正在用单片机通过软件的方法来实现。以前自动控制中的 PID 调节，现在可以用单片机实现具有智能化的数字计算控制、模糊控制和自适应控制。这种以软件取代硬件并能提高系统性能的控制技术称为微控技术。随着单片机应用的推广，微控制技术将不断发展完善。

1.1.3　MCS-51 系列单片机

1. MCS-51 系列单片机简介

单片机又称为"单片微型计算机"、"微控制器"、"嵌入式微控制器"。随着单片机在智能化控制和微型化方向的不断发展，国际上已经更多地称为 MCU（Micro Controller Unit）。

单片机是把 CPU、RAM（数据存储器）、ROM（程序存储器）、定时器/计数器和输入/输出接口等部件都集成在一个电路芯片上的微型计算机，有些单片机还集成了 A/D 和 D/A 转换电路、PWM 电路和串行总线接口等其他功能部件。

在单片机家族中，MCS-51 系列单片机是其中的佼佼者，Intel 公司将 80C51 内核的使用权以多种方式转让给世界许多著名的 IC 制造厂商，如 Philips NEC 、Atmel 、华邦等。这些公司在保持与 80C51 单片机兼容的基础上开发了众多新一代的 51 系列单片机，这样，MCS-51 系列单片机就变成了有很多制造厂商支持的、多品种的单片机系列产品。89C51 内部有 Flash 程序存储器，最高工作频率为 34MHz，但是 89C51 不支持 ISP（在线更新程序）功能，因此，近年来 89S51 系列应用替代了 89C51 系列，89S51 系列支持在线更新程序（ISP）、提高了工作频率和保密性、功耗更低而价格不变，并且完全兼容 MCS-51 全部子系列产品。

在未来相当长的时期内，8 位单片机仍是单片机的主流机型。一方面是因为 8 位廉价型单片机会逐渐侵入 4 位机领域；另一方面是因为 8 位增强型单片机在速度及功能上有取代 16 位单片机的趋势。因此，未来的主流机型很可能是 8 位机与 32 位机共同发展的时代。

2．认识 AT89 系列单片机

AT89 系列单片机是美国 Atmel 公司生产的一种采用 Flash EEPROM 存储器（电可擦除的闪速存储器）的 51 系列兼容单片机。其命名规则如图 1-3 所示。

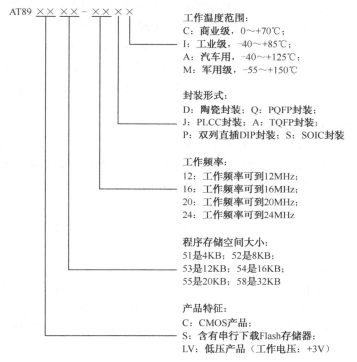

图 1-3　AT89 系列单片机的命名规则

例如，AT89S52-24PI 表示该单片机是 Atmel 公司生产的含有串行下载 Flash 存储器的单片机，单片机的程序存储空间为 8KB，最高工作频率为 24MHz，采用双列直插 DIP 封装，属于工业级产品。

1.2　任务 2　单片机中数的表示法

1.2.1　进位计数制

进位计数制是指按进位的方法进行计数，简称进位制。一个数可以用基与权来表述。

（1）基：数制使用的数码的个数称为基（此处表示为 r）。

（2）权：数制每一位所具有的值称为权（此处表示为 r^n）。

在采用进位计数的数字系统中，如果只用 r 个基本符号（如 0，1，2，…，r-1），通过排列起来的符号串表示数值，则称为基 r 数制，r 为该数制的基（radix）。r^n（基数的 n 次幂）则是第 r 位上的一个 1 所代表的值（位权），此时该数制称为 r 进位数制，简称 r 进制。下面是计算机中常用的几种进位数制。

（1）二进制：　　　　$r=2$，　　基本符号为 0，1。

（2）十进制：　　　　$r=10$，　 基本符号为 0，1，2，3，4，5，6，7，8，9。

（3）十六进制：　$r=16$，　基本符号为 0，1，2，3，4，5，6，7，8，9，A，B，C，D，E，F。

十六进制数中的 A～F 分别表示十进制数 10，11，12，13，14，15。

如十进制数共用 0～9 这 10 个数码表示数的大小。故其基数为 $r=10$。为区分不同的数制，可在数的下标注明基数。例如，$(65535)_{10}$ 表示以 10 为基数的数制，它是每计满十便向高位进一，即"逢十进一"。当基数为 r 时，便是"逢 r 进一"。

1. 十进制数

一个十进制数中的每一位都具有其特定的权，称为位权，简称权。也就是说，对于同一个数码在不同的位，它所代表的数值就不同。例如，999.99 可以写为：

$$999.99=9\times10^2+9\times10^1+9\times10^0+9\times10^{-1}+9\times10^{-2}$$

式中，每个位权由基数的 n 次幂来确定。在十进制中，整数的位权是 10^0（个位）、10^1（十位）、10^2（百位）等；小数的位权是 10^{-1}（十分位）、10^{-2}（百分位）等。上式称为按位权展开式。

由此可见，一个十进制数有以下两个主要特点。

（1）十进制的基数为 10，共有 10 个不同的基本符号（0，1，2，3，4，5，6，7，8，9）。

（2）十进制的位权为 10^n，进位时"逢十进一"。即在计数时，每一次计到 10 就往左进一位，或者说上一位（左）的权是下一位（右）的权的 10 倍。

2. 二进制数

进位计数制中最简单的是二进制，它只包括"0"和"1"两个不同的数码，即基数为 2，进位原则是"逢二进一"。

例如，二进制数 1101.11 相当于十进制数：

$$1\times2^3+1\times2^2+0\times2^1+1\times2^0+1\times2^{-1}+1\times2^{-2}=8+4+1+0.5+0.25=(13.75)_{10}$$

式中，二进制数各位的权分别为 8、4、2、1、0.5、0.25。将二进制数化为十进制数，是把二进制的每一位数字乘以该位的权然后相加得到。实际上，只需要将为 1 的各位权相加即可。

由此可见，二进制数具有以下两个主要特点。

（1）二进制的基数为 2，共有两个不同的基本符号（0，1）。

（2）二进制的位权为 2^n，进位时"逢二进一"。即上一位（左）的权是下一位（右）的权的 2 倍。

3. 十六进制数

十六进位计数制是微机中最常用的一种进位制，易与二进制数转换，且能简化数据的输入和显示。

十六进制的基数是 16，即由 16 个不同的数码符号组成。除了 0～9 这 10 个数字外，还用字母 A、B、C、D、E、F 分别表示数 10、11、12、13、14、15。

十六进制数的两个主要特点如下。

（1）十六进制的基数为 16，共有 16 个不同的基本符号（0，1，2，3，4，5，6，7，8，9，

A，B，C，D，E，F）。

（2）十六进制的位权为 16^n，进位时是"逢十六进一"。即当计数时，上一位（左）的权是下一位（右）的权的 16 倍。

十六进制、十进制、二进制数之间的关系，如表 1-1 所示。

上面介绍了在微机中常用的几种进位计数制，对任意其他一种进位计数制，数 N 的按位权展开式的一般通式为：

$$N=\pm\sum_{i=n-1}^{-m}(k_i\times r^i)$$

式中　r——这个数制的基；

　　　i——表示这些符号的排列次序，即位序号；

　　　k_i——是位序号为 i 的一位上的数码或符号；

　　　r^i——是第 i 位上的一个 1 所代表的值（位权）；

　　　n——整数的总位数；

　　　m——小数的总位数；

　　　N——代表一个数值。

表 1-1　各种数制对照表

十 六 进 制	十 进 制	二 进 制	十 六 进 制	十 进 制	二 进 制
0	0	0000	8	8	1000
1	1	0001	9	9	1001
2	2	0010	A	10	1010
3	3	0011	B	11	1011
4	4	0100	C	12	1100
5	5	0101	D	13	1101
6	6	0110	E	14	1110
7	7	0111	F	15	1111

为了区别数制，通常在书写时采用 3 种方法：一是在数的右下角注明数制，例如，$(21)_{16}$、$(43)_{10}$、$(1010)_2$ 分别表示十六进制的 21、十进制的 43、二进制的 1010；二是在数的后面加上一些字母符号，通常十六进制用 H 表示（如 21H），十进制用 D 表示或不加字母符号（如 43D 或 43），二进制用 B 表示（如 1010B）；三是在数的前面加上一些符号，如十六进制用 $ 表示（如 $21），二进制用%表示（如%1010）。本文在后面大量采用第 2 种表示方法。

1.2.2　进位数制之间的转换

1.2.1 节介绍了微机中的几种进位数制及其特点。在使用微机时，经常需要进行数的各种不同进制之间的转换。

1. 其他进制数转换为十进制数

其他进制数转换为十进制数时，比较简单，采用"按权展开"的方法即可。

$$其他进制数\xrightarrow{按位权展开}十进制数$$

（1）二进制数转换为十进制数，即

$$1010.11B=1\times2^3+0\times2^2+1\times2^1+0\times2^0+1\times2^{-1}+1\times2^{-2}$$

$$=8+0+2+0+0.5+0.25=10.75D$$

（2）十六进制数转换为十进制数，即

$$3F.5H=3\times16^1+15\times16^0+5\times16^{-1}=63.3125D$$

此处，"B"表示二进制数，"D"代表十进制数。

2. 十进制数转换为其他进制数

将十进制数转换为其他进制数时，可以采用以小数点为界，整数部分除基取余倒序排列，小数部分乘基取整顺序排列。

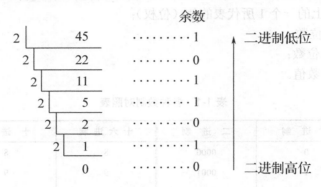

（1）将十进制数 45 转换成二进制数，即

$$（45）_{10}=（101101）_2$$

（2）将十进制小数 0.8125 转换成二进制数，即

$$（0.8125）_{10}=（0.1101）_2$$

对小数进行转换的过程中，转换后的二进制已达到要求位数，而最后一次乘积的小数部分不为 0，会使转换结果存在误差，其误差值小于求得最低一位的位权。

对既有整数部分又有小数部分的十进制数，可以先转换其整数部分为二进制数的整数部分，再转换其小数部分为二进制数的小数部分，把得到的两部分结果合并起来得到转换后的最终结果。例如，$（45.625）_{10}=（101101.101）_2$。

参照上述方法，也可以实现十进制数到十六进制数的转换。

3. 十六进制数与二进制数之间的转换

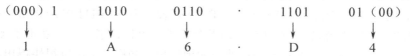

在微机中，经常是用十六进制数表示二进制数，以使书写形式简化。因此，要十分熟悉十六进制数与二进制数之间的转换。

二进制数转换为十六进制数也很方便，因为 4 位二进制数的组合恰好等于 0～15 这 16 个数值（$2^4 = 16$），所以，可用 4 位二进制数表示 1 位十六进制数。

1 个二进制数的整数部分要转换为十六进制数时，可以从小数点开始向左按 4 位一组分成若干组，最高位一组不足 4 位时，在左边加 0 补足到 4 位。二进制数的小数部分可以从小数点开始向右按 4 位一组分成若干组，最后一组（最低位一组）不足 4 位则在右边加 0 补足到 4 位。然后将每一组的 4 位二进制数用相应的十六进制数表示，即转换为十六进制数。

例如，二进制数 110100110.110101 转换为十六进制数的过程如下：

$$
\begin{array}{ccccccc}
(000)1 & 1010 & 0110 & \cdot & 1101 & 01(00) \\
\downarrow & \downarrow & \downarrow & & \downarrow & \downarrow \\
1 & A & 6 & \cdot & D & 4
\end{array}
$$

即 110100110.110101B＝1A6.D4H。

> **注意**
> 小数部分的最后一组若不足 4 位时，要加 0 补足，否则，出错。此处的 "H" 代表的是十六进制数。

十六进制数转换为二进制数时，过程与上述相似，将每位十六进制数直接转换为与它相应的 4 位二进制数即可。例如：

$$C8F.49H==110010001111.01001001B$$

同样要注意，在最后的结果中应将可能出现的最高位前面或最低位后面的无效 0 舍去。

综上所述，十六进制数与二进制数之间转换时，可以采用以小数点为界，四位一组，对应互换的方法得到。

1.2.3 二进制编码（代码）

由于计算机只能识别二进制数，因此，输入的信息，如数字、字母、符号等都要化成特定的二进制码来表示，这就是二进制编码。

前面讨论的二进制数称为纯二进制代码，它与其他类型的二进制代码是有区别的。

1. 二进制编码的十进制（二一十进制或 BCD 码）

由于二进制数容易用硬件设备实现，运算规律也十分简单，因此在计算机中采用二进制。但是，人们并不熟悉二进制，因此，在计算机输入和输出时，通常还是用十进制数表示。不过，这样的十进制数是用二进制编码表示的。1 位十进制数用 4 位二进制编码来表示的方法很多，较常用的是 8421 BCD 编码，它是用二进制数形式表示十进制数的一种编码。

8421 BCD 码有 10 个不同的数字符号，由于它是逢 "十" 进位的，所以，它是十进制；同时，它的每一位是用 4 位二进制编码来表示的，因此，称为二进制编码的十进制，即二一十进制码或 BCD（Binary Coded Decimal）码。BCD 码具有二进制和十进制两种数制的某些特征。表 1-2 列出了标准的 8421 BCD 编码和对应的十进制数。像纯二进制编码一样，要将 BCD 数转换成相应的十进制数，只要把二进制数出现 1 的位权相加即可。注意，4 位码仅有 10 个数有效，表示十进制数 10～15 的 4 位二进制数在 BCD 数制中是无效的。

表 1-2　BCD 编码表

十 进 制 数	8421BCD 编码	十 进 制 数	8421BCD 编码	十 进 制 数	8421BCD 编码
0	0000			11	0001 0001
1	0001	6	0110	12	0001 0010
2	0010	7	0111	13	0001 0011
3	0011	8	1000	14	0001 0100
4	0100	9	1001	15	0001 0101
5	0101	10	0001 0000		

要用 BCD 码表示十进制数，只要把每个十进制数用适当的二进制 4 位码代替即可。例如，十进制整数 256 用 BCD 码表示，则为（0010 0101 0110）$_{BCD}$。每位十进制数用 4 位 8421 码表示时，为了避免 BCD 格式与纯二进制码混淆，必须在每 4 位之间留一空格。这种表示法也适用于十进制小数。例如，十进制小数 0.764 可用 BCD 码表示为（0.0111 0110 0100）$_{BCD}$。

BCD 码的一个优点就是 10 个 BCD 码组合格式，容易记忆。一旦熟悉了 4 位二进制数的表示，对 BCD 码就可以像十进制数一样迅速自如地读出。同样，也可以很快得出以 BCD 码表示的十进制数。例如，将一个 BCD 数转换成相应的十进制数：

（0110 0010 1000.1001 0101 0100）$_{BCD}$=628.954D

BCD 编码可以简化人机联系，但它比纯二进制编码效率低。对同一个给定的十进制数，用 BCD 编码表示的位数比纯二进制码表示的位数要多。而每位数都需要某些数字电路与之对应，这就使得与 BCD 码连接的附加电路成本提高，设备的复杂性增加，功耗较大。用 BCD 码进行运算所用的时间比纯二进制码要多，而且复杂。用二进制 4 位可以表示 2^4=16 种不同状态的数，即 0～15 个十进制数；而 BCD 数制，10～15 这 6 个状态被浪费掉。另外，十进制与 BCD 码之间的转换是直接的。而二进制与 BCD 码之间的转换却不能直接实现，而必须先转换为十进制。例如，将二进制数 1011.01 转换成相应的 BCD 码。

首先，将二进制数转换成十进制数，即

$$1011.01B=1\times2^3+0\times2^2+1\times2^1+1\times2^0+0\times2^{-1}+1\times2^{-2}$$
$$=8+0+2+1+0+0.25$$
$$=11.25D$$

然后，将十进制结果转换成 BCD 码，即

11.25D=（0001 0001.0010 0101）$_{BCD}$

要将 BCD 码转换成二进制数，则完成上述运算的逆运算即可。

2. 字母与字符的编码

如上所述，字母和各种字符在计算机内是按特定的规则用二进制编码表示的。这些编码有各种不同的方式。目前，在微机、通信设备和仪器仪表中广泛使用的是 ASCII（American Standard Code for Information Interchange）码——美国标准信息交换码。7 位 ASCII 代码能表示 2^7=128 种不同的字符，其中包括数码（0～9），英文大、小写字母，标点和控制的附加字符。附录 A 表示 7 位 ASCII 代码，又称为全 ASCII 码。

7 位 ASCII 码是由左 3 位一组和右 4 位一组组成的。附录 A 表示这两组的安排和号码的顺序，位 6 是最高位，而位 0 是最低位。要注意这些组在附表 A 的行、列中的排列情况。4 位一组表示行，3 位一组表示列。

要确定某数字、字母或控制操作的 ASCII 码，在表中可查到对应的那一项。然后根据该项的位置从相应的行和列中找出 3 位和 4 位的码，这就是所需的 ASCII 代码。例如，字母 A 的 ASCII 代码是 1000001（即 41H）。它在表的第 4 列、第 1 行。其高 3 位组是 100，低 4 位组是 0001。

1.2.4 逻辑数据的表示

1. 逻辑数据的表示

为了使计算机具有逻辑判断能力，就需要逻辑数据，并能对它们进行逻辑运算，得出一个逻辑式的判断结果，在计算机中常用"0"和"1"逻辑值表示结果，"1"代表真；"0"代表假。因此，在逻辑电路中，输入和输出只有两种状态，即高电平"1"和低电平"0"。最基本的逻辑运算包括逻辑与、逻辑或、逻辑非及逻辑异或。

逻辑与又称为逻辑乘，最基本的与运算有两个输入量和一个输出量。表 1-3 的真值表列出了电路的输入值和对应的输出值，可以直观看出电路的输入与输出之间的关系。

表 1-3　逻辑与的真值表

输　　入		输　　出
A	B	Y
0	0	0
0	1	0
1	0	0
1	1	1

逻辑与的表达式为

$$Y=A \cdot B$$

分析逻辑与的真值表，得出逻辑与的运算规则为"见 0 为 0"。

逻辑或又称为逻辑加，最基本的逻辑或运算有两个输入量和一个输出量。它的逻辑表达式为

$$Y=A+B$$

逻辑非即取反，它的逻辑表达式为

$$Y=\overline{A}$$

逻辑异或表达式为

$$Y=A \oplus B$$

2. 逻辑运算规则

逻辑与表达式为 $Y=A \cdot B$，则逻辑与运算的规则为"见 0 为 0"。

逻辑或表达式为 $Y=A+B$，则逻辑或运算的规则为"见 1 为 1"。

逻辑非表达式为 $Y=\overline{A}$，则逻辑非运算的规则为"原值取反"。

逻辑异或表达式为 $Y=A \oplus B$，则逻辑异或运算规则为"同为 0；异为 1"。

1.2.5 计算机中数据的单位

1. 计算机中数据的单位

数据的单位是位（bit）、字节（Byte）和字（Word）。51 系列与 51 系列兼容的 8 位单片机的一个字节如图 1-4 所示。

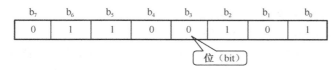

图 1-4　单片机的一个字节

（1）位（bit）：是一个二进制的位，计算机中最小的数据单位。

（2）字节（Byte）：相邻 8 个二进制位称为一个字节，表示数据的基本单位，用 B 表示。

字是中央处理器对数据进行处理的单位，由若干个二进制字节组成，通常与计算机内部的寄

存器、运算器、数据总线的宽度一致。每个字所包含的位数称为字长。不同类型的单片机有不同的字长。AT89S51 内核的单片机是 8 位机，它的字长为 8 位，其内部的运算器都是 8 位的，每次参加运算的二进制位只有 8 位。

2. 计算机中的数据之间关系

$1KB = 2^{10}B = 1024B$

$1MB = 2^{20}B = 2^{10}KB = 1024KB$

$1GB = 2^{30}B = 2^{10}MB = 1024MB$

$1TB = 2^{40}B = 2^{10}GB = 1024GB$

1.3 任务3 单片机的硬件结构

1.3.1 单片机的信号引脚概述

MCS-51 系列单片机中用 HMOS 工艺制造的微控器都采用 40 个引脚的双列直插封装方式。AT89S51 单片机芯片引脚如图 1-5 所示。

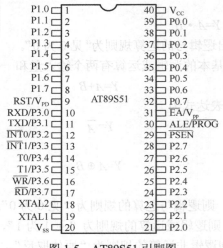

图 1-5 AT89S51 引脚图

如图 1-5 所示，40 个引脚可以分为四类，主电源引脚 2 个、外接晶振引脚 2 个、输入/输出引脚 32 个、控制或其他电源复用引脚 4 个。其中有些引脚具有第二功能，各个引脚说明如下。

1. 主电源引脚

（1）V_{SS}（20 引脚）：接地。

（2）V_{CC}（40 引脚）：接+5V 电源。

2. 外接晶振引脚

（1）XTAL1（19 引脚）：外接晶体引脚。

（2）XTAL2（18 引脚）：外接晶体引脚。

XTAL1（19 引脚）和 XTAL2（18 引脚）的内部是一个振荡电路，产生时钟信号。当使用芯片内部时钟时，在这两个引脚上外接石英晶体和微调电容；当使用外部时钟时，用于接外部时钟脉冲信号。

3. 控制或其他电源复用引脚

（1）RST/V_{PD}（9 引脚）：RESET（RST）是复位引脚。此脚为高电平时（约 2 个机器周期），可将 CPU 复位，CPU 复位后其累加器及寄存器的内容，如表 1-4 所示。

表 1-4　CPU 复位后其累加器及寄存器的内容

寄　存　器	二　进　制　值
ACC	0000000
B	0000000
PSW	0000000
SP	0000111
P0/P1/P2/P3	11111111
IP	×××00000
IE	0××00000
TMOD	0000000
TCON	0000000

该引脚的第二功能 V$_{PD}$ 是作为内部备用电源的输入端。主电源 V$_{CC}$ 一旦发生故障或当电压降低到电平规定值时，可通过 V$_{PD}$ 为单片机内部 RAM 提供电源，以保护片内 RAM 中的信息不丢失，使系统在上电后能继续正常运行。

（2）ALE/$\overline{PROG}$（30 引脚）：地址锁存信号/编程脉冲信号。ALE 为地址锁存允许输出信号，在访问外部存储器时，AT89S51 通过 P0 口输出片外存储器的低 8 位地址，ALE 用于将片外存储器的低 8 位地址锁存到外部地址锁存器中。在不访问外部存储器时，ALE 以时钟振荡频率 1/6 的固定频率输出，因而它又可用作外部时钟信号及外部定时信号。此引脚的第二功能 $\overline{PROG}$ 是对 51 型单片机内部 EPROM 编程/校验时的编程脉冲输入端。

（3）$\overline{PSEN}$（29 引脚）：外部程序存储器的读选通信号。当访问外部 ROM 时，$\overline{PSEN}$ 定时产生负脉冲，用于选通片外程序存储器信号。

$\overline{EA}$/V$_{PP}$（31 引脚）：外部程序存储器读选择信号/编程电压。当 $\overline{EA}$ 高电平时，对 ROM 的读操作先从内部 4KB 开始，当地址范围超出 4KB 时自动切换到外部进行；当 $\overline{EA}$ 为低电平时，对 ROM 的读操作限定在外部程序存储器。

4．输入/输出引脚

AT89S51 型单片机有 32 条 I/O 线，构成 4 个 8 位双向端口，其基本功能如下：

端口 0：8 位双向 I/O 口（P0.0～P0.7）。

端口 1：8 位双向 I/O 口（P1.0～P1.7）。

端口 2：8 位双向 I/O 口（P2.0～P2.7）。

端口 3：8 位双向 I/O 口（P3.0～P3.7）。

32 条 I/O 口线除了具有基本功能外，还有一些特殊功能，各个端口的功能如下。

（1）端口 0（P0）有三个功能。外部扩充存储器时，当做数据总线（D0～D7）使用；外部扩充存储器时，也可当做地址总线（A0～A7）使用；不扩充时，可作为一般 I/O 口使用。

（2）端口 1（P1）有一个功能。一般 P1 口只作为基本 I/O 口使用。

（3）端口（P2）有两个功能。扩充外部存储器时，当做高 8 位地址总线（A8～A15）使用；不扩充时，作一般 I/O 使用。

（4）端口（P3）有两个功能。作为一般的 I/O 口使用和用作特殊功能，如表 1-5 所示。

表 1-5　P3 口各位特殊功能

P3 口引脚	特 殊 功 能	P3 口引脚	特 殊 功 能
P3.0	RXD（串行口输入）	P 3.4	T0（定时器 0 外部输入）
P3.1	TXD（串行口输出）	P 3.5	T1（定时器 1 外部输入）
P3.2	$\overline{INT0}$（外部中断 0 输入）	P 3.6	$\overline{WR}$（外部数据存储器写脉冲选通）
P3.3	$\overline{INT1}$（外部中断 1 输入）	P 3.7	$\overline{RD}$（外部数据存储器读脉冲选通）

1.3.2　单片机的内部结构

MCS-51 单片机是在一块芯片中集成 CPU、RAM、ROM、定时器/计数器和多种功能的 I/O 口线等一台计算机所需要的基本功能部件。MCS-51 单片机内包含下列部件，如图 1-6 所示。

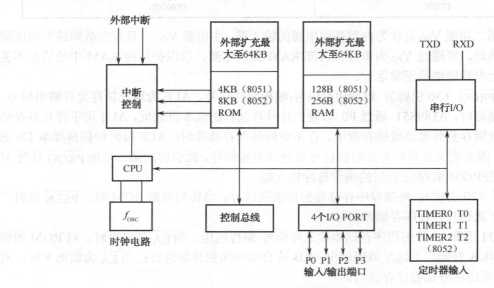

图 1-6　MCS-51 单片机内部结构

1.　中央处理单元 CPU

中央处理单元 CPU 由运算器和控制器组成。完成数据的算术、逻辑运算与指挥和管理各部件协调一致的工作。运算器的功能主要是进行算术和逻辑运算，它由算术逻辑单元 ALU、累加器 ACC、B 寄存器、PSW 状态字寄存器和两个暂存器组成。ALU 是运算器的核心部件，基本的算术逻辑运算都在其中进行。操作数暂存于累加器和相应的寄存器中，操作结果存于累加器，操作结果的状态保存于状态寄存器（PSW）中。

位处理器是单片机中运算器的重要组成部分，又称为布尔处理器，专门用来处理位操作，位处理器以状态寄存器中的进位标志位 CY 为累加器。

控制器的功能是控制单片机各部件协调动作。它由程序计数器 PC、PC 加 1 寄存器、指令寄存器、指令译码器、定时与控制电路组成。其工作过程就是执行程序的过程，而程序的执行是在控制器的管理下进行的。首先，从片内外程序存储器 ROM 中取出指令，送到指令寄存器中。通过指令寄存器再送至指令译码器，将指令代码译成电平信号，与系统时钟一起，用以控制系统各部件进行相应的操作，完成指令的执行。

2.　程序存储器（ROM）

主要用于存放程序、原始数据和表格内容，CPU 只能从其中读取数据，掉电后数据不消失。

3. 数据存储器（RAM）

主要用于存放可随机存取的数据及中间运算结果，其中，高 128 单元被特殊功能寄存器占用，能提供给用户使用的只是低 128 单元，称为内部 RAM。CPU 可以随时对其进行读/写，掉电后数据消失。

4. 并行输入/输出接口（P0～P3）

完成程序与数据的并行输入/输出。

5. 定时器/计数器（T0 和 T1）

完成定时和计数功能，并可用定时和计数结果对单片机以及系统进行控制，为 16 位寄存器。

6. 串行接口（RXD 和 TXD）

完成数据的串行输入与输出，是全双工的串行口，实现单片机与其他设备之间串行数据传递。

7. 中断系统（$\overline{INT0}$ 和 $\overline{INT1}$）

单片机 AT89S51 共有 5 个中断源，中断源即发出中断的来源。其中，外部中断 2 个、定时/计数中断 2 个、串行中断 1 个。二级优先级，可实现二级中断嵌套。

1.3.3 单片机的存储器结构

MCS-51 系列单片机的存储器由程序存储器、内部数据存储器和外部数据存储器组成。单片机存储器结构，如图 1-7 所示。

1. 程序存储器 ROM

（1）作用：用来存放编制好的固定程序和表格常数。

（2）程序指针 PC：程序存储器以 16 位的 PC 作为地址指针。

（3）寻址空间：2^{16}=64KB。

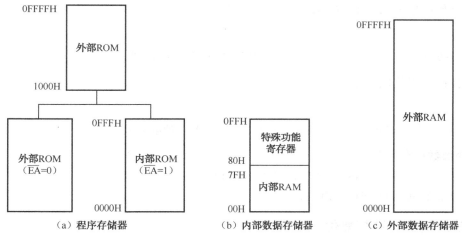

图 1-7　单片机存储器结构

2. 内部数据存储器 RAM

内部数据存储器地址范围为 00H～FFH；分为低端 RAM 区和高端 RAM 区。

（1）低端 RAM 区：地址范围为 00H～7FH（128 字节）。分为三个区域。

① 工作寄存器区：地址范围为 00H～1FH（32 字节空间)。分为 4 组，每组 8 个寄存器；

② 位寻址区：地址范围为 20H～2FH 为位寻址单元。这 16 个字节的每一位都有一个位地址，地址范围为 00H～7FH。通常把各种状态标志，位控变量设在位寻址区内。

③ 数据缓冲区（用户 RAM 区）：地址范围为 30H～7FH，均作为数据缓冲区。

如果采用汇编语言设计单片机应用程序，就必须熟练掌握内部数据存储器的结构和地址。但如果采用 C 语言开发单片机，几乎用不到工作寄存器区、位寻址区和数据缓存区的结构和地址，因而本书不对此进行详细介绍。

（2）高端 RAM 区：地址范围为 80～FFH（128 字节），又称为特殊功能存储器区。

（3）特殊功能寄存器。

① 作用 ：用来对片内各种功能模块进行管理、控制、监视的控制寄存器和状态寄存器，是一个特殊功能的 RAM 区，一般简称 SFR（Special Function Register）。

② 特殊功能寄存器字节地址见特殊功能寄存器字节地址表，如表 1-6 所示。

表 1-6　特殊功能寄存器字节地址表

标志符	名　称	地　址	标志符	名　称	地　址
ACC	累加器	EOH	IE	允许中断控制	A8H
B	B 寄存器	FOH	TMOD	定时器/计数器方式控制	89H
PSW	程序状态字	DOH	TCON	定时器/计数器控制	88H
SP	堆栈指针	81H	THO	定时器/计数器 0（高位字节）	8CH
DPTR	数据指针（包括 DPH 和 DPL）	83H 和 82H	TLO	定时器/计数器 0（低位字节）	8AH
P0	P0 口	80H	TH1	定时器/计数器 1（高位字节）	8DH
P1	P1 口	90H	TL1	定时器/计数器 1（低位字节）	8BH
P2	P2 口	AOH	SCON	串行控制	98H
P3	P3 口	BOH	SBUF	串行数据缓冲器	99H
IP	中断优先级控制	B8H	PCON	电源控制	87H

③ 特殊功能寄存器 SFR 操作有位操作和字节操作两种。

字节操作：把 SFR 当做 RAM 一样直接寻址 。

例如：

```
P1=0xfe;              //P1=1111 1110B，即 P1.0 输出低电平
```

位操作：使用位操作指令。

例如：

```
sbit   LED=P1^3;         //位定义 LED 为 P1.3（P1 口的第 3 位）。
```

3. 外部数据存储器

（1）寻址空间：2^{16}=64KB（包括 RAM 和 I/O 口）。

（2）寻址范围：0000H～FFFFH。

1.3.4　单片机的时钟与复位

时钟电路用于产生单片机工作所需要的时钟信号，复位电路主要实现单片机复位的初始化操作。

1. 时钟电路

MCS-51 的时钟信号可以由两种方式产生，一种是内部方式，利用芯片内部的振荡电路；另一种方式是外部方式。

1）内部时钟方式

单片机内部有一个用于构成振荡器的高增益反相放大器，引脚 XTAL1 和 XTAL2 分别是此放大器的输入端和输出端。这个放大器与片外晶体构成一个自激振荡器，如图 1-8 所示。

外接晶体与电容 C1 和 C2 构成并联谐振电路，外接电容的参数会影响振荡器的稳定性、起振的快速性和温度的稳定性，晶体一般选用 6MHz、12MHz、11.0592MHz 和 24MHz，电容 C1 和 C2 的容值一般采用 20pF 或 33pF ，可以参考器件手册推荐的参数。

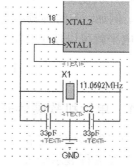

图 1-8　内部时钟方式

2）外部时钟方式

外部方式的时钟很少用，一般将 XTAL1 接地，XTAL2 接外部时钟源。具体应用可以参考器件手册的介绍。

2. 复位电路

复位是单片机的初始化操作，其目的是使 CPU 及各个寄存器处于一个确定的初始状态，把 PC 初始化为 0000H，使单片机从 0000H 单元开始执行程序。当单片机的 RST 引脚上输入两个机器周期以上的高电平信号时，单片机才能够被复位。复位操作将使部分特殊功能寄存器恢复到初始状态，如表 1-7 所示。

表 1-7　单片机复位后特殊功能寄存器的初始值

特殊功能寄存器	初　始　值	特殊功能寄存器	初　始　值
ACC	00H	TMOD	00H
B	00H	TCON	00H
PSW	00H	TH0	00H
SP	07H	TL0	00H
DPL	00 H	TH1	00 H
DPH	00H	TL1	00H
P0～P3	0FFH	SCON	00 H
IP	×××00000B	SBUF	不定
IE	0××00000B	PCON	0×××××××B

单片机通电时，从初始态开始执行程序，称为上电复位。单片机死机时，通过手工按"重启"键使其从初始态开始执行程序，称为手工复位。复位电路是单片机应用电路中的重要组成部分，如图 1-9 所示。

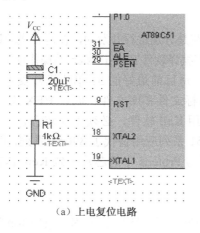

（a）上电复位电路

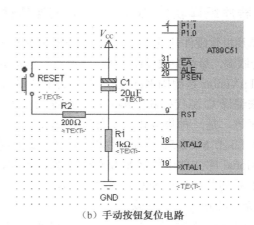

（b）手动按钮复位电路

图 1-9　复位电路

单片机复位的条件：使单片机的 RST 端（9 引脚的 RESET 端）加上持续两个机器周期的高电平。例如，若时钟频率为 12MHz，每个机器周期为 1μs，则只需在 RST 引脚出现 2μs 以上时间的高电平就可以使单片机复位。

1.4 任务 4 单片机软硬件开发流程

1.4.1 单片机软硬件开发概述

为了能够使学习者对单片机软硬件开发流程有一个全面直观了解，现将 AT89S51 单片机的软硬件开发流程展示给大家，如图 1-10 所示。

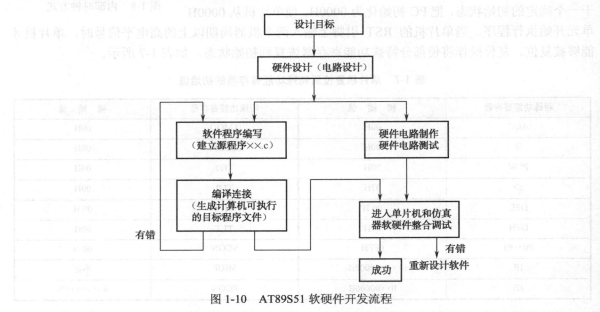

图 1-10 AT89S51 软硬件开发流程

下面以"用单片机控制单个发光二极管状态"为例，来学习程序编译软件 Keil μVision 和硬件仿真软件 Proteus 的操作使用。

1.4.2 程序编译软件 Keil μVision 的操作使用

从单片机软硬件开发流程图中看出软件程序和硬件电路是分别进行开发的，在两者成功调试的基础上整合联调，最终完成设计目标。下面我们首先学习程序编译软件 Keil μVision 的操作使用方法。

Keil μVision 是德国 Keil 公司开发的单片机编译器，是目前最好的 51 单片机开发工具之一，可以用来编译 C 源代码和汇编源程序、连接和重定位目标文件和库文件、创建 HEX 文件、调试目标程序等，是一种集成化的文件管理编译环境。要使用 Keil 软件，必须先安装它。

在 1.1.3 节 MCS-51 系列单片机中阐述了近年来 89S51 系列应用替代了 89C51 系列，但在 ISIS 7 Professional 库文件中仍然是 89C51 系列，因此，为了与 Proteus 中的芯片一致 Keil μVision3 中的 89S51 系列芯片均以 89C51 系列表示。

1. 启动 Keil μVision 软件

Keil μVision 软件安装完毕后，双击桌面上的 Keil μVision 3 图标，打开 Keil μVision 3 软件的集成开发环境编辑操作界面，如图 1-11 所示。

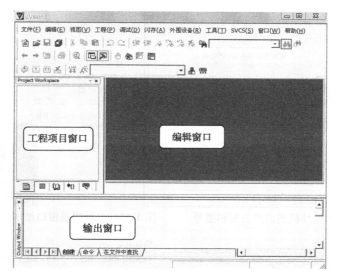

图 1-11　Keil μVision 3 软件的界面

在集成开发环境编辑操作界面中，主要包括三个窗口：工程项目窗口、编辑窗口和输出窗口。

2. 新建项目

Keil μVision 3 开发环境是以项目为基础的，要进行程序的输入编辑首先需要建立一个项目，步骤如下。

（1）选择"工程"→"新建工程"菜单命令，打开如图 1-12 所示的"工程"菜单界面。接着弹出如图 1-13 所示的"产生新工程"界面。这里建立的新项目名称为"example"，单击"保存"按钮。保存后的文件扩展名为".uv2"，是 Keil 自动加上的项目文件扩展名。

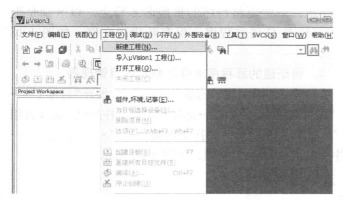

图 1-12　"工程"菜单界面

图 1-13　"产生新工程"界面

（2）选择单片机，这里选择常用的是 Atmel 公司的 AT89C51 单片机。展开"Atmel" →选"AT89C51"，界面如图 1-14 所示。单击"确定"按钮后，在左边的工程项目窗口中增加了一个"目标 1"文件夹。如图 1-15 所示。

3. 新建源程序文件

（1）在项目中可以创建新的程序文件或加入旧程序文件。如果没有现成的程序，那么就要新建一个程序文件。在图 1-16 中，在"文件"菜单中选择"新建"选项。会出现一个新的文字编辑窗口，如图 1-17 所示。

图 1-14　选择单片机的出产公司和型号

图 1-15　工程项目窗口增加了一个"目标 1"文件夹

图 1-16　"文件"菜单界面

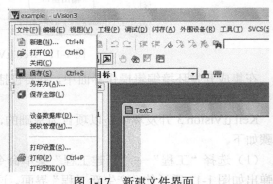

图 1-17　新建文件界面

图 1-18　保存新程序文件

（2）将新建文件保存起来。将文件命名为 example.c，注意，一定要将程序的扩展名.c 写上，以区别是汇编程序还是 C 语言程序。保存新程序文件，如图 1-18 所示。

4. 将新建的源程序文件加载到项目管理器

（1）在工程项目窗口的项目管理器中，展开"目标 1"→在"源代码组 1"上右击→选择"增加文件到组'源文件组 1'"，如图 1-19 所示→选择文件类型为"××.c 源文件"→

单击"Add"按钮→可以继续加载其他文件→单击"Close"按钮，如图 1-20 所示。

图 1-19　把文件加入到项目文件组

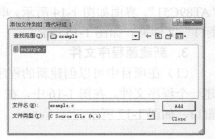

图 1-20　选择要加入项目文件组的文件

（2）输入程序并加载后，如图 1-21 所示。

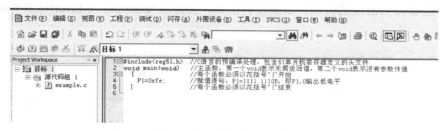

图 1-21　新建的源程序文件加载到项目管理器

5．编译程序

程序文件已被加到了项目中，下一步就要进行编译运行了。单片机不能处理 C 语言程序，必须将 C 语言程序转化成二进制或十六进制代码，这个转换过程称为汇编或编译。如图 1-22 所示，在工程窗口的项目管理器中，右击"目标 1" →在子菜单中单击"'目标 1'属性" →在打开的"'目标 1'属性"对话框中选择"输出"选项卡→选中"生产 HEX 文件"复选框→单击"确定"按钮，如图 1-23 所示。然后单击窗口界面左上角的"🕮"按钮（建造所有目标文件），或单击菜单中的"工程"→选择"重新建造所有目标文件"。此时，软件开始对源文件程序"example.c"进行编译。

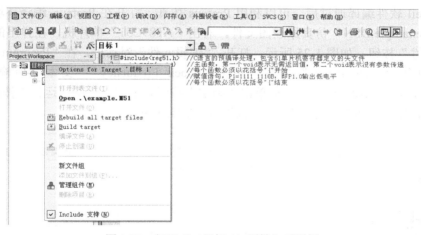

图 1-22　打开"'目标 1'属性"对话框

图 1-23　在"输出"选项卡中选中"生产 HEX 文件"复选框

编译过程中的信息将出现在输出窗口中的 Build 页。如果源程序中有错误，会出现错误提示，双击错误行，能够得到出错的位置；如果没有错误，会提示"example"-0 Error(s), 0 Warning(s)，如图 1-24 所示。

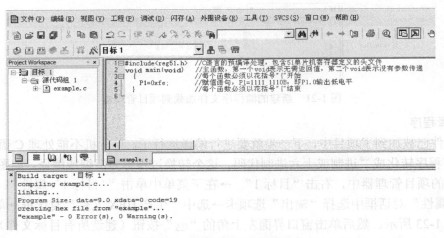

图 1-24　程序编译后的提示信息

6. 用 Proteus 软件仿真

　　程序经 Keil 软件编译通过后，可以利用 Proteus 仿真，打开在 Proteus 编译环境中绘制好的仿真电路图"example.DSN"仿真原理图文件，右击"AT89C51"单片机，在弹出的快捷菜单中单击"编辑属性"按钮，如图 1-25 所示，打开 "编辑元件"对话框，在"Program File"文本框中载入编译好的 "example.hex" 文件，并在"Clock Frequency" 文本框中输入时钟频率"11.0592MHz"，如图 1-26 所示。然后单击"确定"按钮。最后，单击"运行"按钮▐▶，没有错误提示弹出，则可以单击"停止"按钮▐■，如图 1-27 所示。

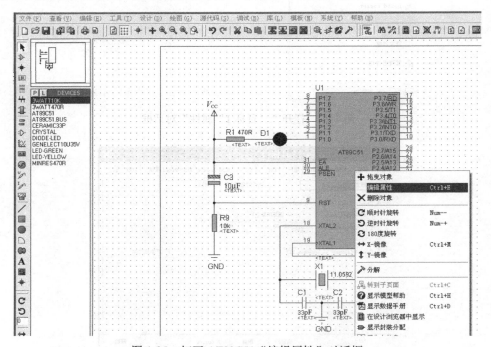

图 1-25　打开 AT89C51"编辑属性"对话框

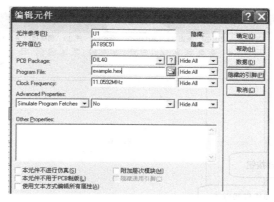

图 1-26 "编辑元件"对话框

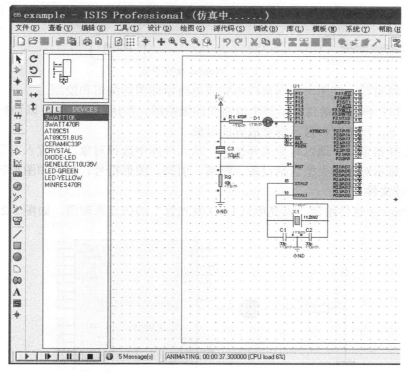

图 1-27 "example.hex"运行仿真效果

1.4.3 硬件仿真软件 Proteus 的操作使用

Proteus 是一款功能很强的 EDA 工具软件,其中,ISIS 可以直接在原理图的虚拟原型上进行单片机和外围电路的仿真,能够与 Keil 连接调试,实时、动态地模拟器件的动作,具有虚拟信号发生器、示波器、逻辑分析仪等多种测量分析工具,在单片机应用电路的仿真中具有突出的优势,是一款流行的单片机应用仿真软件。

在 1.1.3 节 MCS-51 系列单片机中阐述了近年来 89S51 系列应用替代了 89C51 系列,但在 ISIS 7 Professional 库文件中仍然是 89C51 系列,因此,以后原理图中的 89S51 系列芯片均以 89C51 系列表示。

1. Proteus 操作界面

启动程序后,出现如图 1-28 所示的窗口界面,主要窗口的操作说明如下。

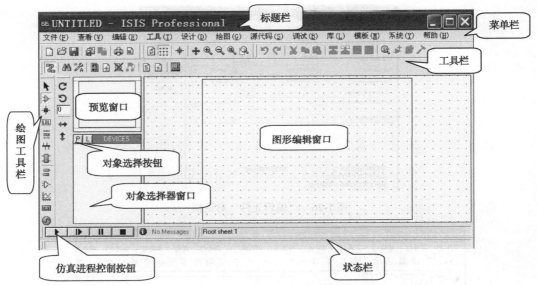

图 1-28 Proteus 操作界面

（1）图形编辑窗口：在图形编辑窗口内完成电路原理图的编辑和绘制。

（2）预览窗口：该窗口通常显示整个电路图的缩略图。在预览窗口中可以调整电路图的视图位置。其他情况下，预览窗口显示将要放置的对象。

（3）对象选择器窗口：通过对象选择按钮，从元件库中选择对象，并置入对象选择器窗口，供绘图时使用。显示对象的类型包括设备、终端、引脚、图形符号、标注和图形等。

2．新建设计文件

下面通过 Proteus 软件绘制"点亮单只 LED 发光管"的仿真原理图，如图 1-29 所示。

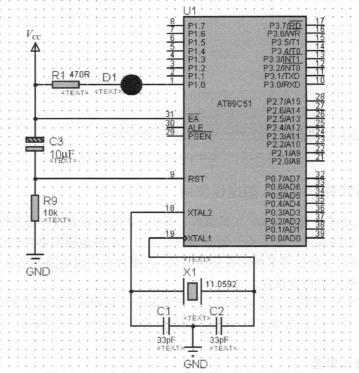

图 1-29　"点亮单只 LED 发光管"的仿真原理图

打开 Proteus 操作界面，单击"文件"菜单，在弹出的快捷菜单中选择"新建设计"选项，在选择模板对话框中，选择"DEFAULT"模板，单击"确定"按钮。然后单击"文件"→选择"另存为"选项，弹出如图 1-30 所示的"保存 ISIS 设计文件"对话框，设置好保存路径，输入保存的"文件名"为"example"→单击"保存"按钮（文件自动保存为".DSN"）。

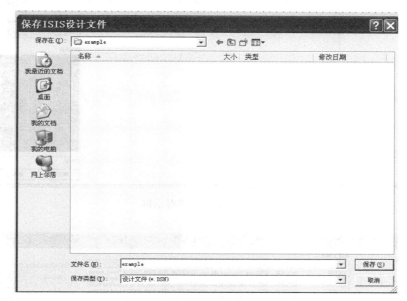

图 1-30　"保存 ISIS 设计文件"对话框

3. 从元件库中选取元器件

单击"元件模式"按钮 ⇒，然后单击"元件选择"按钮 P|，如图 1-31 所示。弹出 Pick Devices 页面，在"关键字"文本框中输入"AT89C51"，系统在对象库中进行搜索查找，并将搜索结果显示在"类别"列表框中，如图 1-32 所示。如果不知道元件的具体名字，可以通过元件的类别来查找，单击"元件选择"按钮 P|，在全部分类中选择"Microprocessor ICs"选项，再在子目录 8051 Family 中双击选择 AT89C51 元件，如图 1-33 所示。

用同样的方法将单片机点亮单只 LED 的元件分别添加到元件列表中，如图 1-34（a）所示。对于电源和接地端子等，单击"终端模式"按钮 ⊟ ，选择电源和接地端子，如图 1-34（b）所示。

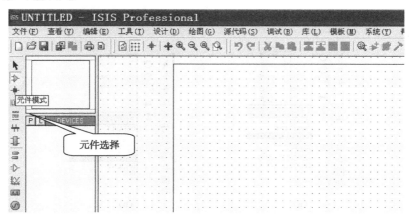

图 1-31　"对象选择器"按钮

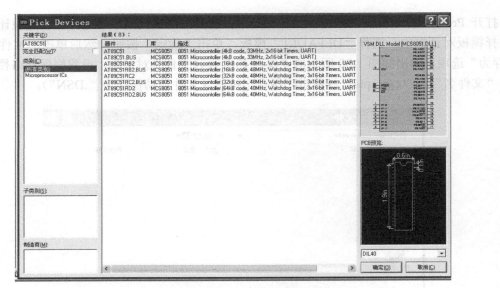

图 1-32　提取元件对话框

图 1-33　按照分类选择元件

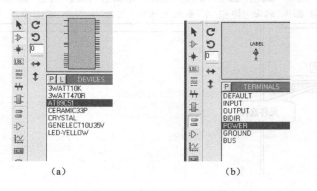

图 1-34　元件和终端列表

（1）添加单片机：在关键字文本框中输入"AT89C51"→双击选择"AT89C51"。

（2）添加电阻：在关键字文本框中输入"470r"→双击选择"470R 3W"。

（3）添加发光二极管：在关键字文本框中输入"led-yellow"→双击选择"led-yellow"。全部选择完毕后，单击"确定"按钮。

4. 放置、移动、旋转、删除和编辑元件

（1）对象放置：在元件列表中，选择"AT89C51"，然后将元件放入图形编辑窗口，在任意位置单击，出现一个光标浮动的元器件符号，选好适当的位置后，再次单击放置。

（2）移动和旋转：用鼠标右击"AT89C51"，弹出如图 1-35 所示的快捷菜单。根据需要选择就可以了。

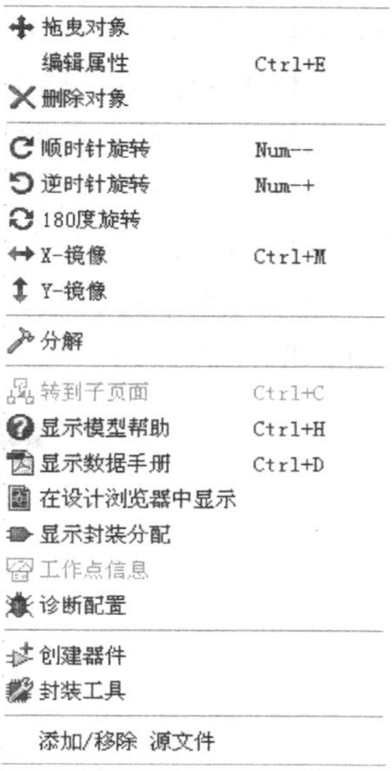

（3）删除：单击选中的对象，再按 Delete 键；或右击对象，在弹出的菜单中选择"删除对象"命令删除该对象，同时删除该对象的所有连线。

（4）编辑元件：许多元件具有图形或文本属性，这些属性可以通过一个对话框进行编辑，单击对象，确定后将会弹出"编辑元件"对话框，编辑对象的属性。

5. 连接元器件

将元件在图中布局好后，就可以进行电路图的连线了。Proteus 具有较强的电路图布线功能，下面来操作将发光管 D1 的下端连接到 AT89C51 的 P1.0 引脚。当鼠标的指针靠近 D1 下端的连接点时，鼠标指针的旁边就会出现一个"□"号，表明找到了 D1 的连接点，单击，移动鼠标（不用拖动鼠标），将鼠标的指针靠近 AT89C51 引脚的连接点时，鼠标指针的旁边就会出现一个"□"号，表明找到了 AT89C51 的 P1.0 引脚的连接点，同时屏幕上出现了连接线，单击，连接线变成了深绿色。Proteus 具有线路自动路径功能（简称 WAR)，当选中两个连接点后，WAR 将选择一个合适的路径连线。WAR 可通过使用标准工具栏里的 WAR 命令按钮来关闭或打开。

通过相同的方法，可以将其余元件的连接线一一连好，就可以绘制出如图 1-29 所示的电路图。

6. 载入编译好的程序后仿真运行

右击"AT89C51"单片机→在弹出的快捷菜单中选择"编辑属性"选项，如图 1-25 所示。→打开"编辑元件"对话框，在"Program File"文本框中载入编译好的"example.hex"文件，并在"Clock Frequency"文本框中输入时钟频率"11.0592MHz"，如图 1-26 所示。然后单击"确定"按钮。最后，单击"运行"按钮▶，没有错误表弹出，则可以单击"停止"按钮■。仿真效果如图 1-27 所示"example.hex"运行仿真中的效果。

1.4.4 将控制单个发光二极管的程序烧写入单片机并正确运行

单片机软硬件系统仿真成功后，要真正投入实际应用，必须将程序烧写入单片机芯片，这就必须使用程序烧录器及烧录软件。程序烧录器的主要功能是擦除单片机中的旧程序和写入新程序。不同类型的单片机，一般需要不同的程序烧录器。下面简单介绍支持 Atmel 公司生产 51 系列 AT89C51、AT89C52、AT89C2015、AT89S51、AT89S52 的 A51 程序烧录器及其烧录软件的使用方法。

在连接 A51 程序烧录器时，先将其 COM 接口 （用作数据通信）与计算机的 COM 接口

图 1-35 在元件上右击弹出的快捷菜单

（RS-232）连接好，然后将要擦写的单片机安插在烧录器的插座中，再用一根 USB 线将 USB 接口与计算机的 USB 接口连接起来，让计算机通过这根 USB 线向烧录器提供+5V 电源。

烧录器连接好后，就可以使用配套烧录软件（购买时会附带这种软件）擦写单片机程序了。A51 烧录软件的界面，如图 1-36 所示。使用烧录器前，仍需手动设置一些参数，进入"设置"标签页，根据编程器所插的 COM 口，设置好串口，波特率设置为"28800"。

选择"（自动）擦除器件"命令，即可将单片机中的旧程序擦除；选择"打开文件"命令，在弹出的对话框中选择要写入单片机的十六进制数文件（*.hex），再单击"打开"按钮，然后选择"（自动）写器件"命令，大约 1～2s 即可将程序写入单片机。

程序写入单片机后，将单片机从烧录器插座取下，再将它安装在单片机实验板上，为实验板通电，单片机开始工作，实现编程预定的控制功能。

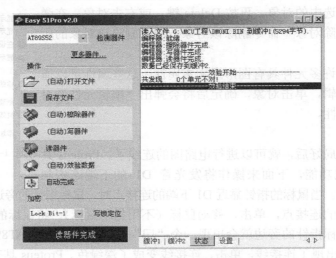

图 1-36　A51 编辑器烧录窗口

1.5　任务5　用 Keil C51 编写程序使发光二极管闪动

1.5.1　任务与计划

1．任务要求

（1）使用单片机控制方式，用 Keil C 编写程序，设计一个使发光二极管闪动的装置，并能对闪动的花样和速度进行控制。

（2）使用仿真软件 Proteus 设计能够完成任务的硬件原理图。

（3）使用单片机程序设计工具软件 Keil μVision，用 Keil C 编写源程序完成软件程序设计并进行软件调试，生成 HEX 文件。

（4）使用 Proteus 软硬件仿真运行。

2．工作计划

（1）首先进行任务分析，根据任务要求学习 LED 的相关知识，收集单片机控制 LED 灯的相关资料，学习软件编程所需的 C 语言内容，结合单片机 4 个 I/O 端口的功能和使用方法，进行 LED 流水灯方案设计。

（2）与合作伙伴分工，分别进行硬件电路设计和程序编写。

（3）在完成程序的调试和编译后，进行 LED 闪烁的仿真运行，在软硬件联调中，对所设计的电路和程序进行系统调试纠错，直至正确无误。

（4）仿真正常运行后，可以选择适当的形式进行交流，演示评价。

（5）反思自己的工作过程与结果，并进行优化，总结出改善性意见。

1.5.2　C 语言程序的结构

C 语言不需要了解处理器的指令集，也不必了解存储器结构，寄存器分配和寻址方式由编译器管理，编程时不需要考虑存储器的寻址和数据处理等细节，可以大大提高程序的可读性，可以使用与人类思维更相近的关键字和操作函数，程序的开发和调试时间会大大缩短，并且可以模块化编程，移植性好。

下面通过一个最简单的程序介绍 C 语言源程序的结构特点和书写格式。

```
#include<reg51.h>     //C 语言的预编译处理，包含 51 单片机寄存器定义的头文件
void main(void)       /*主函数，第一个 void 表示无须返回值，第二个 void 表示没有参数传递*/
    {                 //每个函数必须以花括号"{"开始
     P1=0xfe;         //赋值语句，P1=1111 1110B，即 P1.0 输出低电平
    }                 //每个函数必须以花括号"}"结束
```

1. "#include<reg51.h>"（文件包含）处理

指一个文件将另一个文件的内容全部包含进来。必要时可以打开 C:\Keil\C51\INC\ reg51.h，或者在"#include<reg51.h>"语句上右击，打开"reg51.h"文件，可以看到 51 单片机寄存器定义。

2. main( )函数

main()函数称为主函数，每个 C 语言程序必须且只有一个主函数，函数后面一定要有一对大括号"{ }"，程序要写在大括号里面。

3. 语句结束标志

语句必须以分号";"结束。

4. 注释

C 语言程序中的注释是为了提高程序的可读性。在编译时，注释的内容不会被执行。注释有两种形式：一种是"/*……*/"格式，可以注释多行内容；另一种是"//"格式，只能注释一行。

1.5.3　C 语言程序的标识符与关键字

C 语言规定标识符只能是字母（A~Z, a~z）、数字（0~9）和下划线"—"组成的字符串，并且第一个字符必须是字母或下划线。

关键字在 C 语言中，是为了定义变量、表达语句功能和对一些文件预处理。具有一些特殊意义的字符串，称为关键字。

51 系列 C 语言以下简称 C51。C51 是对标准 C 语言的扩展。主要是针对 51 系列单片机在特定的硬件结构上进行的扩展。在数据类型上的扩展主要有四种。

1）访问特殊功能寄存器中某些位的关键字 bit

关键字 bit 位变量的值为 0 或 1。

调用格式如下：

```
bit   特殊功能寄存器中位变量名=常数
```

示例如下：

```
bit   FLAG=0;  //定义位变量 FLAG，并且初始化为 0
```

2）访问特殊功能寄存器中某些寄存器的关键字 sfr

关键字 sfr 要求特殊功能寄存器的字节地址为 0～255。

调用格式如下：

> sfr　特殊功能寄存器名=地址常数

示例如下：

> sfr P0=0x80;　/*定义变量 P0，并为其分配特殊功能寄存器地址 0x80。即定义地址为"0x80"的特殊功
能寄存器名字为"P0"，对 P0 的操作也就是对地址为 0x80 的寄存器的操作*/

3）从字节中声明的位变量关键字 sbit

关键字 sbit 要求从字节中声明的位变量值为 0 或 1。

调用格式如下：

> sbit　位变量名=特殊功能寄存器名^位位置

示例如下：

> sbit LED=P1^3　;　　　　　　　//位定义 LED 为 P1.3（寄存器 P1 的第 3 位）

作上述定义后，如果要点亮发光二极管 VD₁（P1.3），就可以直接使用以下命令。

> LED=0 ;　　　　　　　　　　//将 P1.3 引脚电平置为"0"，对 LED 的操作就是对 P1.3 操作

4）访问特殊功能寄存器中某些寄存器的关键字 sfr16

关键字 sfr16 要求特殊功能寄存器的字节地址为 0～65535。

调用格式如下：

> sfr16　特殊功能寄存器名=地址常数

示例如下：

> sfr16　SFR_CON=0x10FC;　　// 定义变量 SFR_CON，分配特殊功能寄存器地址 0x10FC

其余数据类型 char enum short long float 等与标准 C 语言相同。

1.5.4　软件程序设计（顺序程序应用）

顺序程序是最简单的程序结构，它的执行顺序和程序中指令的排列顺序完全一致。下面用带有延时的案例 1 来讲解顺序程序的应用。

案例 1：用单片机控制一个灯闪烁（认识单片机的工作频率）。

分析要求，建立文件夹"案例 1"，启动 Keil μVision 软件，新建"案例 1"工程项目，保存新建的程序源文件"案例 1.c"，输入的源程序文件参考如下。

```
//案例 1：用单片机控制一个灯闪烁
#include<reg51.h>          //包含单片机寄存器的头文件
/*******************************************
函数功能：延时一段时间
*******************************************/
void delay(void)           //两个 void 意思分别为无须返回值、没有参数传递
{
  unsigned int i;          //定义无符号整数 i，最大取值为 65535
  for(i=0;i<20000;i++)     //做 20000 次空循环
```

```
                    ;              //什么也不做，等待一个机器周期//
    }
/*****************************************************
函数功能：主函数  （C 语言规定必须且只能有 1 个主函数）
*****************************************************/
void main(void)            /*主函数，第一个 void 表示无须返回值，第二个 void 表示没有参数传递*/
{
    while(1)               //无限循环
    {
        P1=0xfe;           //P1=1111 1110B，P1.0 输出低电平
        delay();           //调用延时函数，延时一段时间
        P1=0xff;           //P1=1111 1111B，P1.0 输出高电平
        delay();           //调用延时函数，延时一段时间
    }
}
```

参考程序中的延时函数的功能仅仅是延时一段时间，以供我们可以看出发光二极管的闪烁。

1.5.5 硬件仿真原理图

案例 1 的硬件仿真参考原理图如图 1-37 所示。

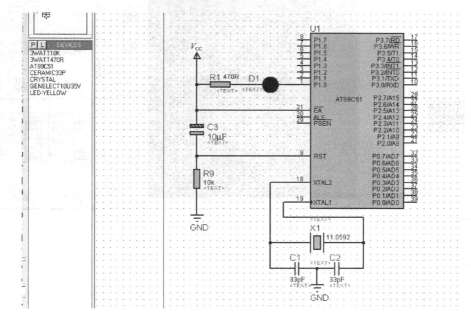

图 1-37 单片机控制一个灯闪烁的硬件仿真参考原理图

设计并绘制单片机控制一个灯闪烁的硬件原理图后，可以进行"电气规则检查"，单击"工具"→"电气规则检查"菜单，若电气规则无问题就会出现"ERC errors found"的提示。

1.5.6 用 Proteus 软硬件仿真运行

为了验证程序的运行效果，将编译好的"案例 1.hex"文件载入"AT89C51"单片机，利用 Proteus 软件进行仿真。在这里通过改变单片机的工作频率来认识工作频率对单片机控制的影响。为此添加示波器进行直观观察。

在 Proteus 绘图工具栏中单击"虚拟仪器模式"，从弹出的列表中选择"OSCILLOSCOPE"（示

波器），如图 1-38 所示。然后将输入端 A 连接在 P1.0 引脚上来观察输出电平，结果如图 1-39 所示。

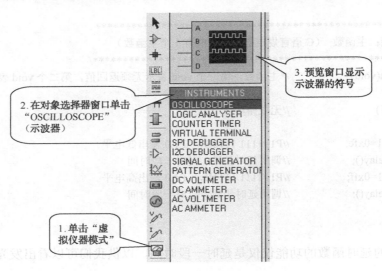

图 1-38　添加示波器

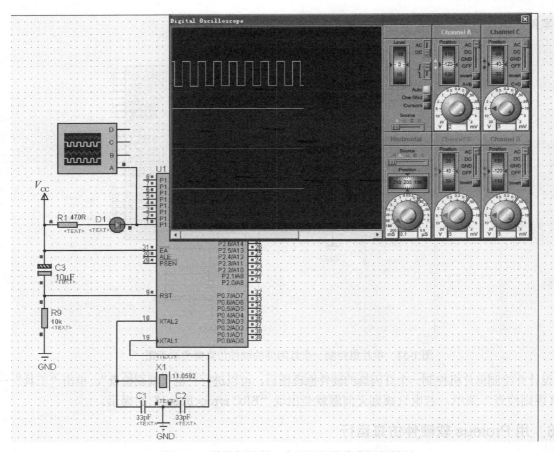

图 1-39　单片机控制一个灯闪烁的仿真运行效果

下面为了便于观察比较在如图 1-40 所示的示波器控制面板上，将当前参数设置为电压幅值=2V/格；分辨率=0.1s/格，以便对比"时钟频率的变化对 P1.0 引脚的输出电平波形的影响"，如图 1-41 所示。

右击 AT89C51→选择"编辑属性"→在"Program File"文本框中输入"24MHz"→单击"确定"按钮→单击"运行"按钮，观察 LED 变化，如图 1-41（a）所示的时钟频率为 24MHz 时 P1.0 引脚的输出电平波形。

然后，将单片机 AT89C51 改为"2MHz"启动仿真，可以看到 LED 的闪烁频率明显变慢，同时还可以看到 P1.0 引脚的输出电平脉宽明显增大，结果如图 1-41（b）所示时钟频率为 2MHz 时 P1.0 引脚的输出电平波形。

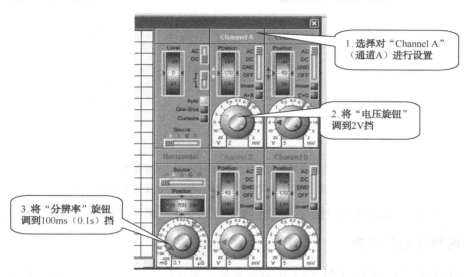

1. 选择对"Channel A"（通道A）进行设置

2. 将"电压旋钮"调到2V挡

3. 将"分辨率"旋钮调到100ms（0.1s）挡

图 1-40　示波器参数设置

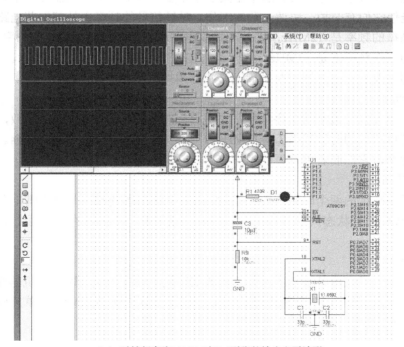

（a）　时钟频率为24MHz时P1.0引脚的输出电平波形

图 1-41　时钟频率的变化对 P1.0 引脚的输出电平波形的影响

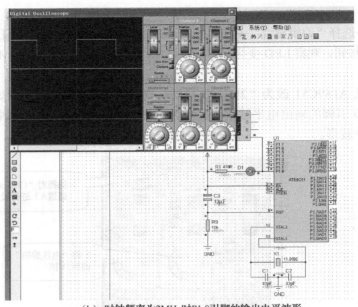

（b）时钟频率为2MHz时P1.0引脚的输出电平波形

图 1-41 时钟频率的变化对 P1.0 引脚的输出电平波形的影响（续）

结论是单片机频率的改变会直接导致输出 LED 灯的变化，频率越高，LED 灯的闪烁速度越快。

1.5.7 延时程序应用分析

通过对图 1-41（a）和图 1-41（b）的分析可知，单片机工作频率的改变会引起 LED 灯闪烁速度的明显变化，弄清楚为什么会有这个结果非常重要。事实上单片机需要一个时钟信号送给内部各电路，才能使它们有节拍、协调一致的工作。时钟信号的频率由外部振荡电路的晶振频率决定，如果外接晶振的频率是 12MHz，则外部振荡电路送给单片机时钟信号的频率也是 12MHz。此时，单片机的工作频率就是 12MHz。以下是与工作频率相关的几个重要概念。

单片机时序涉及的时间周期有时钟周期、状态周期、机器周期和指令周期。

1）时钟周期 P

时钟周期是单片机中最小的时序单位，它是内部的时钟振荡频率 f_{osc} 的倒数，又称为振荡周期。例如，若某单片机的时钟频率 f_{osc}=12MHz，则时钟周期 $P=1/f_{osc}$ = 0.0833μs。时钟脉冲是系统的基本工作脉冲，它控制着单片机的工作节奏。

2）状态周期 S

状态周期是由连续的两个时钟周期组成的，即 1 个状态周期=2 个时钟周期。若某单片机的时钟频率 f_{osc} = 12MHz，则状态周期 $S=2/f_{osc}$=0.167μs。通常把一个状态的前后两个振荡脉冲用 P1、P2 来表示。

3）机器周期

机器周期是单片机完成某种基本操作所需要的时间。指令的执行速度与机器周期有关，一个机器周期由 6 个状态周期即 12 个振荡周期组成，分别用 S1～S6 来表示。当单片机系统的时钟频率 f_{osc} = 12MHz 时，它的一个机器周期就等于 12/f_{osc}，也就是 1μs。

4）指令周期

指令周期是执行一条指令所需要的时间，由于执行不同的指令所需要的时间长短不同，单片机的指令可分为单机器周期指令、双机器周期指令和四机器周期指令三种。

本例 LED 灯的闪烁时间是通过延时程序来实现的，即让单片机等待（空操作）若干个机器周期。通过以下比较可以看出时钟频率对灯闪烁速度的影响。

当时钟频率为 24MHz 时，一个机器周期为 12×(1/24) μs =0.5μs。

当时钟频率为 2MHz 时，一个机器周期为 12×(1/2) μs =12μs。

所以，时钟频率越低，延时的时间就越长，灯的闪烁速度就越慢。

现实中在使用延时程序时，常用到延时几毫秒、几十毫秒等情况，下面介绍两个常用的延时任意毫秒的程序。

程序 1：延时任意毫秒，用变量 m 表示要延时的秒数。

```
void delay(unsigned int m) //定义一个延时子函数：无返回值，但有形式参数
{
unsigned int i,j;
for(i=m;i>0;i--)
for(j=110;j>0;j--)
;
}
```

程序 2：延时任意毫秒，用变量 m 表示要延时的秒数。

```
void delay (unsigned int m) //定义一个延时子函数：无返回值，但有形式参数
{
unsigned int i,j;
for(i=0;i<m;i++)
for(j=0;j<109;j++)
;
}
```

以上两个程序分别用加 1 和减 1 进行计数延时，本质是一样的，都是利用机器周期的空操作来达到延时的目的。在 C 语言中用 for 语句，实际上计算不出精确的时间，如果需要十分准确的时间控制，我们在后面会讲到用单片机的内部定时器/计数器延时，可以精确到微秒级。

1.5.8 提高练习

学生完成基础阶段的案例 1 练习后，可以在参考程序结构不变的情况下将某些数据改变，以使输出显示的结果不同，或根据自己的设想，输出显示漂亮的效果。参考提高练习如下：

提高练习 1：自己编程使 P1 口的低 4 位 LED 闪烁。

提高练习 2：自己编程使 P1 口的 P1.1、P1.3、P1.5 和 P1.7 的 4 位 LED 闪烁。

1.5.9 拓展练习

学生完成提高阶段的练习后，可以试着参考书上未讲过的 C 语言语句，编程完成自己的目标，说出自己期望的新目标是如何完成的。参考拓展练习如下：

拓展练习 1：自己编程使 P3 口的高 4 位 LED 闪烁。

拓展练习 2：自己编程使 P1 口和 P3 口的 8 位 LED 同时闪烁。

拓展练习 3：自己编程使 P1 口 8 位 LED 同时闪烁后，P3 口的 8 位 LED 再同时闪烁。

1.6 任务 6 用 Keil C 编写程序控制流水灯

1.6.1 任务与计划

1. 任务要求

（1）使用单片机控制方式，用 Keil C 编写程序，设计一个使用运算符点亮多只 LED 的装置，并能够对闪动的花样和速度进行控制。

（2）使用仿真软件 Proteus 设计能够完成任务的硬件原理图。

（3）使用单片机程序设计工具软件 Keil μVision，用 Keil C 编写源程序完成软件程序设计并进行软件调试，生成 HEX 文件。

（4）使用 Proteus 软硬件仿真运行。

2. 工作计划

（1）首先进行任务分析，根据任务要求学习 LED 的相关知识，收集单片机控制 LED 灯的相关资料，学习软件编程所需的 C 语言内容，结合单片机 4 个 I/O 端口的功能和使用方法，进行 LED 流水灯方案设计。

（2）与合作伙伴分工，分别进行硬件电路设计、软件流程图和程序编写。

（3）在完成程序的调试和编译后，进行输出控制的仿真运行，在软硬件联调中，对所设计的电路和程序进行系统调试纠错，直至正确无误。

（4）仿真正常运行后，可以选择适当的形式进行交流，演示评价。

（5）反思自己的工作过程与结果，并进行优化，总结出改善性意见。

1.6.2 C 语言程序的控制语句与 C51 函数

1. C 语言程序的控制语句

控制语句是完成一定控制功能的语句。C 语言中有 9 种控制语句。任务 6 中介绍 3 种常用的控制语句。

1）for（）循环语句

for 循环语句结构可使程序按指定的次数重复执行一个语句或一组语句。一般格式：

> for （初始化表达式；条件表达式；增量表达式）
> 　　循环体

for 循环语句执行步骤：初始化表达式→求解表达式，若为真，执行 for 后面的语句，并在执行指定语句后，执行增量表达式；若为假，则跳过 for 循环语句，执行 for 后面的表达式。

例如：用 for 循环语句求 1～10 的和。

```
void main(void)
    {
    unsigned char i,sum;
    sum=0;
    for(i=0;i<11;i++)
        sum=sum+i;
    P0=sum;          //将结果送 P0 口显示
    }
```

2）while（）循环语句

while 循环语句先判断循环条件为真或假，如果为真，则执行循环体；否则，跳出循环体，执行后续操作。一般格式：

```
while （表达式）
    循环体
```

例如：用 while 循环语句求 1～10 的和。

```
void main(void)
    {
        unsigned char i,sum;
        sum=0;
        i=1;
        while (i<=10)
        {
            sum=sum+i;
            i++;
        }
        P0=sum;          //将结果送 P0 口显示
    }
```

3）do…while 循环语句

do…while 循环语句先执行一次循环体，再判断循环条件表达式为真或假，如果为真，则继续执行循环体；否则，跳出循环体，执行后续操作。一般格式：

```
do   循环体语句
while （表达式）
```

例如：用 do…while 循环语句求 1～10 的和。

```
void main(void)
    {
        unsigned char i,sum;
        sum=0;
        i=1;
        do{
            sum=sum+i;
            i++;
        }
        while (i<=10);    //将结果送 P0 口显示
    }
```

2. 函数与函数调用语句

1）函数

函数是实现特定功能的一段程序代码。一个 C51 语言程序通常都由一个主函数和若干个子函数构成。其中，主函数，即 main()函数：在 C51 语言中，程序的执行都是从 main()函数开始，并通过完成对其他函数的调用来完成。

除了主函数 main()以外的函数，都是子函数。在 C51 语言中，存在着两大类子函数：一类是 C51 语言系统提供的库函数；另一类是用户自定义的函数。

库函数由 C51 语言系统提供。在使用库函数前，无须用户再定义，但需要在程序的最前面加入包含有该函数原型的头文件。例如，要使用循环左移函数_crol_()、延时函数_nop_()，需要在程序的最前面加入包含语句"#include <intrins.h>"；要获取字符串的长度，则需要在程序的最前面加入"#include <string.h>"语句，将 strlen()函数包含到程序中等。

自定义函数是根据程序设计的需求，由用户自己编写的函数。在 C51 程序中，所有函数都必须先定义，后使用，用户自定义函数也必须遵守这个规则。

在 C51 语言中，函数的定义格式如下：

```
类型说明符 函数名（形参类型说明符 形式参数）
{
    语句块；
    return 语句；
}
```

"类型说明符"声明了函数返回值的数据类型。该返回值可以是任何有效的数据类型，如 unsigned char、char、unsigned int、int 等，数据类型将在下一节中详述；如果函数没有返回值，则采用 void 说明符。

"函数名"是函数的名称，用于区分不同的函数。函数名的命名规则与变量的命名规则相同，请自行参考相关内容。

"形参类型说明符"用于声明函数使用参数的数据类型，可以为任何有效的数据类型。

"形式参数"相当于变量，用于接收调用函数时的参数值，其命名规则与变量的命名规则相同。当函数没有参数时，"形参类型说明符 形式参数"处可以用 void 代替，或为"空"，但括号不可以省略。当函数有多个"形式参数"时，中间用"逗号"分隔。

"语句块"是为完成函数功能而编写的一段程序代码。

"return 语句"用于返回函数执行的结果。当函数没有返回值时，该语句可以省略。

子函数定义示例如下：

```
void delay (unsigned int m) //定义一个延时子函数：无返回值，但有形式参数
{
unsigned int i,j;
for(i=0;i<m;i++)
for(j=0;j<109;j++);
}
```

2）函数调用

函数调用就是在程序中使用已经定义的函数，如延时程序。其调用格式如下。

```
函数名（实参列表）
```

"实参列表"，即函数调用中，要传递给"形式参数"的数据。在调用函数时，实参的数据类型和数量必须和"形参"的数据类型和个数——对应。

要调用前面示例中的延时子函数，只需在程序中加入语句"delay (500);"，即可实现延时 500ms 的功能。

需要注意的是，子函数可以写在主函数的前面或后面。当子函数写在主函数前面时，不需要声明。当写在后面时，必须在主函数之前声明子函数，声明方法是将返回值特性、函数名及后面的小括号完全复制。如果无参数，则小括号里面为空；若是带参数函数，则需要在小括号里依次写上参数类型（只写参数类型，无须写参数），参数类型之间用逗号隔开，最后在小括号的后面

加上分号";"。声明子函数的目的是使编译器在编译主程序时,当它遇到一个子函数时,知道有这样一个子函数存在,并且知道它的类型和带参情况等信息,以便为这个子函数分配必要的存储空间。下面是调用不带参数子函数的例子。

例如:通过调用子函数代替 for 嵌套语句。

```
#include<reg51.h>//头文件
sbit D1=Pl^O;          //定义单片机 P1 口的第一位为 D1
void delay();          //声明子函数
void main()
{
while(1)               //大循环
{
D1=0;                  //点亮第一个发光二极管
delay();               //延时 500ms
Dl=1;                  //关闭第一个发光二极管
delay();               //延时 500ms
}
}
void delay()           //延时子程序,延时约 500ms
{
unsigned int i,j;
for(i=0;i<500;i++)
for(j=0;j<109;j++);
}
```

3. C51 常用的宏定义

宏定义语句为 #define,其格式如下:

```
#define 新名称  原内容
```

这个语句后面没有分号,#define 命令用它后面的第一个字母组合代替该字母组合后面的所有内容,相当于给"原内容"重新起一个比较简单的"新名称",方便以后在程序中直接使用简短的新名称。以下举例,使用宏定义,用 uint 代替 unsigned int 这个较复杂的写法。使用时为"uint x,y;",相当于"unsigned int x,y;"。

例如:用单片机控制一个 LED 闪烁。

```
#include<reg51.h>         //头文件
sbit D1=Pl^O;             //定义单片机 P1 口的第一位为 D1
void delay();             //声明子函数
#define uint unsigned int //宏定义
void main()
{
while(1)                  //大循环
{
D1=0;                     //点亮第一个发光二极管
delay();                  //延时 500ms
Dl=1;                     //关闭第一个发光二极管
delay();                  //延时 500ms
}
}
```

```
void delay()                           //延时子程序,延时约 500ms
{
uint i,j;
for(i=0;i<500;i++)
for(j=0;j<109;j++);
    }
```

1.6.3   软件程序设计（循环程序应用）

在实际问题中重复地做某些事情（重复地执行某些指令）时使用循环程序。

（1）"先执行，后判断"，即先执行一次循环体，后判断循环是否结束。这种结构的循环至少执行一次循环体。

（2）"先判断，后执行"，即首先判断是否进入循环，再视判断结果，决定是否执行循环体。这种结构的循环，如果一开始就满足循环结束的条件，不会执行循环体，即循环次数可以为 0。

循环程序结构示意图如图 1-42 所示。

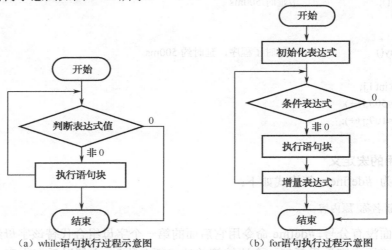

（a）while 语句执行过程示意图   （b）for 语句执行过程示意图

图 1-42   循环程序结构示意图

实用中，若能确保一个循环程序在任何情况下都不会出现循环次数为 0 的情况，采用以上任一种结构都可以；当不能确保时，用后一种结构为好。另外，因为循环结构的程序根据某条件的存在重复执行一段程序，直到这个条件不满足为止，那么，如果这个条件永远存在就会形成死循环。

案例 2：使用 P1 口流水点亮 8 位 LED。

```
//案例 2：使用 P1 口左移流水点亮 8 位 LED
#include<reg51.h>                      //包含单片机寄存器的头文件
/***************************************
函数功能：延时一段时间
***************************************/
void delay(void)
  {
      unsigned char i,j;               //定义无符号字符型变量 i 和 j
      for(i=0;i<250;i++)               /*初始化 i=0,如果 i<250,则执行循环体，i 加 1 送回给 i
                        否则，跳过 for 循环语句，执行 for 后面的表达式*/
      for(j=0;j<250;j++)
```

```
                  ;        //空操作
        }
/*********************************************
函数功能：主函数
*********************************************/
void main(void)
{
    while(1)                    //无限循环
    {
        P1=0xfe;                //第一个灯亮
        delay();                //调用延时函数
        P1=0xfd;                //第二个灯亮
        delay();                //调用延时函数
        P1=0xfb;                //第三个灯亮
        delay();                //调用延时函数
        P1=0xf7;                //第四个灯亮
        delay();                //调用延时函数
        P1=0xef;                //第五个灯亮
        delay();                //调用延时函数
        P1=0xdf;                //第六个灯亮
        delay();                //调用延时函数
        P1=0xbf;                //第七个灯亮
        delay();                //调用延时函数
        P1=0x7f;                //第八个灯亮
        delay();                //调用延时函数
    }
}
```

1.6.4 硬件仿真原理图

案例 2 的硬件仿真参考原理图，如图 1-43 所示。

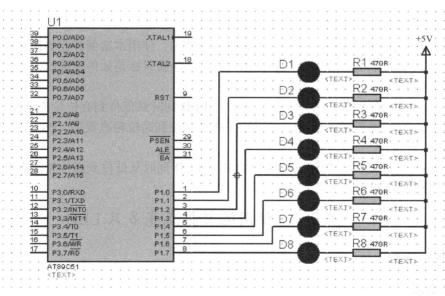

图 1-43　控制流水灯硬件仿真参考原理图

1.6.5　用 Proteus 软硬件仿真运行

将编译好的"案例 2.hex"文件载入"AT89C51"单片机，在仿真环境中单击"运行"按钮，进入仿真运行状态。使用 P1 口左移流水点亮 8 位 LED 仿真效果，如图 1-44 所示。

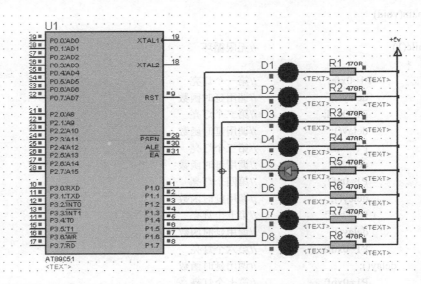

图 1-44　使用 P1 口左移流水点亮 8 位 LED 仿真运行效果

1.6.6　提高练习

学生完成基础阶段的案例 2 练习后，可以在参考程序结构不变的情况下将某些数据改变，以使输出显示不同的效果，参考提高练习如下。

提高练习 1：使用 P1 口左移流水点亮 6 位 LED。

提高练习 2：使用 P1 口左移流水点亮 P1.0、P1.2、P1.4 和 P1.6 点 4 位 LED。

1.6.7　拓展练习

学生完成提高阶段的练习后，可以试着进行以下练习：使用本案例补充的新知识；改变参考程序的结构，或增加未讲过的指令语句；说出自己期望的新目标是如何完成的，为什么要这样创新。以完成拓展阶段的练习。

拓展练习 1：自己编程使 P1 口和 P3 口的 8 位 LED 同时从低位到高位轮流点亮。

拓展练习 2：自己编程同时使 P1 口 8 位 LED 从低位到高位轮流点亮，P3 口的 8 位 LED 从高位到低位轮流点亮。

拓展练习 3：自己编程使 P1 口和 P3 口的 8 位 LED 同时从低位到高位轮流点亮之后，再使 P1 口和 P3 口的 8 位 LED 同时闪烁 5 次。

1.7　任务 7　使用运算符点亮多只 LED

1.7.1　任务与计划

1. 任务要求

（1）使用单片机控制方式，用 Keil C 编写程序，设计一个控制多只 LED 灯的显示装置，能够对多只 LED 灯的显示花样和显示速度进行控制与设定。

（2）使用仿真软件 Proteus 设计能够完成任务的硬件原理图。

（3）使用单片机程序设计工具软件 Keil μVision，用 Keil C 编写源程序完成软件程序设计并进行软件调试，生成 HEX 文件。

（4）使用 Proteus 软硬件仿真运行。

2．工作计划

（1）首先进行任务分析，根据任务要求学习 LED 的相关知识，收集单片机控制 LED 灯的相关资料，学习软件编程所需的 C 语言内容，结合单片机 4 个 I/O 端口的功能和使用方法，进行控制多只 LED 灯的方案设计。

（2）与合作伙伴分工，分别进行硬件电路设计和程序编写。

（3）在完成程序的调试和编译后，进行控制多只 LED 灯的仿真运行，在软硬件联调中，对所设计的电路和程序进行系统调试纠错，直至正确无误。

（4）仿真正常运行后，可以选择适当的形式进行交流，演示评价。

（5）反思自己的工作过程与结果，并进行优化，总结出改善性意见。

1.7.2 C 语言程序的数据类型与运算符

1．数据类型

在 C 语言中，常将数据分为常量与变量两种。

在程序运行过程中，数值不能被改变的量称为常量，常量可以不经说明直接引用，如果程序中很多地方都要用到某个常量，而其值又需要经常变动，可以使用符号常量，以达到"一改全改"的目的。

在程序运行过程中，数值可以改变的量称为变量，而变量必须先定义类型后才能使用，一般放在程序的开始部分。常用 9 种数据类型，如表 1-8 所示。

表 1-8 C 语言中常用的数据类型

数 据 类 型	关 键 字	所 占 位 数（bit）	长 度（byte）	取 值 范 围
位类型	bit	1	1/8	0,1
无符号字符型	unsigned char	8	1	0～255
有符号字符型	char	8	1	−128～127
无符号整型	unsigned int	16	2	0～65535
有符号整型	int	16	2	−32768～32768
无符号长整型	unsigned long	32	4	$0～2^{32}-1$
有符号长整型	long	32	4	$-2^{31}～2^{31}-1$
单精度实型	float	32	4	$3.4^{-38}～3.4^{38}$
双精度实型	double	64	8	$1.7^{-308}～1.7^{308}$

2．算术运算符

C 语言常用 7 种算术运算符，如表 1-9 所示。

3．关系（逻辑）运算符

C 语言常用 9 种关系（逻辑）运算符，用于比较两个变量的大小关系和逻辑与、逻辑或运算，如表 1-10 所示。

表 1-9 算术运算符

算术运算符	含 义
+	加法
–	减法
*	乘法
/	除法（或求模运算）
++	自加
--	自减
%	求余运算

表 1-10 关系（逻辑）运算符

关系（逻辑）运算符	含 义
>	大于
>=	大于等于
<	小于
<=	小于等于
==	测试相等
!=	测试不等
&&	按位与
||	按位或
!	非

"=="两个等号写在一起表示测试相等，即判断两个等号两边的数是否相等的意思，"！="判断两个等号两边的数是否不相等。

4．位运算符

C 语言常用 6 种位运算符，用于对一个数按二进制格式进行操作，如表 1-11 所示。

左移运算符"<<"是将一个二进制数的各位全部左移若干位，移动过程中，高位丢弃，低位补 0。如 $w=0xcc$，即 11001100B，$w<<2$ 后，则 $w=00110000B$，结果为 0x30。右移运算符">>"是将一个二进制数的各位全部右移若干位，正数移动过程中，低位丢弃，高位补 0；负数则是高位补 1。

表 1-11 位运算符

位 运 算 符	含 义
&	逻辑与
|	逻辑或
∧	异或
~	取反
>>	右移
<<	左移

1.7.3 软件程序设计

案例 3：右移运算流水点亮 P0 口 8 位 LED。

```
//案例 3：用右移运算流水点亮 P0 口 8 位 LED
#include<reg51.h>          //包含单片机寄存器的头文件
/********************************************************
函数功能：延时程序
********************************************************/
void delay(unsigned int m)
{
unsigned int i,j;
for(i=m;i>0;i--)
for(j=110;j>0;j--);
```

```
    }
/**************************
函数功能：主函数
**************************/
void main(void)
{
    unsigned char i;
    while(1)                        //无限循环
        {
            P0=0xff;                // P0=11111111B
            delay(60);              //调用延时函数
            for(i=0;i<8;i++)        //设置循环次数为 8
                {
                    P0=P0>>1;       //每次循环 P1 的各二进位右移 1 位，高位补 0
                    delay(60);
                }
        }
}
```

运用 Keil C 进行源程序编辑，经过编译调试后输出 HEX 等目标文件。

1.7.4 硬件仿真原理图

案例 3 的硬件仿真参考原理图如图 1-45 所示，选择的元件如图 1-46 所示。

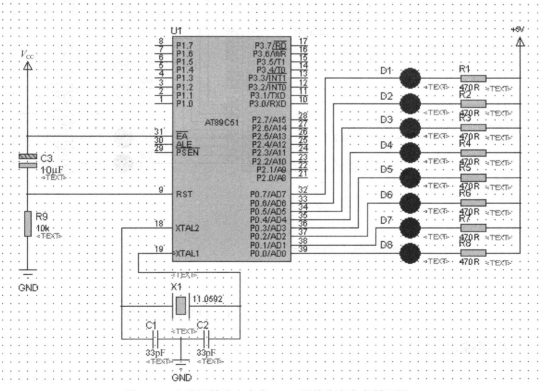

图 1-45　右移运算流水点亮 P0 口硬件仿真参考原理图

1.7.5 用 Proteus 软硬件仿真运行

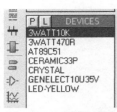

图 1-46 对象选择器
显示窗口

使用仿真软件 Proteus 设计能够完成任务的硬件原理图，将 HEX 文件加载到单片机中。在仿真环境中单击"运行"按钮，进入仿真运行状态。右移运算流水点亮 P0 口 8 位 LED 仿真效果，如图 1-47 所示。

1.7.6 提高练习

在提高练习阶段，引导学习者大胆在参考程序（或自编已经通过的程序）上，改动数据或调整语句（有目的或无目的地改动均可），然后仔细观察，如有目标则观察显示结果与目标是否相同；若无目标则观察改动后的结果与原结果有何异同。从而体会，软件程序中的指令语句与硬件显示出的结果的关系，进而总结编程要领，并继续大胆实践自己的新想法，为下一步拓展练习做好准备。

提高练习 1：右移运算流水点亮 P0 口的连续高 4 位 LED。

提高练习 2：右移运算流水点亮 P0 口 8 位 LED，再左移运算流水点亮 P0 口 8 位 LED。

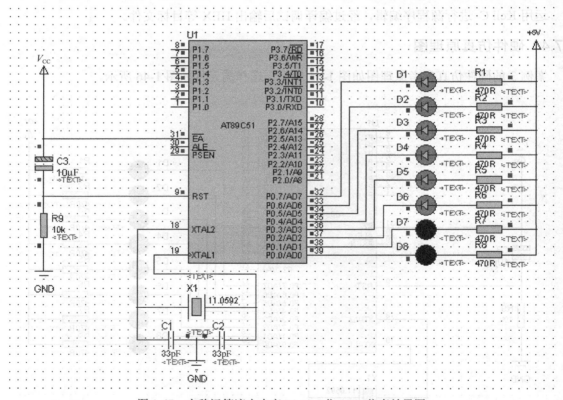

图 1-47 右移运算流水点亮 P0 口 8 位 LED 仿真效果图

1.7.7 拓展练习

进入拓展练习阶段后，学习者可将所学指令与所编程序，或书上的程序，或未学过的指令语句（查看书），或别人（如同班同学）的程序，作为资源（收集到的资料），试着编程实现。会有意想不到的收获。这样能锻炼并表现出多角度思维和创新设计的能力；充分锻炼利用资源为我所用的能力；分析问题和解决问题的能力。用显示结果的优美和有韵律来培养自己的音乐智能和提高艺术表现力等。希望通过探究试的研究性学习，创新设计的实现，带来兴奋和愉悦的感受，成就感和自信心的提升。

拓展练习 1：同时左移运算流水点亮 P0 口和 P1 口 8 位 LED。

拓展练习 2：①右移点亮 P1 口的 8 位 LED；②左移点亮 P0 口的 8 位 LED；③P1 口的高 4 位与 P0 口的低 4 位同时交替闪烁 3 次；④P1 口和 P0 口的 8 位 LED 同时右移流水点亮；⑤P1 口和 P0 口的 8 位 LED 同时闪烁 3 次。

1.8 任务 8 用 if 语句控制 P0 口 8 位 LED 点亮状态

1.8.1 任务与计划

1. 任务要求

（1）使用单片机控制方式，用 Keil C 编写程序，设计一个用两个开关，使用 if 语句控制 P0 口 8 位 LED 点亮状态的显示装置。

（2）使用仿真软件 Proteus 设计能够完成任务的硬件原理图。

（3）使用单片机程序设计工具软件 Keil μVision，用 Keil C 编写源程序完成软件程序设计并进行软件调试，生成 HEX 文件。

（4）使用 Proteus 软硬件仿真运行。

2. 工作计划

（1）首先进行任务分析，根据任务要求学习 LED 和开关的相关知识，学习软件编程所需的 C 语言内容，结合单片机 4 个 I/O 端口的功能和使用方法，进行用 if 语句控制 P0 口 8 位 LED 点亮状态的方案设计。

（2）与合作伙伴分工，分别进行硬件电路设计、软件流程图和程序编写。

（3）在完成程序的调试和编译后，进行输入/输出控制的仿真运行，在软硬件联调中，对所设计的电路和程序进行系统调试纠错，直至正确无误。

（4）仿真正常运行后，可以选择适当的形式进行交流，演示评价。

（5）反思自己的工作过程与结果，并进行优化，总结出改善性意见。

1.8.2 C 语言程序的条件语句

在 C 语言的 9 种控制语句中，任务 8 介绍一种常用的控制语句，条件语句 if。

if 语句用来判定所给条件是否满足，根据判定的结果（真或假）选择执行给出的两种操作之一。if 语句有 3 种基本形式。

1）if 语句

```
if（表达式）
    语句
```

例如：

```
if （S1==0） //如果按键 S1 按下（接地），P1 口 8 位 LED 全部点亮
P1=0x00;
```

2）if…else 语句

```
if（表达式）
```

```
            语句 1
    else
            语句 2
```

例如：

```
if （a>b）        //将最大值存入 max
    max=a;
else
    max=b;
```

3）if…else…if 语句

```
if （表达式 1）
    语句 1
else
if（表达式 2）
    语句 2
else
if （表达式 3）
    语句 3
        :
else
    语句 n
```

例如：找出 3 个数中的最小数。

```
void main(void)
{
    unsigned char x, y, z ,min;
    x=3;
    y=5;
    z=2;
    if (x<y)
            min=x;
    else
            min=y;
    if (z<min)
            min=z;
    }
```

1.8.3 软件程序设计（分支程序应用）

分支程序是根据条件是否满足来确定程序流向的，如图 1-48 所示。

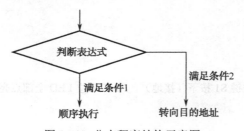

图 1-48 分支程序结构示意图

案例 4：用 if 语句控制 P0 口 8 位 LED 的点亮状态。

```
//案例4：用if语句控制P0口8位LED的点亮状态
#include<reg51.h>          //包含单片机寄存器的头文件
sbit S1=P1^4;              //将S1位定义为P1.4
sbit S2=P1^5;              //将S2位定义为P1.5
/*****************************
函数功能：主函数
*****************************/
void main(void)
{
    while(1)               //无限循环
    {
        if(S1==0)          //如果按键S1按下
            P0=0x0f;       //P0口高四位LED点亮
        if(S2==0)          //如果按键S2按下
            P0=0xf0;       //P0口低四位LED点亮
    }
}
```

1.8.4 硬件仿真原理图

案例4的硬件仿真参考原理图如图1-49所示，选择的元件如图1-50所示。

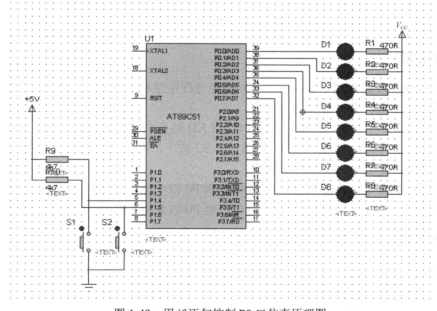

图1-49　用if语句控制P0口仿真原理图

图1-50　案例4的对象选择器显示窗口

1.8.5 用 Proteus 软硬件仿真运行

将编译好的"案例 4.hex"文件载入"AT89C51"单片机，在仿真环境中单击"运行"按钮，进入仿真运行状态。使用 if 语句控制 P0 口 8 位 LED 点亮状态的仿真效果，如图 1-51 所示。

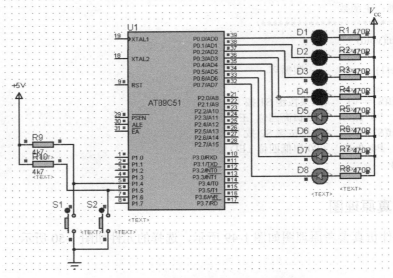

图 1-51　用 if 语句控制 P0 口的仿真效果图

1.8.6 提高练习

学生完成基础阶段的案例 4 练习后，可以在参考程序结构不变的情况下将某些数据改变，以使输出显示的结果不同，参考提高练习如下。

提高练习 1：用 2 个开关，if 语句控制 P0 口 LED 的点亮状态。

要求：S1 按下，P0.0、P0.2、P0.4、P0.6 亮；S2 按下，P0.1、P0.3、P0.5、P0.7 亮。

提高练习 2：用 2 个开关控制 P0 口状态。

① 用 1 个开关 S1（开关接 P1.4），if 语句控制 P0 口 8 位 LED 的右移流水点亮。

② 用 1 个开关 S2（开关接 P1.5），if 语句控制 P0 口 8 位 LED 的左移流水点亮。

1.8.7 拓展练习

学生完成提高阶段的练习后，使用补充的新知识；改变参考程序的结构，或增加未讲过的指令语句，完成创新阶段的拓展练习。

拓展练习：用 if 语句控制 P0 口和 P2 口 8 位 LED 的点亮状态。

要求：如果按键 S1 按下，P0 口 8 位 LED 左移循环点亮；如果按键 S2 按下，P2 口 8 位 LED 右移循环点亮；如果按键 S3 按下，P0 口和 P2 口 8 位 LED 同时闪烁 5 次。

1.9　任务 9　用 switch 语句控制 P0 口 8 位 LED 的点亮状态

1.9.1　任务与计划

1. 任务要求

（1）使用单片机控制方式，用 Keil C 编写程序，设计一个用一个开关，使用 swith 语句控制

P0 口 8 位 LED 点亮状态的显示装置。

（2）使用仿真软件 Proteus 设计能够完成任务的硬件原理图。

（3）使用单片机程序设计工具软件 Keil μVision，用 Keil C 编写源程序完成软件程序设计并进行软件调试，生成 HEX 文件。

（4）使用 Proteus 软硬件仿真运行。

2．工作计划

（1）首先进行任务分析，根据任务要求学习 LED 和开关的相关知识，学习软件编程所需的 C 语言内容，结合单片机 4 个 I/O 端口的功能和使用方法，进行用 swith 语句控制 P0 口 8 位 LED 点亮状态的方案设计。

（2）与合作伙伴分工，分别进行硬件电路设计和程序编写。

（3）在完成程序的调试和编译后，进行输入/输出控制的仿真运行，在软硬件联调中，对所设计的电路和程序进行系统调试纠错，直至正确无误。

（4）仿真正常运行后，可以选择适当的形式进行交流，演示评价。

（5）反思自己的工作过程与结果，并进行优化，总结出改善性意见。

1.9.2　C 语言程序的多分支选择语句

在 C 语言的 9 种控制语句中，任务 9 介绍一种常用的控制语句，多分支选择语句 switch…case。

虽然 if 语句和 switch … case 语句都是分支语句，但是 if 语句比较适合于从两者之间选择，当要从多种选择中选一种时，采用 switch … case 多分支选择语句。

switch … case 语句的一般表达式如下。

```
switch(表达式)
{
case  常量表达式 1:          //如果常量表达式 1 满足，则执行语句 1
语句 1;
break;                       //执行完语句 1 后，使用 break 跳出 switch 结构
case  常量表达式 2:          //如果常量表达式 2 满足，则执行语句 2
语句 2;
break;                       //执行完语句 2 后，使用 break 跳出 switch 结构
    ⋮
case  常量表达式 n:
语句 n;
 break;
 default:                    //默认情况下（条件不满足时），执行语句 n+1
语句 n+1
}
```

例如：常量表达式 3 满足条件，程序执行 P3=0x00 语句，即将 P3 口的 8 位置 0。

```
void main(void)
   {
        unsigned char i;
            i=3;
       swith(i)
       {
          Case0: P0=0x00;   //如果 i=0，则执行 "P0=0x00" 语句
           break;
```

```
Case1: P1=0x00;
  break;
Case2: P2=0x00;
  break;
Case3: P3=0x00;    //常量表达式 3 满足条件，则执行 P3=0x00 语句
  break;           //执行完毕后，跳出 switch 结构
default: P0=0xff;
}
```

1.9.3 软件程序设计

案例 5：用 swith 语句控制 P0 口 8 位 LED 的点亮状态。

要求：第 1 次按下 S1 时，D1 被点亮；第 2 次按下 S1 时，D2 被点亮……循环点亮 P0 口 8 位 LED 至 D7 被点亮。

```
//案例 5：用 swtich 语句的控制 P0 口 8 位 LED 的点亮状态
#include<reg51.h>                      //包含单片机寄存器的头文件
sbit S1=P1^4;                          //将 S1 位定义为 P1.4
/****************************
函数功能：延时一段时间
****************************/
void delay(unsigned int m)
{
unsigned int i,j;
for(i=m;i>0;i--)
for(j=110;j>0;j--);
}
/****************************
函数功能：主函数
****************************/
void main(void)
{
    unsigned char i;
    i=0;                               //将 i 初始化为 0
    while(1)
    {
        if(S1==0)                      //如果 S1 键按下
        {
            delay(20);                 //延时 20ms
            if(S1==0)                  //如果再次检测到 S1 键按下
              i++;                     //i 自增 1
            if(i==9)                   //如果 i=9，重新将其置 1
              i=1;
        }
        switch(i)                      //使用多分支选择语句
        {
            case 1: P0=0xfe;           //第一个 LED 亮
                break;
            case 2: P0=0xfd;           //第二个 LED 亮
                break;
```

· 52 ·

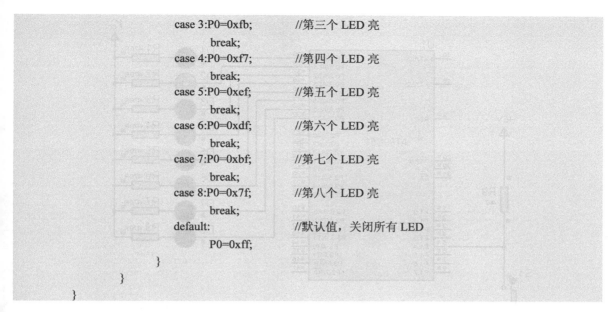

```
        case 3:P0=0xfb;        //第三个 LED 亮
              break;
        case 4:P0=0xf7;        //第四个 LED 亮
              break;
        case 5:P0=0xef;        //第五个 LED 亮
              break;
        case 6:P0=0xdf;        //第六个 LED 亮
              break;
        case 7:P0=0xbf;        //第七个 LED 亮
              break;
        case 8:P0=0x7f;        //第八个 LED 亮
              break;
        default:               //默认值，关闭所有 LED
              P0=0xff;
        }
    }
}
```

1.9.4　硬件仿真原理图

案例 5 的硬件仿真参考原理图，如图 1-52 所示。

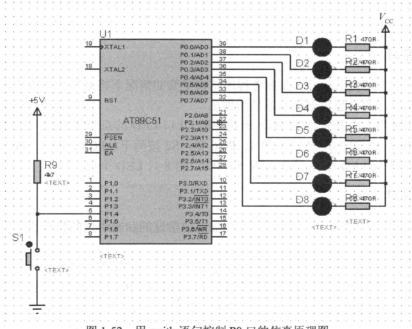

图 1-52　用 swith 语句控制 P0 口的仿真原理图

1.9.5　用 Proteus 软硬件仿真运行

将编译好的"案例 5.hex"文件载入"AT89C51"单片机，在仿真环境中单击"运行"按钮，进入仿真运行状态。使用 swith 语句控制 P0 口 8 位 LED 点亮状态的仿真效果，如图 1-53 所示。

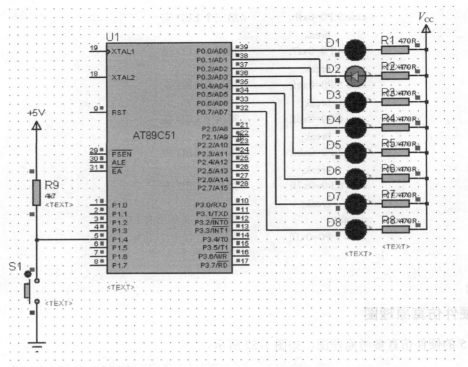

图 1-53 用 swith 语句控制 P0 口的仿真效果图（第 2 次按下 S1 时，D2 被点亮）

1.9.6 提高练习

完成基础阶段的练习后，可以在参考程序结构不变的情况下将某些数据改变，以使输出显示的结果可以根据自己的设想输出显示漂亮的效果。

提高练习：使用 1 个开关，用 swith 语句控制 P0 口 LED 的点亮状态。

要求：S1 按一下，P 0.0、P0.2、P0.4、P0.6 亮；S2 按两下，P0.1、P0.3、P0.5、P0.7 亮；S2 按三下，P0 口的 8 只 LED 全亮；S2 按四下，P0 口的 8 只 LED 全灭。

1.9.7 拓展练习

学生完成提高阶段的练习后，可以试着增加以前学过的和未讲过的指令语句，完成自己期望的新目标。

拓展练习：使用 1 个开关，用 swith 语句控制 P0 和 P2 口 LED 状态。

要求：S1 按一下，P0 口的 8 只 LED 全亮；S1 按两下，P2 口的 8 只 LED 全亮；S1 按三下，P0.0、P0.2、P0.4、P0.6 熄灭；S1 按四下，P2.1、P2.3、P2.5、P2.7 熄灭；S1 按五下，P0 口和 P2 口交替全亮全灭循环；S1 按六下，P0 口 8 位 LED 的右移流水点亮；S1 按七下，P2 口 8 位 LED 的左移流水点亮；S1 按八下，P0 口和 P2 口全部熄灭。

1.10 任务 10 用数组指针控制 P0 口 8 位 LED 的点亮状态

1.10.1 任务与计划

1. 任务要求

（1）使用单片机控制方式，用 Keil C 编写程序，设计一个用一个开关，使用数组指针控制

P0 口 8 位 LED 点亮状态的显示装置。

（2）使用仿真软件 Proteus 设计能够完成任务的硬件原理图。

（3）使用单片机程序设计工具软件 Keil μVision，用 Keil C 编写源程序完成软件程序设计并进行软件调试，生成 HEX 文件。

（4）使用 Proteus 软硬件仿真运行。

2．工作计划

（1）首先进行任务分析，根据任务要求学习 LED 和开关的相关知识，学习软件编程所需的 C 语言内容，结合单片机 4 个 I/O 端口的功能和使用方法，进行用数组指针控制 P0 口 8 位 LED 点亮状态的方案设计。

（2）与合作伙伴分工，分别进行硬件电路设计和程序编写。

（3）在完成程序的调试和编译后，进行输出控制的仿真运行，在软硬件联调中，对所设计的电路和程序进行系统调试纠错，直至正确无误。

（4）仿真正常运行后，可以选择适当的形式进行交流，演示评价。

（5）反思自己的工作过程与结果，并进行优化，总结出改善性意见。

1.10.2　C 语言程序的数组与指针

在本节介绍 C 语言程序数组与数组指针的应用。

1．数组的应用

数组：同一类型变量的有序集合。

1）数组的一般形式

（1）一维数组的一般形式：

```
数据类型 数组名 [常量表达式];
```

例如：

```
int a[10];                 //定义整型数组 a，它有 a[0]～a[9]共 10 个数据单元
char inputstring [5];      //定义字符型数组 inputstring，有 5 个数据单元
```

（2）二维数组的一般形式

```
float outnum [10],[10];    //定义浮点型数组 outnum，有 100 个数据单元
```

通常，使用一维数组就可以满足要求，所以以下主要讨论一维数组。

2）一维数组的赋值方式：

（1）在数组定义时赋值，示例如下：

```
int a[10]={0,1,2,3,4,5,6,7,8,9};
```

（2）在数组定义时部分赋值，示例如下：

```
int a[10]={0,1,2,3,4,5};   //除已定义的 6 个元素，默认的初始值为 0
```

（3）如果一个数组的全部元素都已赋值，可以省去方括号中的下标。示例如下：

```
int a[ ]={0,1,2,3,4,5,6,7,8,9};
```

> **◀ 注意**
> 在程序中只能逐个引用数组中的元素，不能一次引用整个数组，但是字符型的数组就可以一次引用整个数组。

2. 指针的应用

指针是指变量或数据所在的存储区地址。指针具有一般变量的 3 个要素：名字、类型和值。

1）指针的值

指针存放的是某个变量在内存中的地址。如果一个指针存放了某个变量的地址，就称这个指针指向该变量，即指针本身具有一个内存地址，它存放了所指向变量的地址值。指针与指针指向变量的关系，如图 1-54 所示。

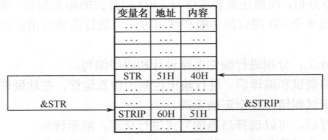

图 1-54 指针与指针指向变量的关系示意图

2）指针的类型

指针的类型就是该指针所指向的变量的类型，如 int 类型变量。

3）指针的定义格式

指针变量不同于整型或字符型等其他类型的数据，使用前必须将其定义为"指针类型"。一般形式为

    类型说明符 *指针名字;

例如：

    int i;   //定义一个整型变量 i
    int *pointer;   //定义整型指针，名字为 pointer

4）取地址运算符&

作用：使一个指针变量指向一个变量。

例如：

    Pointer=&i; // "&"表示取 i 的地址，将 i 的地址存放在变量 Pointer 中

> **注意**
> （1）指针名字前的"&"表示该变量为指针变量。
> （2）一个指针变量只能指向同一个类型变量。

5）指针的初始化

指针使用前必须初始化，一般格式如下：

    类型说明符 指针变量=初始地址值;

例如：

    unsigned char *p;   //定义无符号字符型指针变量 p
    unsigned char m;   //定义无符号字符型数据 m
    p=&m   //将 m 的地址存在 p 中（指针变量 p 被初始化）

3. 指针数组

指针可以指向某类变量，也可以指向数组。以指针变量为元素的数组称为指针数组（指针变量应具有相同的存储类型，其指向的数据类型也必须相同）。

一般格式如下：

```
类型说明符    *指针数组名[元素个数];
```

例如：

```
int *p[2];   // p[2]含有 p[0]和 p[1]两个指针的指针数组，指向 int 型数据
```

指针数组初始化写法如下：

```
unsigned char a[]={0,1,2,3};
unsigned char *p[4]={&a[0], &a[1], &a[2], &a[3]}; //存放元素必须为地址
```

4. 指向数组的指针

一个指针变量有地址，一个数组元素也有地址，所以可以用一个指针指向一个数组元素。如果一个指针存放了某数组的第一个元素地址，就说该指针是指向这一数组的指针。数组的指针为数组的起始地址。

例如：

```
unsigned char a[]={0,1,2,3};
unsigned char *p;
p=&a[0];       //将将数组 a 的首地址存放在指针变量 P 中
```

经上述定义后，指针 p 就是数组 a 的指针。C 语言规定，数组名代表数组的首地址，即第一个元素的地址。即 "p=&a[0];" 与 "p=a;" 等价。

C 语言规定，p 指向数组 a 的首地址后，p+1 就指向第 2 个元素 a[1]，p+2 就指向第 3 个元素 a[2]，以此类推，p+i 指向 a[i]。

1.10.3 软件程序设计

案例 6：用数组指针控制 P0 口 8 位 LED 花样点亮。

要求：P0 口 8 位 LED 左移流水点亮；P0 口 8 位 LED 右移流水点亮；P0 口 8 位 LED 左移逐个点亮；P0 口 8 位 LED 从中间向两端逐个点亮；P0 口 8 位 LED 从两端向中间逐个点亮；P0 口 8 位 LED 全部熄灭。

```c
//案例 6：用数组指针控制 P0 口 8 位 LED 花样点亮
#include<reg51.h>
/****************************
函数功能：延时一段时间
****************************/
void delay(unsigned int m)
{
unsigned int i,j;
for(i=m;i>0;i--)
for(j=110;j>0;j--);
}
/****************************
函数功能：主函数
```

```
********************************************/
void main(void)
{
    unsigned char i;
    unsigned char Tab[ ]={0xFF,0xFE,0xFD,0xFB,0xF7,0xEF,0xDF,0xBF,
                          0x7F,0xBF,0xDF,0xEF,0xF7,0xFB,0xFD,0xFE,
                          0xFE,0xFC,0xF8,0xF0,0xE0,0xC0,0x80,0x00,
                          0xE7,0xDB,0xBD,0x7E,0x3C,0x18,0x00,0xff};
                                          //流水灯控制码
    unsigned char *p;                     //定义无符号字符型指针
    p=Tab;                                //将数组首地址存入指针 p
    while(1)
      {
          for(i=0;i<32;i++)               //共 32 个流水灯控制码
            {
                P0=*(p+i);                //*(p+i)的值等于 a[i]
                  delay(200);             //调用 150ms 延时函数
            }
      }
}
```

1.10.4 硬件仿真原理图

案例 6 的硬件仿真参考原理图，如图 1-55 所示。

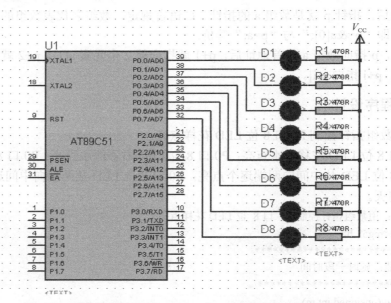

图 1-55 用数组指针控制 P0 口 8 位 LED 花样点亮的仿真原理图

1.10.5 用 Proteus 软硬件仿真运行

将编译好的"案例 6.hex"文件载入"AT89C51"单片机，在仿真环境中单击"运行"按钮，进入仿真运行状态。使用数组指针控制 P0 口 8 位 LED 花样点亮状态的仿真效果，如图 1-56 所示。

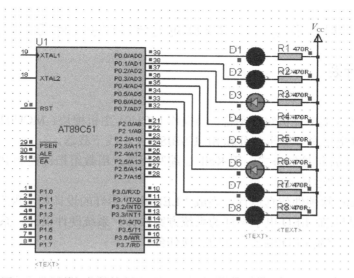

图 1-56　用数组指针控制 P0 口 8 位 LED 花样点亮的仿真效果图

1.10.6　提高练习

基础阶段的练习仅仅是输出口的应用，可以考虑加上输入口的应用，即加上开关控制 P0 输出口的花样显示。

提高练习：用开关控制，使用数组指针控制 P0 口按一定规律点亮 8 位 LED。

提示：考虑加一个开关 S1，接在 P1.4 引脚，控制 P0 口输出。

1.10.7　拓展练习

学生完成提高阶段的练习后，可以试着用两个开关，分别控制 P0 口和 P2 口的霓虹灯花样，或完成自己期望的新目标。

拓展练习：用两个开关控制数组指针按一定规律点亮 P0 和 P2 口的 8 位 LED。

参考原理图，如图 1-57 所示。

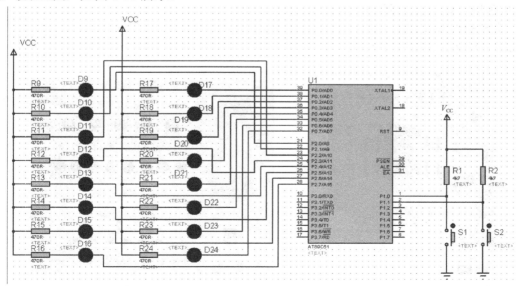

图 1-57　案例 6 的拓展练习参考原理图

1.11 任务 11 LED 电子彩灯的设计与实现

1.11.1 任务与计划

1. 任务要求

（1）认识 YL-236 型单片机实训平台，会操作 MCU01 主机模块、MCU02 电源模块、MCU04 显示模块中的 LED 电子彩灯显示部分和 SL-USBISP-A 在线下载器。

（2）完成使用单片机控制方式，用 Keil C 编写程序，用数组指针控制 P0 口 8 位 LED 花样点亮的程序设计与调试运行。

（3）使用 Proteus 软硬件仿真运行，完成"LED 电子彩灯的设计与实现"任务。

（4）完成单片机控制 LED 电子彩灯的系统方案设计、系统硬件设计、系统软件设计。

（5）完成单片机控制 LED 电子彩灯的实现任务。

2. 工作计划

（1）首先进行任务分析，根据任务要求学习 YL-236 型单片机实训平台及相关知识。

（2）完成单片机控制 LED 电子彩灯的系统方案设计，然后与合作伙伴分工，分别进行硬件电路设计、软件流程图和程序编写。

（3）在完成程序的调试和编译后，首先可以进行输出控制的仿真运行，在软硬件联调中，对所设计的电路和程序进行系统调试纠错，直至正确无误。

（4）个人分别将软硬件部分设计完成后，进行软硬件联合调试至成功。

（5）实物正常运行后，可以选择适当的形式进行交流，演示评价。

（6）反思自己的工作过程与结果，并进行优化，总结出改善性意见。

1.11.2 认识 YL-236 型单片机实训平台的相关模块

认识 YL-236 型单片机实训平台，会操作主机模块 MCU01、电源模块 MCU02、显示模块 MCU04 中的 LED 电子彩灯显示部分和 SL-USBISP-A 在线下载器。

1. 主机模块 MCU01

主机模块 MCU01，如图 1-58 所示。

2. 电源模块 MCU02

电源模块 MCU02，如图 1-59 所示。

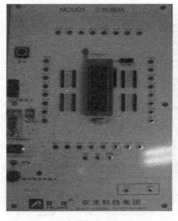

图 1-58 主机模块 MCU01

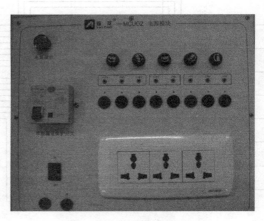

图 1-59 电源模块 MCU02

3. 显示模块 MCU04

显示模块 MCU04，如图 1-60 所示。

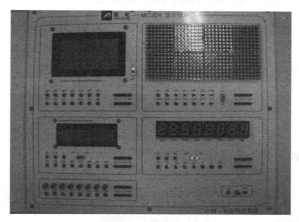

图 1-60　显示模块 MCU04

4. SL-USBISP-A 在线下载器

SL-USBISP-A 在线下载器，如图 1-61 所示。

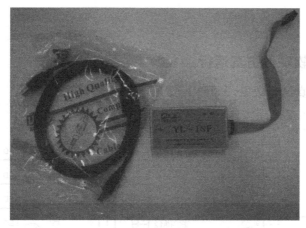

图 1-61　SL-USBISP-A 在线下载器

1.11.3　软件程序设计

案例 7：用数组指针控制 P0 口 8 位 LED 花样点亮。

```
//案例 7：用数组指针控制 P0 口 8 位 LED 花样点亮
#include<reg51.h>
/****************************************************
函数功能：延时程序
****************************************************/
void delay(unsigned int m)
{
unsigned int i,j;
for(i=m;i>0;i--)
for(j=110;j>0;j--);
}
```

```
/*************************************************
函数功能：主函数
*************************************************/
void main(void)
{
  unsigned char i;
  unsigned char Tab[ ]={0xFF,0xFE,0xFD,0xFB,0xF7,0xEF,0xDF,0xBF,
                        0x7F,0xBF,0xDF,0xEF,0xF7,0xFB,0xFD,0xFE,
                        0xFE,0xFC,0xF8,0xF0,0xE0,0xC0,0x80,0x00,
                        0xE7,0xDB,0xBD,0x7E,0x3C,0x18,0x00,0xff,
                        0xF0,0x0F,0xF0,0x0F,0xAA,0x55,0xAA,0x55};  //流水灯控制码
  unsigned char *p;           //定义无符号字符型指针
  p=Tab;                      //将数组首地址存入指针 p
  while(1)
    {
      for(i=0;i<40;i++)       //共 32 个流水灯控制码
        {
          P0=*(p+i);          //*(p+i)的值等于 a[i]
          delay(150);         //调用 150ms 延时函数
        }
    }
}
```

1.11.4 用 Proteus 软硬件仿真运行

案例 7 的软硬件仿真运行效果，如图 1-62 所示。

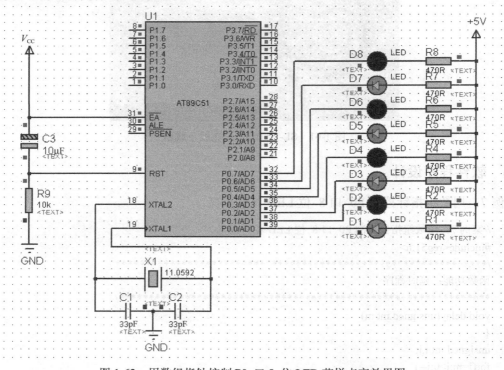

图 1-62 用数组指针控制 P0 口 8 位 LED 花样点亮效果图

1.11.5 单片机控制 LED 电子彩灯的实现

1. 系统方案设计

根据工作任务要求，选用 AT89C51 单片机、复位电路、电源和 8 个 LED 构成最小工作系统，完成对 8 个 LED 灯的控制。该系统方案设计框图，如图 1-63 所示。

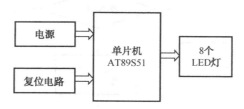

图 1-63　系统方案设计框图

2. 系统硬件设计

本设计选用 AT89S51 芯片（MCU01 主机模块）、"+5V"电源和"GND"地（MCU02 电源模块）、LED 电子彩灯（MCU04 显示模块）和 SL-USBISP-A 在线下载器；由于主机模块上已经接有时钟电路（晶振电路）和复位电路，故只需要连接 LED 灯电路和"+5V"电源与"GND"地即可。

"LED 电子彩灯的设计与实现"实物电路连接示意图，如图 1-64 所示。单片机的 P0 端口与"逻辑指示电路"（LED 灯电路）的输入端口相连。

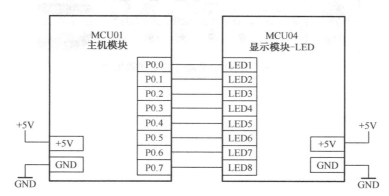

图 1-64　LED 电子彩灯的实物电路连接示意图

3. 系统软件设计

1）主程序模块设计

LED 电子彩灯的主程序模块设计流程图，如图 1-65 所示。

2）软件程序见 1.11.3 节的软件程序设计

在编译软件 Keil μVision 中，新建项目→新建源程序文件（案例 7：用数组的指针控制 P0 口 8 位 LED 花样点亮）→将新建的源程序文件加载到项目管理器→编译程序→调试程序至成功。

4. 单片机控制 LED 电子彩灯的实现

用"SL-USBISP-A 在线下载器"将编译好的程序下载到 AT89S51 芯片中→实物运行。

实物运行效果，如图 1-66 所示。

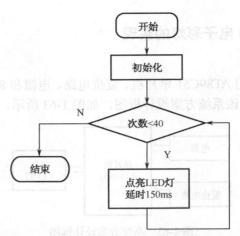

图 1-65 LED 电子彩灯的主程序模块设计流程图

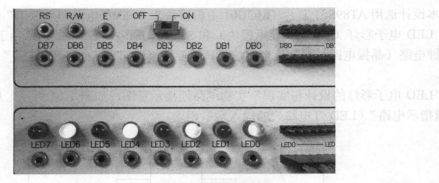

图 1-66 LED 电子彩灯的实现效果图

项目2　电子钟的设计与实现

2.0　项目2任务描述

随着时代的发展，生活节奏的加快，人们的时间观念越来越强；随着自动化、智能化技术的发展，机电产品的智能度越来越高，用到时间提示、定时控制的地方也越来越多，因此，设计开发数字时钟具有良好的应用前景。

本学习项目是使用单片机控制，进行电子钟的设计与实现，从单片机定时器/计数器的工作方式和中断系统的应用开始学习和工作，通过学习能够设计用时间精确控制的定时、计数装置；通过认识LED数码管显示器，能够设计并制作简易计时器；通过学习LED数码管的静态、动态显示方式，完成简易LED广告牌和电子密码锁的设计；在收集LED电子钟相关资料的基础上，进行单片机LED电子钟的任务分析和计划制订，硬件电路和软件程序的设计，完成单片机LED电子钟的设计与实现。

2.0.1　项目目标

（1）正确认识单片机定时器/计数器和中断系统及其应用。

（2）对每项工作任务进行规划、设计，分配任务，确定一个时间进程表。

（3）选择一个（合作）伙伴，伙伴之间合作式地工作，各尽其责，独立完成自己的任务，并谨慎认真对待工作资料。

（4）能够根据项目任务要求，自主利用资源（手册、参考书籍、网络等）解决学习过程中遇到的实际问题，并完成由单片机定时器/计数器和中断系统控制的LED广告牌、LED数码管显示器、电子密码锁等设备的仿真应用。

（5）能够按照设计任务要求，完成电子钟的设计与实现。

（6）工作任务结束后，学会总结和分析，积累经验，找出不足，形成有效的工作方法和解决问题的思维模式。

（7）通过与其他小组交流，检查（修订）自身的工作结果，展示汇报。

（8）反思自己的工作过程与结果，并进行优化，提出改善性意见。

2.0.2　项目内容

（1）明确单片机定时/计数器应用与中断控制应用，学会中断程序设计方法和单片机定时器/计数器的工作方式、时间设定。

（2）明确单片机数码管显示器及其显示方式。

（3）能完成基于单片机的电子秒表设计与仿真运行。

（4）能完成基于单片机的LED数码管广告牌的设计与仿真运行。

（5）能完成基于单片机的电子密码锁的设计与仿真运行。

（6）会根据设计任务的要求，完成电子钟的设计与实现。

（7）根据需要，完成小组内部的交流或在全班展示汇报并提出改善性意见。

（8）进行"电子钟的设计与实现"的项目能力评价。

2.0.3　项目能力评价

教育组织者可以根据学习者的学习反馈和本身具有的设备资源情况，制定项目能力评价体系，"项目能力评价表"供大家参考。教育组织者可以让学习者自评、互评或者教育组织者评价，又或联合评价，加权算出平均值进行最终评价。

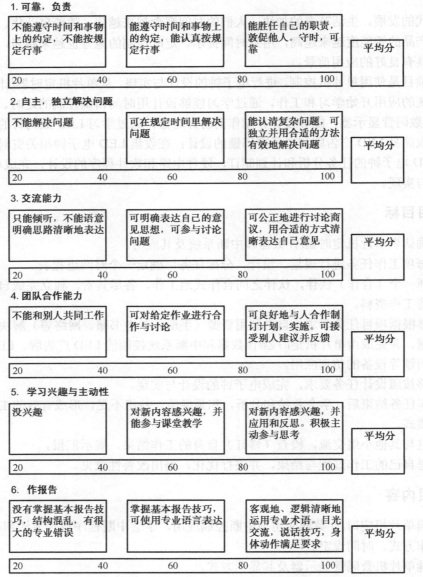

项目能力评价表

2.1 任务1 认识单片机的定时器/计数器

2.1.1 单片机的定时器/计数器

定时器/计数器是单片机系统中一个重要的部件，可用来实现定时、延时控制；频率测量、脉宽测量、信号发生、信号检测等。

MCS-51 型单片机内部有两个 16 位加法定时器/计数器 T0 和 T1（T0 的 2 个 8 位计数器是 TH0 和 TL0，T1 的 2 个 8 位计数器是 TH1 和 TL1）。作为计数器时，T0 的外部事件脉冲应从 P3.4 引脚输入，T1 的外部事件脉冲应从 P3.5 引脚输入，从其他引脚输入无效。

1）定时器/计数器的实质

定时器/计数器是一个计数器。

2）加法计数器

加法计数器是先设置计数器的初值，然后对计数脉冲每次加 1，加到计数器满产生中断。MCS-51 型单片机使用加法计数器。

3）减法计数器

减法计数器是先设置计数器的初值，然后对计数脉冲每次减1，减到 0 产生中断。

4）定时器与计数器的区别

（1）计数器是对外部事件脉冲计数。

（2）定时器是对片内机器周期脉冲计数。片内机器周期脉冲频率是固定的，是晶振频率 f_{osc} 的 1/12，即

$$f_{机器}=f_{osc}/12$$
$$T_{机器}=1/f_{机器}=12/f_{osc}$$

5）定时器定时长短的确定

$$定时时间=机器周期脉冲时间×机器周期数$$

定时器定时长短的确定，即在计数器内设置一个初值。调整计数器初值，可调整从初值到计数满的机器周期数，从而调整了定时时间。

2.1.2　定时器/计数器的工作方式寄存器

MCS-51 型单片机定时器/计数器是可编程的，其编程操作通过两个特殊功能寄存器 TCON 和 TMOD 的状态设置来实现。其中，TMOD 称为"定时器工作方式寄存器"，位于特殊功能寄存器字节地址的 89H。

1.　定时器/计数器工作方式寄存器——TMOD（89H）的作用

定时器/计数器工作方式寄存器——TMOD（89H）的作用是规定定时器的操作方式。定时器/计数器的工作方式寄存器为 8 位寄存器,通过用户编程写入方式控制字来控制定时器/计数器的工作方式。

2.　定时器/计数器工作方式寄存器各位功能

TMOD 的格式和各位功能说明，如图 2-1 所示。模式 1（MODE1）下的定时器/计数器结构,如图 2-2 所示。

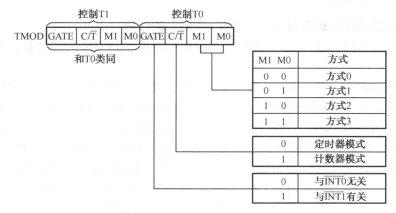

图 2-1　定时器/计数器工作方式寄存器各位功能说明

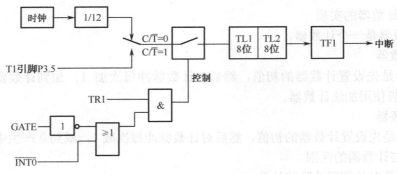

图 2-2　模式 1 下的定时器结构

TMOD 不能位寻址，只能用字节指令设置定时器/计数器的工作方式，高 4 位定义 T1，低 4 位定义 T0，对应位的含义是相同的，下面就以 T0 的参数来说明。

（1）M1 和 M0，工作方式控制位，其二进制的 4 个组合可以确定定时器的 4 种工作模式，具体如表 2-1 所示。

说明： 以 T1 为例，当 GATE=0 时，TR1=1，T1 运行；TR1=0，T1 停止工作；当 GATE=1 时，TR1=1，且 $\overline{INT1}$ 为高电平时，T1 运行。

表 2-1　定时器/计数器工作方式选择

M1 M0	工 作 方 式	功 能 说 明
0　0	方式 0	13 位定时器/计数器
0　1	方式 1	16 位定时器/计数器
1　0	方式 2	8 位自动重装载定时器/计数器
1　1	方式 3	T0 分成两个 8 位定时器/计数器，T1 停止计数

（2）C/$\overline{T}$：功能选择位，当 C/$\overline{T}$=0 时，设置为定时器工作方式；当 C/$\overline{T}$=1 时，设置为计数器工作方式。

（3）GATE：门控位，当 GATE=0 时，只要 TCON 中的 TR0 置 1 即可启动定时器；当 GATE=1 时，只有使 TCON 中的 TR0 置 1 且外部中断 $\overline{INT0}$（P3.2）引脚输入高电平时，才能启动定时器 T0，一般使用时 GATE=0 即可。

2.1.3　定时器/计数器的控制寄存器

1. 定时器/计数器控制寄存器——TCON（88H）的作用

TCON 的作用是控制定时器的工作启停和溢出标志位。TCON 可位寻址，其格式如图 2-3 所示。

TCON 中的低 4 位用于控制外部中断，与定时器/计数器无关，在中断系统章节中再详细介绍。高 4 位分别用于 T1 和 T0 的运行控制，对应位的含义是相同的，下面以 T0 的参数来说明。

（1）TR0：T0 启/停控制位。由软件置 1 或清零以控制 T0 的启动或停止。当 GATE = 1，且 $\overline{INT0}$ 为高电平时，TR0 置 1 可启动 T0；当 GATE=0 时，TR0 置 1 即可启动 T0。

（2）TF0：T0 溢出标志位。定时器 T0 启动计数后，从初值开始进行加 1 计数，计数溢出后由内部硬件自动对 TF0 置 1，同时向 CPU 发出中断请求；当 CPU 响应中断后，由内部硬件自动对 TF0 清零。T0 工作时，CPU 可随时查询 TF0 的状态，所以采用查询方式时，TF0 可用作查询测试位，也可用软件对 TF0 置 1 或清零。

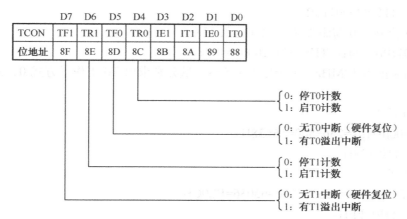

图 2-3 定时器/计数器控制寄存器各位功能

2.1.4 定时器/计数器的应用

1. 定时器/计数器应用步骤

（1）合理选择定时器/计数器工作方式。

（2）计算定时器/计数器定时初值。

（3）编制应用程序：

① 定时器/计数器的初始化。

② 编制中断服务程序。

③ 若用于计数方式，则外部事件脉冲必须从 P3.4（T0）或 P3.5（T1）引脚输入。

说明： 外部脉冲的最高频率不能超过时钟频率的 1/24。

2. 计算定时器/计数器初值

MCS-51 型单片机定时器/计数器初值计算公式如下：

$$T_{初值}=2^N-定时时间/机器周期时间$$

式中，N 与工作方式有关：

方式 0 时，$N=13$；方式 1 时，$N=16$；方式 2 时，$N=8$；方式 3 时，$N=8$。

机器周期时间=$12/f_{osc}$。

当 $f_{osc}=6MHz$ 时，1 个机器周期=$2\mu s$。

当 $f_{osc}=12MHz$ 时，1 个机器周期=$1\mu s$。

例 1：已知晶振为 6MHz，要求定时 0.5ms，试分别求出 T0 工作于方式 0、方式 1、方式 2 的初值。

（1）工作方式 2

$T0_{初值}=2^8-500\mu s/2\mu s=256-250=6=06H$

TL0=06H；TH0=06H。

（2）工作方式 1

$T0_{初值}=2^{16}-500\mu s/2\mu s=65536-250=65286=FF06H$

TL0=06H；TH0=FFH。

（3）工作方式 0

$T0_{初值}=2^{13}-500\mu s/2\mu s=8192-250=7942=1F06H$

1F06H=0001111100000110B

其中，低 5 位 00110 前添加 3 位 000 送入 TL0，

TL0=00000110B=06H；TH0=11111000B=F8H。

例 2：已知晶振为 12MHz，要求定时 0.5ms，试分别求出 T0 工作于方式 0、方式 1、方式 2 的初值。

（1）工作方式 2

T0 $_{初值}$=2^8-500μs/1μs=256-500=56=38H

TL0=38H；TH0=38H。

（2）工作方式 1

T0 $_{初值}$=2^{16}-500μs/1μs=65536-500=65036=FE0CH

TL0=0CH；TH0=FEH。

（3）工作方式 0

T0 $_{初值}$=2^{13}-500μs/1μs=8192-500=7692=1E0CH

1E0CH=0001111000001100B

其中，低 5 位 01100 前添加 3 位 000 送入 TL0。

TL0=00001100B=0CH；TH0=11110000B=F0H。

不同工作方式下的计数器位数与模值，如表 2-2 所示。

表 2-2   不同工作方式下的计数器位数与模值

工 作 方 式	计数器位数 N	计数器的模 2^N	计数器的十六进制模
方式 0	13	2^{13}=8192	2000H
方式 1	16	2^{16}=65536	10000H
方式 2	8	2^8=256	0100H
方式 3	8	2^8=256	0100H

3. 设定定时器/计数器方式的步骤

1）设定方式 0 的步骤（M1M0=00 时）

```
TMOD=0x00;          //即 TMOD=00000000B, T0 设定于定时模式的方式 0（内部输入）
TMOD=0x00;          //即 TMOD=00000000B, T1 设定于定时模式的方式 0（内部输入）
TMOD=0x04;          //即 TMOD=00000100B, T0 设定于计数模式的方式 0（T0 输入）
TMOD=0x40;          //即 TMOD=01000000B, T1 设定于计数模式的方式 0（T1 输入）
TR× =1;             //启动定时器，×取"0"或"1"
TL××=××;            //计算好的定时器/计数器的初值装入 TL×和 TH×
TH×=××;
while( TF×==0)      //检查 TF×是否溢出
    ⋮
TF×=0
```

2）设定方式 1 的步骤（M1M0=01 时）

```
TMOD=0x01;          //即 TMOD=00000001B, T0 设定于定时模式的方式 1（内部输入）
TMOD=0x10;          //即 TMOD=00010000B, T1 设定于定时模式的方式 1（内部输入）
TMOD=0x05;          //即 TMOD=00000101B, T0 设定于计数模式的方式 1（T0 输入）
```

```
        TMOD=0x50;          //即 TMOD=01010000B, T1 设定于计数模式的方式 1（T1 输入）
        TR×=1;              //启动定时器，×取"0"或"1"
        TL×=(65536-COUNT)%256;    //计算好的定时器/计数器的初值装入 TL×和 TH×
        TH×=(65536-COUNT)/256;
        while( TF×==0)       //检查 TF×是否溢出
         ⋮
        TF×=0
```

3）设定方式 2 的步骤（M1M0=**10** 时）

```
        TMOD=0x02;          //即 TMOD=00000010B, T0 设定于定时模式的方式 2（内部输入）
        TMOD=0x20;          //即 TMOD=00100000B, T1 设定于定时模式的方式 2（内部输入）
        TMOD=0x06;          //即 TMOD=00000110B, T0 设定于计数模式的方式 2（T0 输入）
        TMOD=0x60;          //即 TMOD=01100000B, T1 设定于计数模式的方式 2（T1 输入）
        TR×=1;             //启动定时器，×取 0 或 1
        TL×=(256-COUNT);    //计算好的定时器/计数器的初值装入 TL×和 TH×
        TH×=(256-COUNT);
        while( TF×==0)       //检查 TF×是否溢出
         ⋮
        TF×=0
```

2.2　任务 2　用定时器 T0 查询方式控制 P2 口 8 位 LED 闪烁

2.2.1　任务与计划

1．任务要求

（1）使用单片机控制方式，设计用定时器 T0 以查询方式控制 P2 口 8 位 LED 闪烁的显示装置，要求定时器 T0 工作在方式 1，LED 的闪烁周期是 100ms，即亮 50ms，熄灭 50ms。

（2）使用仿真软件 Proteus 设计能够完成任务的硬件原理图。

（3）使用单片机程序设计工具软件 Keil μVision，用 Keil C 编写源程序完成软件程序设计并进行软件调试，生成 HEX 文件。

（4）使用 Proteus 软、硬件仿真运行。

2．工作计划

（1）首先进行任务分析，根据任务要求学习单片机定时器/计数器的相关知识，学习软件编程所需的 C 语言内容，结合单片机 4 个 I/O 端口的功能和使用方法，进行用定时器 T0 以查询方式控制 P2 口 8 位 LED 闪烁的方案设计。

（2）与合作伙伴分工，分别进行硬件电路设计和程序编写。

（3）在完成程序的调试和编译后，进行输出控制的仿真运行，在软硬件联调中，对所设计的电路和程序进行系统调试纠错，直至正确无误。

（4）仿真正常运行后，可以选择适当的形式进行交流，演示评价。

（5）反思自己的工作过程与结果，并进行优化，总结出改善性意见。

2.2.2　定时器/计数器的工作方式设定和初值计算

根据要求，定时器 T0 工作在方式 1，LED 的闪烁周期是 100ms，即亮 50ms，熄灭 50ms。我们进行定时器/计数器工作方式设定和初值计算如下。

1）定时器/计数器工作方式设定

参照 2.1.4 节，因为定时器 T0 要工作在方式 1，所以 TMOD=00000001B。C 语言语句写成 TMOD=0x01。

2）定时器/计数器初值计算

单片机晶振频率 f_{osc}=11.0592MHz，约为 12MHz，因为机器周期时间 $T_{机器}$=12/f_{osc}，所以，$T_{机器}$= 12/11.0592=1.085μs，又因为要计时 50ms，即 50000μs，所以需要计数脉冲数为 50000/1.085=46083（次）。

根据公式 $T_{初值}$=2^N-定时时间/机器周期时间

因此，定时器初值=2^{16}-50000μs/1.085μs=65536-46083=19453 =4BFDH

即 TL0=FDH；TH0=4BH。

设置方法：

TH0=(65536-46083)/256;	//定时器 T0 的高 8 位赋初值
TL0=(65536-46083)%256;	//定时器 T0 的低 8 位赋初值

2.2.3 软件程序设计

案例 8：使用定时器 T0，以查询方式控制 P2 口 8 位 LED 闪烁。

要求：定时器 T0 工作在方式 1，LED 的闪烁周期是 100ms，即亮 50ms，熄灭 50ms。

```
//案例 8：用定时器 T0 查询方式控制 P2 口 8 位 LED 闪烁
#include<reg51.h>                         //包含 51 单片机寄存器定义的头文件
/*************************************************************
函数功能：主函数
*************************************************************/
void main(void)
{
    TMOD=0x01;                           //使用定时器/计数器 T0 的定时模式的方式 1
    TH0=(65536-46083)/256;               //定时器 T0 的高 8 位赋初值
    TL0=(65536-46083)%256;               //定时器 T0 的低 8 位赋初值
    TR0=1;                               //启动定时器 T0
    P2=0xff;
    while(1)                             //无限循环等待查询
    {
        while(TF0==0)                    //检查 TF0 是否溢出
            ;                            //空操作
        TF0=0;                           //若计时时间到，TF0=1，需用软件将其清 0
        P2= ~P2;                         //将 P2 按位取反，实现 LED 闪烁
        TH0=(65536-46083)/256;           //定时器 T0 的高 8 位赋初值
        TL0=(65536-46083)%256;           //定时器 T0 的低 8 位赋初值
    }
}
```

2.2.4 硬件仿真原理图

案例 8 的硬件仿真参考原理图，如图 2-4 所示。

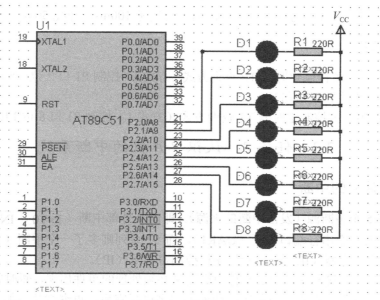

图 2-4 使用定时器 T0 以查询方式控制 P2 口 8 位 LED 闪烁原理图

2.2.5 用 Proteus 软硬件仿真运行

将编译好的"案例 8.hex"文件载入 AT89C51 单片机，在仿真环境中单击"运行"按钮，进入仿真运行状态。实际在应用中，此程序也可以用作方波发生器，现把示波器加上，一起看一下输出方波的情况，为方便观察，将示波器参数设置为电压幅值=2V/格；分辨率=20ms/格。使用定时器 T0 以查询方式控制 P2 口 8 位 LED 闪烁的仿真效果，如图 2-5 所示。

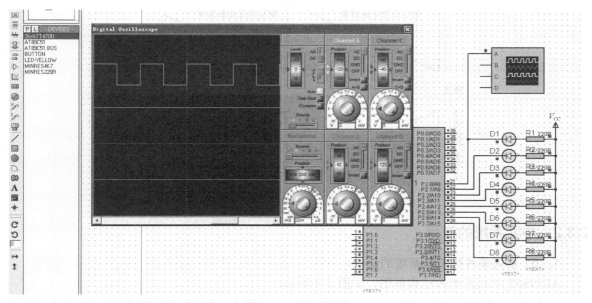

图 2-5 使用定时器 T0 查询方式控制 P2 口 8 位 LED 闪烁仿真效果图

2.2.6 提高练习

提高练习：用定时器 T1 以查询方式 1 控制 P2 口低 4 位与高 4 位 LED 交替闪烁。

要求：定时器 T1 工作于方式 1，LED 的闪烁周期是 100ms，即亮 50ms，熄灭 50ms。

2.2.7　拓展练习

拓展练习 1：用开关控制定时器 T0 查询方式（方式 1）控制 P1 口 2 位一组 LED 闪烁（提示：硬件加一个开关；软件加 if 语句）。

拓展练习 2：用开关控制定时器 T1 查询方式（方式 1）控制 P1 口 8 位 LED 闪烁。

2.3　任务 3　认识单片机的中断系统

2.3.1　认识单片机的中断

51 系列具有 5 个中断源（发出中断的来源），即两个外部中断（$\overline{INT0}$、$\overline{INT1}$）、两个定时器中断（T0、T1）及一个串行端口中断（UART），而 52 系列则多了一个中断（T2）。51 系列的内部提供了中断允许寄存器（IE）和中断优先权控制寄存器（IP）。

单片机在执行程序过程中，由于某种随机而又必须处理的事件出现，暂时中断当前程序的执行而转去执行需要紧急办理的处理程序，待处理程序执行完后，再继续执行原来被中断的程序，这个过程称为中断。

中断之后所执行的相应处理程序，通常称为中断服务子程序，原来正常运行的程序称为主程序。主程序被断开的位置（或地址）称为断点。引起中断的原因，或能发出中断申请的来源，称为中断源。中断源要求服务的请求称为中断请求（中断申请）。中断过程的示意图如图 2-6 所示。

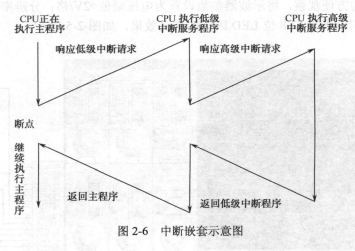

图 2-6　中断嵌套示意图

2.3.2　中断系统的应用

1．51 系列单片机中断系统的结构

AT89S51 中断系统的结构框图，如图 2-7 所示。

由图可知，AT89S51 单片机的中断系统涉及 5 个中断源、4 个与中断相关的特殊功能寄存器，以及硬件查询电路。其中，5 个中断源分别是外部中断 0 请求 $\overline{INT0}$、外部中断 1 请求 $\overline{INT1}$、定时器 T0 溢出中断请求 TF0、定时器 T1 溢出中断请求 TF1 和串行中断请求 RI 或 TI。4 个特殊功能寄存器分别为定时器/计数器控制器寄存器 TCON、串行口控制寄存器 SCON、中断允许控制寄存器 IE 和中断优先级控制寄存器 IP。硬件查询电路和中断优先级控制寄存器共同决定 5 个中断源的优先级别。

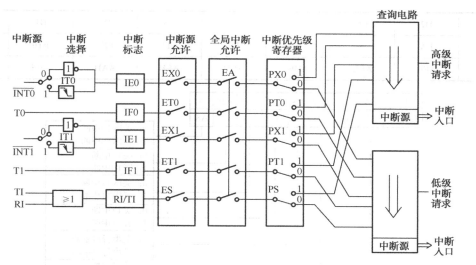

图 2-7　AT89S51 单片机中断系统的结构框图

2．51 系列单片机中断源

C51 单片机的 5 个中断源中有两个外部中断，其余均为内部中断。这些中断源可分为三类，即外部中断源、定时器溢出中断源和串行口中断源。

1）外部中断源

（1）$\overline{INT0}$：外部中断 0 的中断请求，从 P3.2 引脚输入。由 IT0 位决定中断请求信号是低电平有效还是下降沿有效。一旦输入信号有效，即向 CPU 申请中断，且硬件自动使 IE0 置 1。

（2）$\overline{INT1}$：外部中断 1 的中断请求，从 P3.3 引脚输入。由 IT1 位决定中断请求信号是低电平有效还是下降沿有效。一旦输入信号有效，即向 CPU 申请中断，且硬件自动使 IE1 置 1。

2）定时器溢出中断源

（1）TF0：定时器 T0 溢出中断请求。当定时器 T0 产生溢出时，定时器 T0 中断请求标志位 TF0 置位（由硬件自动执行），发出中断请求。

（2）TF1：定时器 T1 溢出中断请求。当定时器 T1 产生溢出时，定时器 T1 中断请求标志位 TF1 置位（由硬件自动执行），发出中断请求。

3）串行口中断源

TI 或 RI：为接收或发送串行数据而设置的串行口中断请求。当串行口完成一帧数据的发送或接收时，内部串行口中断请求标志 TI 或 RI 置位（由硬件自动执行），请求中断处理。

3．中断系统的控制寄存器

1）中断允许寄存器 IE

计算机中断系统有两种不同类型的中断，即非屏蔽中断和可屏蔽中断。对可屏蔽中断，用户可以用软件方法来控制是否允许某中断源的中断。允许中断称为中断开放，不允许中断称为中断屏蔽。单片机中 5 个中断源都是可屏蔽中断，中断允许寄存器 IE 负责控制各中断源的开放或屏蔽。

中断允许寄存器 IE 的地址为 A8H，位地址为 A8H～AFH，其格式如表 2-3 所示，中断允许寄存器 IE 各位的功能如图 2-8 所示，其中，ET2 为 MCS-52 系列的定时器/计数器 T2 使用。

表 2-3　IE 的结构和各位名称

IE （A8H）	D7	D6	D5	D4	D3	D2	D1	D0
	EA	×	ET2	ES	ET1	EX1	ET0	EX0
	AFH	AEH	ADH	ACH	ABH	AAH	A9H	A8H

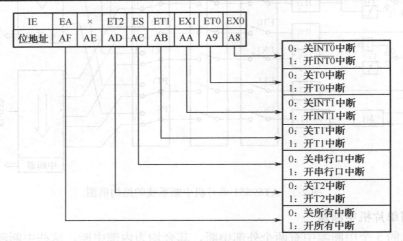

图 2-8　中断允许寄存器 IE 各位的功能

（1）EA：全局中断允许位，EA=1，开所有中断；EA=0，关所有中断。

（2）EX0：外部中断 0 请求 $\overline{\text{INT0}}$ 允许位，EX0=1，开 $\overline{\text{INT0}}$ 中断；EX0=0，关 $\overline{\text{INT0}}$ 中断。

（3）ET0：定时器 0 中断允许位，ET0=1，开 T0 中断；ET0=0，关 T0 中断。

（4）EX1：外部中断 1 请求 $\overline{\text{INT1}}$ 允许位，EX1=1，开 $\overline{\text{INT1}}$ 中断；EX1=0，关 $\overline{\text{INT1}}$ 中断。

（5）ET1：定时器 1 中断允许位，ET1=1，开 T1 中断；ET1=0，关 T1 中断。

（6）ES：串行中断请求 RI 或 TI 的允许位，ES=1，开串行口中断；ES=0，关串行口中断。

2）中断优先级寄存器 IP

C51 单片机中断系统设立了两级优先级，即高优先级和低优先级。每个中断源均可以通过软件对中断优先级寄存器 IP 进行设置，编程确定其中断优先级，通过设置所有中断均可以实现两级中断嵌套。

中断优先级寄存器 IP 的地址为 B8H，位地址为 B8H～BFH，其格式如表 2-4 所示，中断优先级寄存器 IP 各位的功能如下。

表 2-4　IP 的结构和各位名称

IP （B8H）	D7	D6	D5	D4	D3	D2	D1	D0
	×	×	×	PS	PT1	PX1	PT0	PX0
	BFH	BEH	BDH	BCH	BBH	BAH	B9H	B8H

（1）PX0：$\overline{\text{INT0}}$ 中断优先级控制位。PX0=1，则 $\overline{\text{INT0}}$ 为高优先级；PX0=0，则 $\overline{\text{INT0}}$ 为低优先级。

（2）PX1：$\overline{\text{INT1}}$ 中断优先级控制位。PX1=1，则 $\overline{\text{INT1}}$ 为高优先级；PX1=0，则 $\overline{\text{INT1}}$ 为低优先级。

（3）PT0：定时器 T0 中断优先级控制位。PT0=1，则定时器 T0 为高优先级；PT0=0，则定时器 T0 为低优先级。

（4）PT1：定时器 T1 中断优先级控制位。PT1=1，则定时器 T1 为高优先级；PT1=0，则定时器 T1 为低优先级。

（5）PS：串行口中断优先级控制位。PS=1，则串行口为高优先级；PS=0，则串行口为低优先级。

3）定时器/计数器控制寄存器 TCON

定时器/计数器控制寄存器 TCON 的作用是控制定时器的启动与停止，同时保存 T0、T1 的溢出中断标志和外部中断 $\overline{INT0}$、$\overline{INT1}$ 的中断标志。定时器/计数器控制寄存器（TCON）的地址为 88H，位地址为 88H～8FH，定时器/计数器控制寄存器与中断有关的各位功能，如图 2-9 所示。

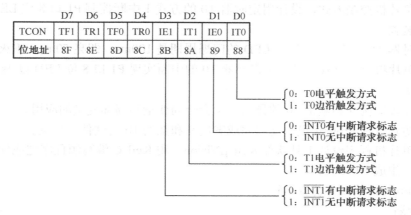

图 2-9 定时器/计数器控制寄存器中与中断有关的（低 4 位）各位功能

（1）IT0：外部中断 0 触发方式控制位。IT0=1 为脉冲（边沿）触发方式，下降沿有效；IT0=0 为电平触发方式，低电平有效。由软件置位或清零。

（2）IT1：外部中断 1 触发方式控制位。其功能同 IT0。

（3）IE0：外部中断 0 中断请求标志位。

① 对于脉冲（边沿）触发方式，检测到 $\overline{INT0}$ 引脚上出现外部中断信号的下降沿时，由硬件置位，使 IE0=1，请求中断；中断响应后，由硬件自动清除，使 IE0=0。

② 对于电平触发方式，检测到 $\overline{INT0}$ 引脚上有效的低电平信号时，置位 IE0=1，请求中断；但是，中断响应后硬件不会清除此标志，仍保持 IE0=1，因此，用户应在中断服务程序中撤销 $\overline{INT0}$ 引脚上的低电平，以免 CPU 在中断返回后再次响应，引起一次请求，多次响应。

（4）IE1：外部中断 1 中断请求标志位。其功能同 IE0。

4）串行口控制寄存器 SCON

串行口控制寄存器 SCON 的低两位（TI 和 RI）是串行口的发送中断标志和接收中断标志。SCON 的地址为 98H，位地址为 98H～9FH，其格式如表 2-5 所示。

（1）RI：串行接收中断标志位。串行口每接收完一帧串行数据，置位接收中断标志，使 RI=1。CPU 响应中断后，硬件不会自动清除中断标志位 RI，必须由软件来清除。

（2）TI：串行发送中断标志位。串行口每发送完一帧串行数据，置位发送中断标志，使 TI=1。CPU 响应中断后，硬件同样不会自动清除中断标志位 TI，必须由软件来清除。

表 2-5　SCON 的结构和各位名称

SCON （98H）	D7	D6	D5	D4	D3	D2	D1	D0
	SM0	SM1	SM2	REN	TB8	RB8	TI	RI
	9FH，	9EH，	9DH，	9CH，	9BH，	9AH，	99H，	98H，

2.4　任务 4　用定时器 T0 中断控制 P1 口 8 位 LED 闪烁

2.4.1　任务与计划

1. 任务要求

（1）使用单片机控制方式，设计用定时器 T0 的方式 1 中断控制 P1 口 8 位 LED 以 100ms 周期闪烁的显示装置。

要求：定时器 T0 工作在方式 1，LED 的闪烁周期是 100ms，即亮 50ms，熄灭 50ms。

（2）使用单片机控制方式，设计用定时器 T0 的中断实现 P1 口 8 位 LED 以 1s 周期闪烁，即亮 0.5s，灭 0.5s。

（3）通过比较案例 9 和案例 10 的异同，学会全局变量和局部变量的应用。

（4）使用仿真软件 Proteus 设计能够完成案例 9 和案例 10 的硬件原理图。

（5）使用单片机程序设计工具软件 Keil μVision，用 Keil C 编写源程序完成软件程序设计并进行软件调试，生成 HEX 文件。

（6）使用 Proteus 软硬件仿真运行。

2. 工作计划

（1）首先进行任务分析，根据任务要求学习单片机中断的相关知识，学习软件编程所需的 C 语言全局变量与局部变量的应用，结合单片机 4 个 I/O 端口的功能和使用方法，进行用定时器 T0 的方式 1 中断控制 P1 口 8 位 LED 以 100ms 周期闪烁和用定时器 T0 的中断实现 P1 口 8 位 LED 以 1s 周期闪烁的方案设计。

（2）与合作伙伴分工，分别进行硬件电路设计和程序编写。

（3）在完成程序的调试和编译后，进行输出控制的仿真运行，在软硬件联调中，对所设计的电路和程序进行系统调试纠错，直至正确无误。

（4）仿真正常运行后，可以选择适当的形式进行交流，演示评价。

（5）反思自己的工作过程与结果，并进行优化，总结出改善性意见。

2.4.2　软件程序设计

全局变量定义在程序的外部（外部变量），最好在程序的顶部，它的有效范围为从定义开始的位置到源程序结束，它可以被函数内的任何表达式访问。

局部变量是在函数内部定义的变量，只在该函数内有效。

如果全局变量和某一函数的局部变量同名时，在该函数内，只有局部变量被引用，全局变量被自动"屏蔽"。

案例 9：用定时器 T0 的方式 1 中断控制 P1 口 8 位 LED 以 100ms 周期闪烁。

要求：开始接到 P1 口的 8 位 LED 亮，50ms 后 P1 口的 8 位 LED 熄灭，如此循环；用定时器 0 的方式 1 工作，准确定时每隔 50ms 执行一次中断。

//案例 9：用定时器 T0 中断控制 P1 口的 8 位 LED 以 100ms 周期闪烁（即亮 50ms，灭 50ms）
#include<reg51.h>   //包含 51 单片机寄存器定义的头文件
/**
函数功能：主函数
**/
void main(void)
{
    EA=1;   //开总中断
    ET0=1;   //定时器 T0 中断允许
    TMOD=0x01;   //使用定时器 T0 的模式 1 工作
    TH0=(65536-46083)/256;   //定时器 T0 的高 8 位赋初值
    TL0=(65536-46083)%256;   //定时器 T0 的低 8 位赋初值
    TR0=1;   //启动定时器 T0
    while(1)   //无限循环等待中断
        ;
}
/**
函数功能：定时器 T0 的中断服务程序
**/
void Time0(void) interrupt 1 using 0   // "interrupt" 声明函数为中断服务函数
                                           //其后的 1 为定时器 T0 的中断编号；0 表示使用第 0 组工作寄存器
{
    P1=~ P1;   //按位取反操作，将 P1 口引脚输出电平取反
    TH0=(65536-46083)/256;   //定时器 T0 的高 8 位重新赋初值
    TL0=(65536-46083)%256;   //定时器 T0 的低 8 位重新赋初值
}

案例 10：用定时器 T0 的中断实现 P1 口 8 位 LED 以 1s 周期闪烁（即亮 0.5s，灭 0.5s）
要求：使用 T0 中断控制 P1 口 LED 的闪烁，要求闪烁周期 1s，即亮 0.5s，灭 0.5s。

//案例 10：用定时器 T0 的中断实现 P1 口 8 位 LED 以 1s 周期闪烁
#include<reg51.h>   //包含 51 单片机寄存器定义的头文件
unsigned char Countor;   //设置全局变量，储存定时器 T0 中断次数
/**
函数功能：主函数
**/
void main(void)
{
    EA=1;   //开总中断
    ET0=1;   //定时器 T0 中断允许
    TMOD=0x01;   //使用定时器 T0 的模式 1
    TH0=(65536-46083)/256;   //定时器 T0 的高 8 位赋初值
    TL0=(65536-46083)%256;   //定时器 T0 的低 8 位赋初值
    TR0=1;   //启动定时器 T0
    Countor=0;   //从 0 开始累计中断次数
    while(1)   //无限循环等待中断
        ;
}
/**
函数功能：定时器 T0 的中断服务程序

```
***********************************************************/
void Time0(void) interrupt 1 using 0      // "interrupt" 声明函数为中断服务函数
                      //其后的 1 为定时器 T0 的中断编号；0 表示使用第 0 组工作寄存器
{
    Countor++;                          //中断次数自加 1
      if(Countor==10)                   //若累计满 10 次，即计时满 0.5s
        {
          P1=~P1;                       //将 P1 按位取反，实现 LED 闪烁
            Countor=0;                  //将 Countor 清 0，重新从 0 开始计数
        }
        TH0=(65536−46083)/256;          //定时器 T0 的高 8 位重新赋初值
        TL0=(65536−46083)%256;          //定时器 T0 的低 8 位重新赋初值
}
```

2.4.3 硬件仿真原理图

案例 9 和案例 10 的硬件仿真参考原理图，如图 2-10 所示。

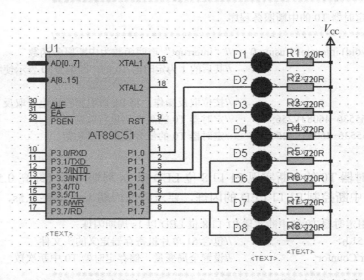

图 2-10   用定时器 T0 的中断实现 P1 口 8 位 LED 以 1s 周期闪烁仿真参考原理图

2.4.4   用 Proteus 软硬件仿真运行

将编译好的"案例 9.hex"文件和"案例 10.hex"分别载入"AT89C51"单片机，在仿真环境中单击"运行"按钮，进入仿真运行状态。使用定时器 T0 的方式 1 中断控制 P1 口 8 位 LED 以 100ms 周期闪烁和用定时器 T0 的中断实现 P1 口 8 位 LED 以 1s 周期闪烁的仿真效果，如图 2-11 所示。

2.4.5   提高练习

提高练习 1：用定时器 T0 的中断实现 P1 口 8 位 LED 以 2s 周期闪烁（即亮 1s，灭 1s）。
要求：定时器 T0 工作于方式 1，LED 的闪烁周期是 2s，即亮 1s，熄灭 1s。
提高练习 2：定时器 T0 中断控制 P0、P2 口 LED 以不同周期闪烁。
要求：用定时器 T0 中断控制 P0 口 8 位 LED 以 0.1s 周期闪烁（即亮 0.05s，灭 0.05s），P2

口 8 位 LED 以 1s 周期闪烁（即亮 0.5s，灭 0.5s）。

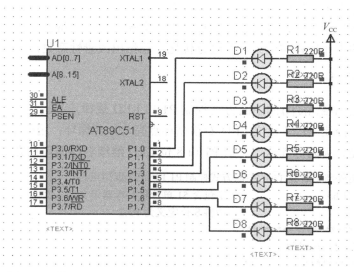

图 2-11　使用定时器 T0 中断控制 P1 口 8 位 LED 闪烁仿真效果图

2.4.6　拓展练习

拓展练习 1：用开关控制，用定时器 T1 的中断实现 P1 口 8 位 LED 以 2s 周期闪烁（即亮 1s，灭 1s）。

拓展练习 2：用开关控制，用定时器 T1 的中断控制 P1 口 LED 以不同周期闪烁。

要求：用定时器 T1 中断控制 P1 口 8 位 LED 高 4 位以 0.2s 周期闪烁（即亮 0.1s，灭 0.1s），低 4 位以 1s 周期闪烁（即亮 0.5s，灭 0.5s）。

2.5　任务 5　用外部中断 $\overline{\text{INT0}}$ 的中断方式控制 P1 口 LED 规律点亮

2.5.1　任务与计划

1．任务要求

（1）使用单片机控制方式，设计用外部中断 $\overline{\text{INT0}}$ 的中断方式控制 P1 口 LED 规律点亮的显示装置。

要求：编程设计控制 P1 口 8 位 LED 右移循环点亮，如此循环；用外部中断 0 的中断方式控制 P1 口 LED 亮灭闪烁 5 次，之后 P1 口 8 位 LED 继续右移循环点亮。

（2）使用仿真软件 Proteus 设计能够完成案例 11 的硬件原理图。

（3）使用单片机程序设计工具软件 Keil μVision，用 Keil C 编写源程序完成软件程序设计并进行软件调试，生成 HEX 文件。

（4）使用 Proteus 软、硬件仿真运行。

2．工作计划

（1）首先进行任务分析，根据任务要求学习单片机中断的相关知识，学习软件编程所需的 C 语言，结合单片机 4 个 I/O 端口的功能和使用方法，进行用外中断 0 的中断方式控制 P1 口 LED 规律点亮的方案设计。

（2）与合作伙伴分工，分别进行硬件电路设计、软件流程图和程序编写。

（3）在完成程序的调试和编译后，进行输入/输出控制的仿真运行，在软硬件联调中，对所设计的电路和程序进行系统调试纠错，直至正确无误。

（4）仿真正常运行后，可以选择适当的形式进行交流，演示评价。

（5）反思自己的工作过程与结果，并进行优化，总结出改善性意见。

2.5.2　软件程序设计

案例 11：用外部中断 $\overline{INT0}$ 的中断方式控制 P1 口 LED 规律点亮。

要求：编程设计控制 P1 口 8 位 LED 右移循环点亮，如此循环；用外部中断 $\overline{INT0}$ 的中断方式控制 P1 口 LED 亮、灭闪烁 5 次，之后 P1 口 8 位 LED 继续右移循环点亮。

```
//案例 11：用外部中断 INT0 的中断方式控制 P1 口 LED 规律点亮
#include<reg51.h>                          //包含 51 单片机寄存器定义的头文件
sbit S=P3^2;                               //将 S 位定义为 P3.2
/****************************
函数功能：延时一段时间
****************************/
void delay(void)
{
 unsigned int n;
  for(n=0;n<30000;n++)
     ;
}
/*******************************************
函数功能：主函数
*******************************************/
void main(void)
 {
    unsigned char i;
    EA=1;                                  //开放总中断
    EX0=1;                                 //允许使用外部中断
    IT0=1;                                 //选择脉冲的下降沿跳变来触发外中断
     while(1)
     {
        for(i=0;i<8;i++)                   //设置循环次数为 8
        {
          P1=P1>>1;                        //每次循环 P1 的各二进位右移 1 位，高位补 0
           delay();                        //调用延时函数
        }
       P1=0xff;
       delay();
      }
 }
 /*******************************************************
函数功能：外部中断 INT0 的中断服务程序
*******************************************************/
void int0(void) interrupt 0 using 0        //外部中断 INT0 的中断编号为 0
 {
  unsigned char a;
```

```
            P1=0xff;
            delay();
            for(a=0;a<10;a++)              //设置循环次数为 10
                {
                    P1=~P1;                //每产生一次中断请求，P1 取反一次
                    delay();               //调用延时函数
                }
            a=0;
            }
```

2.5.3　硬件仿真原理图

案例 11 的硬件仿真参考原理图，如图 2-12 所示。

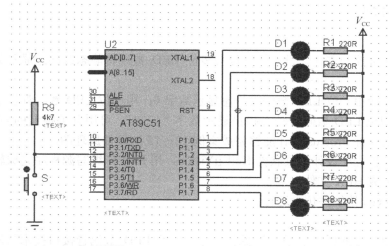

图 2-12　用外部中断 $\overline{\text{INT0}}$ 的中断方式控制 P1 口 LED 规律点亮的仿真参考原理图

2.5.4　用 Proteus 软硬件仿真运行

将编译好的"案例 11.hex"文件载入"AT89C51"单片机，在仿真环境中单击"运行"按钮，进入仿真运行状态。使用外部中断 $\overline{\text{INT0}}$ 的中断方式控制 P1 口 LED 规律点亮的仿真效果，如图 2-13 所示。

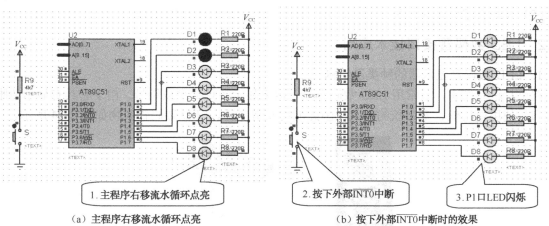

（a）主程序右移流水循环点亮　　　　　　　　　　　（b）按下外部 $\overline{\text{INT0}}$ 中断时的效果

图 2-13　用外部中断 $\overline{\text{INT0}}$ 的中断方式控制 P1 口 LED 规律点亮的仿真效果图

2.5.5　提高练习

提高练习：学生自主编程设计控制 P1 口 8 位 LED 左右移循环点亮，外部中断时，LED 亮、灭 3 次。

2.5.6　拓展练习

拓展练习：用定时器 T0 的中断实现 P1 口 8 位 LED 以 2s 周期闪烁（即亮 1s，灭 1s），按下开关，外部中断 $\overline{\text{INT0}}$ 中断方式控制 P1 口 8 位 LED 左移循环点亮。

2.6　任务 6　简易计时器设计

2.6.1　任务与计划

1．任务要求

（1）使用单片机控制方式，设计用一位与多位 LED 数码管静态或动态显示数字、字母的显示装置。

要求：编程设计用一位 LED 数码管静态显示数字 6；用一位 LED 数码管显示器循环显示字母 A、B、C；用四位 LED 数码管动态扫描显示数字"1234"；可用开关控制的 60s 简易计时器。

（2）使用仿真软件 Proteus 设计能够完成案例 12～15 的硬件原理图。

（3）使用单片机程序设计工具软件 Keil μVision，用 Keil C 编写源程序完成软件程序设计并进行软件调试，生成 HEX 文件。

（4）使用 Proteus 软硬件仿真运行。

2．工作计划

（1）首先进行任务分析，根据任务要求学习单片机 LED 数码管接口技术与段码控制原理，学习软件编程所需的 C 语言，结合单片机 4 个 I/O 端口的功能和使用方法，进行用一位与多位 LED 数码管静态或动态显示数字、字母的方案设计。

（2）与合作伙伴分工，分别进行硬件电路设计、软件流程图和程序编写。

（3）在完成程序的调试和编译后，进行输出控制的仿真运行，在软、硬件联调中，对所设计的电路和程序进行系统调试纠错，直至正确无误。

（4）仿真正常运行后，可以选择适当的形式进行交流，演示评价。

（5）反思自己的工作过程与结果，并进行优化，总结出改善性意见。

2.6.2　LED 数码管接口技术应用

1．LED 数码管显示器的种类及结构

在单片机系统中，通常用 LED 数码管显示器来显示各种数字或符号。由于它具有显示清晰、亮度高、使用电压低、寿命长的特点，因此使用非常广泛。LED 数码管实物如图 2-14 所示。

图 2-14　LED 数码管实物

八段 LED 显示器由 8 个发光二极管组成。其中，7 个长条形的发光管排列成"日"字形，另一个圆点形的发光管在显示器的右下角作为显示小数点用，它能显示各种数字及部分英文字母。LED 显示器有两种不同的形式：一种是 8 个发光二极管的阳极都连在一起的，称为共阳极 LED 显示器；另一种是 8 个发光二极管的阴极都连在一起的，称为共阴极 LED 显示器，如图 2-15 所示。

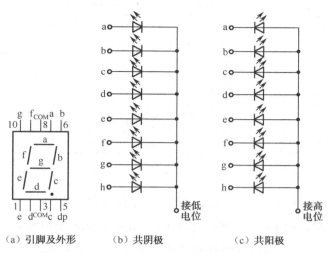

（a）引脚及外形　　　（b）共阴极　　　　　（c）共阳极

图 2-15　LED 数码管引脚和结构图

共阴和共阳结构的 LED 显示器各笔划段名和安排位置是相同的。当二极管导通时，相应的笔划段发亮，由发亮的笔划段组合而显示各种字符。8 个笔划段 h（dP）gfedcba 对应于一个字节（8 位）的 D7、D6、D5、D4、D3、D2、D1、D0 位，用 8 位二进制码就可以表示欲显示字符的字形代码。例如，对于共阴极 LED 显示器，当公共阴极接地（为零电平），而阴极 hgfedcba 各段为 01110011 时，显示器显示"P"字符，即对于共阴极 LED 显示器，"P"字符的字形码是 73H。如果是共阳极 LED 显示器，公共阳极接高电平，显示"P"字符的字形代码应为 10001100（8CH）。必须注意的是，很多产品为方便接线，常不按规定的方法去对应字段与位的关系，这时字形码就必须根据接线来自行设计了。

2. LED 数码管显示器的接口电路与段码控制

LED 数码管要正常显示，就要用驱动电路来驱动数码管的各个段码，从而显示出我们要的字符，因此，根据 LED 数码管的驱动方式的不同，可以分为静态式和动态式两类。

1）静态显示驱动

静态驱动又称为直流驱动。静态驱动是指每个数码管的每一个段码都由一个单片机的 I/O 口进行驱动，或者使用如 BCD 码二—十进制译码器进行驱动。静态驱动的优点是编程简单，显示亮度高，缺点是占用 I/O 口多，如驱动 5 个数码管静态显示则需要 5×8=40 根 I/O 口线来驱动，而89S51 单片机可用的 I/O 口一共 32 个，故实际应用时必须增加译码驱动器进行驱动，增加了硬件电路的复杂性。共阳极的并行 LED 数码管静态显示电路，如图 2-16 所示。

2）动态显示驱动

数码管动态显示是单片机中应用最为广泛的一种显示方式之一，动态驱动是将所有数码管的 8 个显示笔划"a,b,c,d,e,f,g,dp"的同名端连在一起，另外，为每个数码管的公共极 COM 增加一个位选通控制电路，位选通由各自独立的 I/O 线控制，当单片机输出字形码时，所有数码管都接收到相同的字形码，但究竟是哪个数码管会显示出字形，取决于单片机对位选通 COM 端电路的控制，所以，只要将需要显示的数码管的选通控制打开，该位就显示出字形，没有选通的数码管就不会亮。

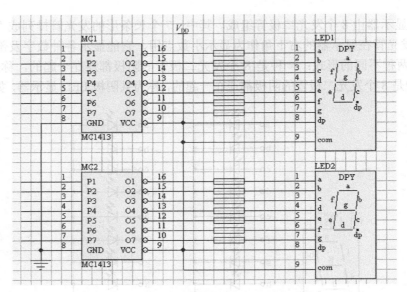

图 2-16　并行 LED 数码管静态显示电路（共阳）

通过分时轮流控制各个 LED 数码管的 COM 端，可以使各个数码管轮流受控显示，这就是动态驱动。在轮流显示过程中，每位数码管的点亮时间为 1～2ms，由于人的视觉暂留现象及发光二极管的余辉效应，尽管实际上各位数码管并非同时点亮，但只要扫描的速度足够快，给人的印象就是一组稳定的显示资料，不会有闪烁感，这样，能够节省大量的 I/O 口，而且功耗更低。共阳极的并行 LED 数码管动态扫描显示电路，如图 2-17 所示。

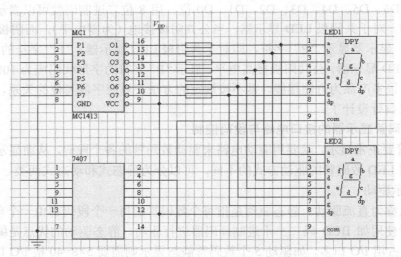

图 2-17　并行 LED 数码管动态扫描显示电路（共阳）

表 2-6 是 LED 显示器的八段码表。

表 2-6　LED 显示器的八段码表

显示字符	D7 dp	D6 g	D5 f	D4 e	D3 d	D2 c	D1 b	D0 a	共阴极八段码	共阳极八段码
0	0	0	1	1	1	1	1	1	3FH	C0H
1	0	0	0	0	0	1	1	0	06H	F9H
2	0	1	0	1	1	0	1	1	5BH	A4H

显示字符	D7 dp	D6 g	D5 f	D4 e	D3 d	D2 c	D1 b	D0 a	共阴极八段码	共阳极八段码
3	0	1	0	0	1	1	1	1	4FH	B0H
4	0	1	1	0	0	1	1	0	66H	99H
5	0	1	1	0	1	1	0	1	6DH	92H
6	0	1	1	1	1	1	0	1	7DH	82H
7	0	0	0	0	0	1	1	1	07H	F8H
8	0	1	1	1	1	1	1	1	7FH	80H
9	0	1	1	0	1	1	1	1	6FH	90H
A	0	1	1	1	0	1	1	1	77H	88H
B	0	1	1	1	1	1	0	0	7CH	83H
C	0	0	1	1	1	0	0	1	39H	C6H
D	0	1	0	1	1	1	1	0	5EH	A1H
E	0	1	1	1	1	0	0	1	79H	86H
F	0	1	1	1	0	0	0	1	71H	8EH

2.6.3 软件程序设计

下面是用 C 语言编写的一段程序，参见表 2-6，要想显示"6"，使用单个共阳极数码管"b段"显示 1，"dp"要显示 1，可以给 b、dp 这 2 位送高电平，其余引脚全部送低电平，所以，给 P0 口送 1000 0010 就可以了，转换成十六进制数即 82H。程序代码如下。

案例 12：用 LED 数码管静态显示数字 6。

```
//案例 12：用 LED 数码静态显示数字 6
#include<reg51.h>            //包含 51 单片机寄存器定义的头文件
void main(void)
{
    P2=0xfe;                 //P2.0 引脚输出低电平，数码显示器接通电源准备点亮
    P0=0x82;                 //让 P0 口输出数字"6"的段码 82H
}
```

案例 13：用一位 LED 数码管显示器循环显示字母 A、B、C。

```
//案例 13：用一位 LED 数码管显示器循环显示字母 A、B、C
#include<reg51.h>            //包含 51 单片机寄存器定义的头文件
/*******************************************
函数功能：延时函数，延时一段时间约 100ms
*******************************************/
void delay(void)            //延时函数，延时一段时间 100ms
{
unsigned int i,j;
for(i=0;i<100;i++)
for(j=0;j<109;j++);
    }
/*******************************************
函数功能：主函数
*******************************************/
```

```
        void main(void)
        {
            unsigned char i;
            unsigned char code Tab[3]={0x08,0x80,0xc6};
                                        //数码管显示 A、B、C 的段码表，程序运行中当数组值不发生变化时
                                        //前面加关键字 code ，可以大大节约单片机的存储空间
            P2=0xfe;                    //P2.0 引脚输出低电平，数码显示器 DS0 接通电源工作
            while(1)                    //无限循环
            {
                for(i=0;i<3;i++)
                {
                    P0=Tab[i];          //让 P0 口输出数字的段码
                    delay();            //调用延时函数
                }
            }
        }
```

案例 14：用四位 LED 数码管动态扫描显示数字 "1234"。

```
//案例 14：用四位数码管动态扫描显示数字 "1234"
#include<reg51.h>                       //包含 51 单片机寄存器定义的头文件
void delay(void)                        //延时函数，延时 1ms
{
    unsigned int j;
for(i=0;i<1;i++)
for(j=0;j<109;j++);
}
void main(void)
{
    while(1)                            //无限循环
    {
        P2=0xfe;                        //P2.0 引脚输出低电平，DS0 点亮
        P0=0xf9;                        //数字 1 的段码
        delay();
        P2=0xfd ;                       //P2.1 引脚输出低电平，DS1 点亮
        P0=0xa4;                        //数字 2 的段码
        delay();
        P2=0xfb;                        //P2.2 引脚输出低电平，DS2 点亮
        P0=0xb0;                        //数字 3 的段码
        delay();
        P2=0xf7;                        //P2.3 引脚输出低电平，DS3 点亮
        P0=0x99;                        //数字 4 的段码
        delay();
        P2=0xff;
    }
}
```

案例 15：简易计时器设计。

要求：

① 进行 60s 计时器的程序设计，单片机晶振频率为 11.0592MHz，由定时器 T0 中断方式产

生 50ms 的定时，软件累计 20 次中断，完成 1s 的时间信号。

　　② 用变量 second 存放秒，每计满 1s，改变量加 1，计满 60s 时清 0。

　　③ 用两位 LED 数码管显示秒数值，按下 S1 则停止计时；按下 S2 则继续计时；按下 S3 则复位并重新开始计时。

```
//案例15：简易计时器设计
#include<reg51.h>                                //包含51单片机寄存器定义的头文件
sbit S1=P1^5;                                    //将S1开关位定义为P1.5引脚
sbit S2=P1^6;                                    //将S2开关位定义为P1.6引脚
sbit S3=P1^7;                                    //将S3开关位定义为P1.7引脚
unsigned char code Tab[ ]={0xc0,0xf9,0xa4,0xb0,0x99,0x92,0x82,0xf8,0x80,0x90};   //数字0~9的段码
unsigned char int_Countor;                       //设置全局变量，储存定时器T0中断次数
unsigned char second;
/****************************************************************
函数功能：延时程序
****************************************************************/
void delay(unsigned int m)
{
unsigned int i,j;
for(i=m;i>0;i--)
for(j=110;j>0;j--);
}
/****************************************************************
函数功能：秒显示子程序
****************************************************************/
  void display(unsigned char k)
{
    P2=0x7f;                                     //点亮数码管十位
    P0=Tab[k/10];                                //显示十位数值
    delay(1);                                    //1ms动态扫描延时
    P2=0xbf;                                     //点亮数码管个位
    P0=Tab[k%10];                                //显示个位数值
    delay(1);                                    //1ms动态扫描延时
  }
/****************************************************************
函数功能：主函数
****************************************************************/
  void main(void)
  {
    EA=1;                                        //开总中断
    ET0=1;                                       //定时器T0中断允许
    TMOD=0x01;                                   //使用定时器T0的模式1
    TH0=(65536-46083)/256;                       //定时器T0的高8位赋初值
    TL0=(65536-46083)%256;                       //定时器T0的低8位赋初值
    TR0=1;                                       //启动定时器T0
    int_Countor=0;                               //从0开始累计中断次数
    second=0;                                    //秒置初值
    while(1)                                     //无限循环
    {
```

```
            if(S1==0){TR0=0;}              //按下 S1，停止计时
            if(S2==0){TR0=1;}              //按下 S2，继续计时
            if(S3==0){second=0;}           //按下 S1，复位，重新计时
            display(second);               //调用秒显示子程序
          }
      }
/***********************************************************
函数功能：定时器 0 的中断服务子程序，进行键盘扫描，判断键位
***********************************************************/
    void time0_interserve(void) interrupt 1 using 1    //定时器 T0 的中断编号为 1
//使用第一组寄存器
    {
        TR0=0;                    //关闭定时器 T0
        int_Countor++;            //中断次数自加 1
        if(int_Countor==20)       //够 20 次中断，即每秒进行一次检测结果采样
          {
            int_Countor=0;        //中断次数清 0
            second++;             //秒加 1
            if(second==60)
              second=0;           //秒等于 60 就返回 0
          }
        TH0=(65536-46083)/256;    //重新给计数器 T0 赋初值
        TL0=(65536-46083)%256;
        TR0=1;                    //启动定时器 T0
      }
```

2.6.4 硬件仿真原理图

案例 12、案例 13 的硬件仿真参考原理图和对象选择器显示窗口，如图 2-18 所示。案例 14 用四位 LED 数码管显示的原理图，如图 2-19 所示。案例 15 用两位 LED 数码管显示的简易计时器设计原理图，如图 2-20 所示。

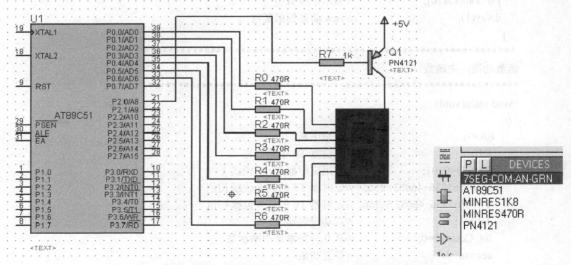

图 2-18　用一位 LED 数码管显示的原理图和对象选择器显示窗口

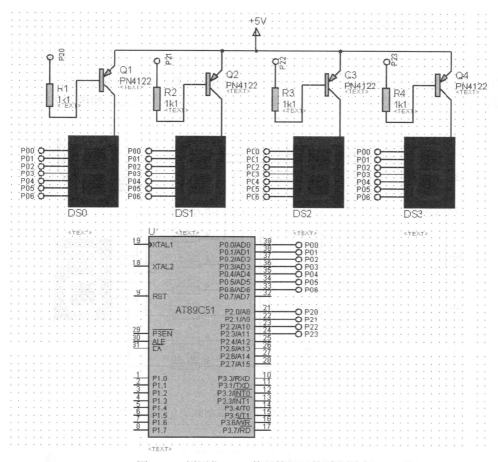

图 2-19　用四位 LED 数码管显示的原理图

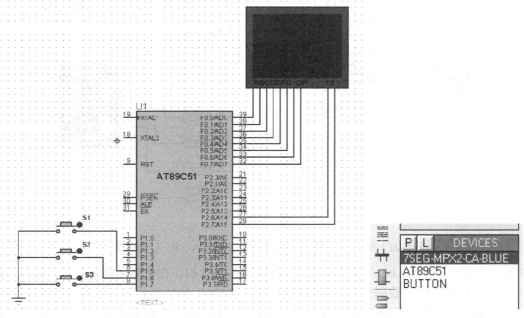

图 2-20　简易计时器的原理图和对象选择器显示窗口

2.6.5 用 Proteus 软硬件仿真运行

将编译好的"案例 12.hex"文件、"案例 13.hex"文件分别载入"AT89C51"单片机，在仿真环境中单击"运行"按钮，进入仿真运行状态。使用 LED 数码管静态显示数字 6 的仿真效果，如图 2-21 所示。使用 LED 数码管静态滚动显示字母 A、B、C 的效果，如图 2-22 所示。

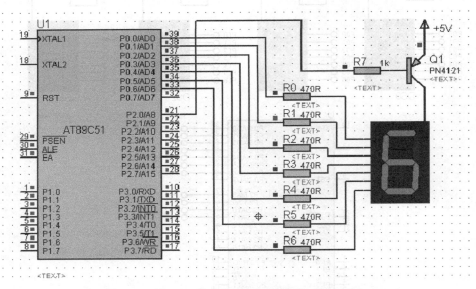

图 2-21 用 LED 数码管静态显示数字 6 的效果图

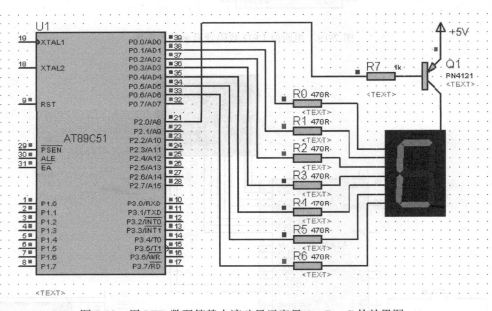

图 2-22 用 LED 数码管静态滚动显示字母 A、B、C 的效果图

将编译好的"案例 14.hex"文件载入"AT89C51"单片机，在仿真环境中单击"运行"按钮，进入仿真运行状态。使用数码管动态扫描显示数字"1234"的仿真效果，如图 2-23 所示。

将编译好的"案例 15.hex"文件载入"AT89C51"单片机，在仿真环境中单击"运行"按钮，进入仿真运行状态。简易计时器的仿真效果图如图 2-24 所示。

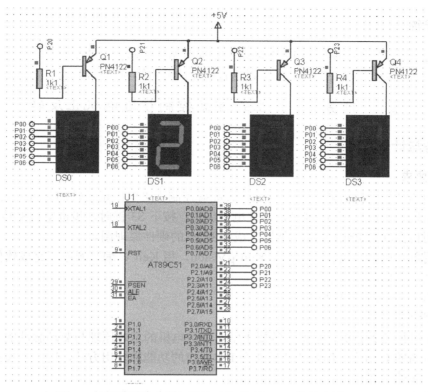

图 2-23 用数码管动态扫描显示数字"1234"的仿真效果图

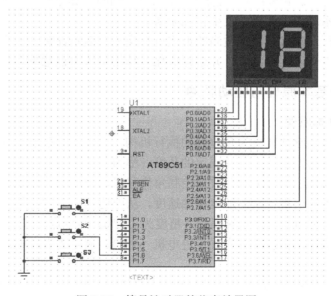

图 2-24 简易计时器的仿真效果图

2.6.6 提高练习

提高练习 1：如果用 LED 数码管静态显示两位数字 69，如何软件编程、硬件接线。

提高练习 2：用 LED 数码管显示器循环显示数字 0～9。

提高练习 3：用数码管动态扫描显示数字"C、D、H、L"。

2.6.7 拓展练习

创新练习1：用开关控制一位 LED 数码管显示器循环显示自己的生日。

创新练习2：设计一个启动开关才可以进行 60s 计时的简易计时器。

2.7 任务7 独立式键盘控制步进电机正反转

2.7.1 任务与计划

1. 任务要求

（1）使用单片机控制方式，设计用独立式键盘控制步进电机正反转的装置。要求：按下 S1 键时，步进电机正转；按下 S2 键时，步进电机反转；按下 S3 键时，步进电机停转。

（2）使用仿真软件 Proteus 设计能够完成案例 17 的硬件原理图。

（3）使用单片机程序设计工具软件 Keil μVision，用 Keil C 编写源程序完成软件程序设计并进行软件调试，生成 HEX 文件。

（4）使用 Proteus 软硬件仿真运行。

2. 工作计划

（1）首先进行任务分析，根据任务要求学习步进电机的基本原理与驱动脉冲的相关知识，学习软件编程所需的 C 语言，结合单片机 4 个 I/O 端口的功能和使用方法，进行用独立式键盘控制步进电机正反转的方案设计。

（2）与合作伙伴分工，分别进行硬件电路设计、软件流程图和程序编写。

（3）在完成程序的调试和编译后，进行输入/输出控制的仿真运行，在软硬件联调中，对所设计的电路和程序进行系统调试纠错，直至正确无误。

（4）仿真正常运行后，可以选择适当的形式进行交流，演示评价。

（5）反思自己的工作过程与结果，并进行优化，总结出改善性意见。

2.7.2 步进电机的基本原理与驱动脉冲

1. 步进电机的基本原理

步进电机是一种将电脉冲转化为角位移的执行机构。当步进驱动器接收到一个脉冲信号，它就驱动步进电机按设定的方向转动一个固定的角度（称为"步距角"），它的旋转是以固定的角度一步一步运行的。可以通过控制脉冲个数来控制角位移量，从而达到准确定位的目的；同时可以通过控制脉冲频率来控制电机转动的速度和加速度，从而达到调速的目的。步进电机可以作为一种控制用的特种电机，利用其没有积累误差（精度为 100%）的特点，广泛应用于各种开环控制。

现在比较常用的步进电机包括反应式步进电机（VR）、永磁式步进电机（PM）、混合式步进电机（HB）和单相式步进电机等。

永磁式步进电机一般为两相，转矩和体积较小，步进角一般为 7.5° 或 15°；反应式步进电机一般为三相，可实现大转矩输出，步进角一般为 1.5°，但噪声和震动都很大。反应式步进电机的转子磁路由软磁材料制成，定子上有多相励磁绕组，利用磁导的变化产生转矩。混合式步进电机是指混合了永磁式和反应式的优点。它一般为两相和五相，两相步进角一般为 1.8° 而五相步进角一般 0.72°。这种步进电机的应用最为广泛，也是本次细分驱动方案所选用的步进电机。

2. 步进电机的驱动脉冲

步进电机通过控制输入电流形成一个旋转磁场进行工作，旋转磁场可以由 1 相励磁、2 相励磁、3 相励磁、4 相励磁和 5 相励磁等方式产生。本例是小型 4 相励磁步进电机,设四相为 A、B、C、D。应用时,只需要在四组线圈上分别输入规定的环形脉冲信号,也就是通过控制单片机的 P0.0 引脚、P0.1 引脚、P0.2 引脚和 P0.3 引脚这 4 个端口的高低电平,就可以指定步进电机的转动方向。根据表 2-7 和表 2-8 将正、反环形脉冲信号送给步进电机即可;要让电机停转,只需不给步进电机输送脉冲信号即可。

表 2-7 4 相励磁步进电机正转的环形脉冲分配表

步　数	P0.3	P0.2	P0.1	P0.0	P0
	A	B	C	D	
1	0	0	1	1	0xf3
2	0	0	1	0	0xf2
3	0	1	1	0	0xf6
4	0	1	0	0	0xf4
5	1	1	0	0	0xfc
6	1	0	0	0	0xf8
7	1	0	0	1	0xf9
8	0	0	0	1	0xf1

表 2-8 4 相励磁步进电机反转的环形脉冲分配表

步　数	P0.3	P0.2	P0.1	P0.0	P0
	A	B	C	D	
1	0	0	1	1	0xf3
2	0	0	0	1	0xf1
3	1	0	0	1	0xf9
4	1·	0	0	0	0xf8
5	1	1	0	0	0xfc
6	0	1	0	0	0xf4
7	0	1	1	0	0xf6
8	0	0	1	0	0xf2

2.7.3 软件程序设计

软件程序的主程序框图如图 2-25 所示。

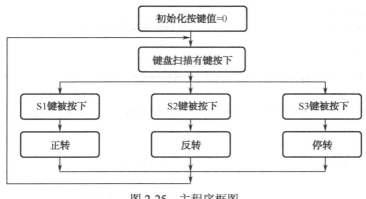

图 2-25 主程序框图

案例 16：独立式键盘控制步进电机正反转。

要求：按下 S1 键时，步进电机正转；按下 S2 键时，步进电机反转；按下 S3 键时，步进电机停转。

```
//案例 16：独立式键盘控制步进电机正反转
#include<reg51.h>                    //包含 51 单片机寄存器定义的头文件
sbit S1=P3^5;                        //将 S1 位定义为 P3.5 引脚
sbit S2=P3^6;                        //将 S2 位定义为 P3.6 引脚
sbit S3=P3^7;                        //将 S3 位定义为 P3.7 引脚
unsigned char keyval;                //储存按键值
/**********************************************
函数功能：延时程序
**********************************************/
void delay(unsigned int m)
{
unsigned int i,j;
for(i=m;i>0;i--)
for(j=110;j>0;j--);
}
/**********************************************
函数功能：步进电机正转
**********************************************/
void forward( )
  {
        P0=0xf3;                     //P0 口低四位脉冲 0011
        delay(100);
        P0=0xf2;                     //P0 口低四位脉冲 0010
        delay(100);
        P0=0xf6;                     //P0 口低四位脉冲 0110
        delay(100);
        P0=0xf4;                     //P0 口低四位脉冲 0100
        delay(100);
        P0=0xfc;                     //P0 口低四位脉冲 1100
        delay(100);
        P0=0xf8;                     //P0 口低四位脉冲 1000
        delay(100);
        P0=0xf9;                     //P0 口低四位脉冲 1001
        delay(100);
        P0=0xf1;                     //P0 口低四位脉冲 0001
        delay(100);
  }
/**********************************************
函数功能：步进电机反转
**********************************************/
void backward()
  {
        P0=0xf3;                     //P0 口低四位脉冲 0011
        delay(100);
        P0=0xf1;                     //P0 口低四位脉冲 0001
```

```c
            delay(100);
            P0=0xf9;                          //P0 口低四位脉冲 1001
            delay(100);
            P0=0xf8;                          //P0 口低四位脉冲 1000
            delay(100);
        P0=0xfc;                              //P0 口低四位脉冲 1100
            delay(100);
            P0=0xf4;                          //P0 口低四位脉冲 0100
            delay(100);
            P0=0xf6;                          //P0 口低四位脉冲 0110
            delay(100);
            P0=0xf2;                          //P0 口低四位脉冲 0010
            delay(100);
    }
/*************************************************
函数功能: 步进电机停转
*************************************************/
void stop(void)
{
        P0=0xff;                             //停止输出脉冲
}
/*************************************************
函数功能: 主函数
*************************************************/
void main(void)
{
    TMOD=0x01;                               //使用定时器 T0 的模式 1
    EA=1;                                    //开总中断
    ET0=1;                                   //定时器 T0 中断允许
    TR0=1;                                   //启动定时器 T0
    TH0=(65536-200)/256;                     //定时器 T0 高 8 位赋初值
    TL0=(65536-200)%256;                     //定时器 T0 低 8 位赋初值
    keyval=0;                                //按键值初始化为 0
    while(1)
    {
            switch(keyval)                   //根据按键值 keyval 选择待执行的功能
            {
                    case 1:forward();        //按键 S1 按下, 正转
                            break;
                    case 2:backward();       //按键 S2 按下, 反转
                            break;
                    case 3:stop();           //按键 S3 按下, 停转
                            break;
            }
    }
}
/*************************************************
函数功能: 定时器 T0 的中断服务子程序
*************************************************/
```

```
void Time0_serve(void) interrupt 1 using 1
{
    TR0=0;                              //关闭定时器 T0
    if((P3&0xf0)!=0xf0)                 //第一次检测到有键按下
      {
          delay(60);                    //延时一段时间再去检测
          if((P3&0xf0)!=0xf0)           //确实有键按下
          {
              if(S1==0)                 //按键 S1 被按下
                  keyval=1;
                  if(S2==0)             //按键 S2 被按下
                  keyval=2;
                  if(S3==0)             //按键 S3 被按下
                  keyval=3;
          }
      }
    TH0=(65536−200)/256;                //定时器 T0 的高 8 位赋初值
    TL0=(65536−200)%256;                //定时器 T0 的低 8 位赋初值
    TR0=1;                              //启动定时器 T0
}
```

2.7.4 硬件仿真原理图

　　案例 16 的硬件仿真参考原理图如图 2-26 所示。案例 16 的对象选择器显示窗口如图 2-27 所示。

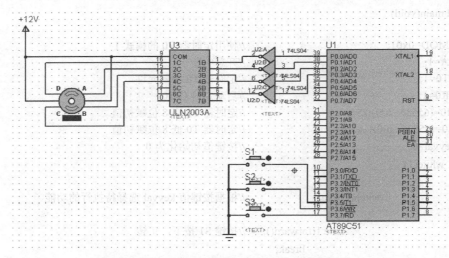

图 2-26　独立式键盘控制步进电机正反转的原理图

图 2-27　案例 16 对象选择器显示窗口

2.7.5　用 Proteus 软硬件仿真运行

将编译好的"案例 16.hex"文件载入"AT89C51"单片机,在仿真环境中单击"运行"按钮,进入仿真运行状态。使用独立式键盘控制步进电机正反转的仿真效果,如图 2-28 所示。

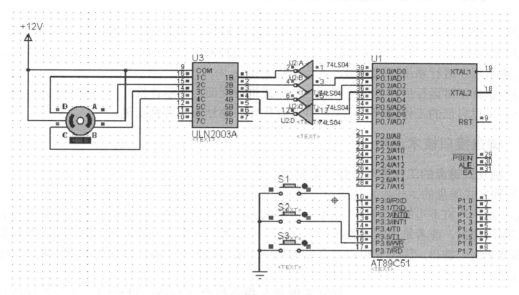

图 2-28　独立式键盘控制步进电机正反转的仿真效果

2.7.6　提高练习

提高练习:独立式键盘控制电动机正反转。

要求:按下 S1 键时,电动机正转;按下 S2 键时,电动机停转;按下 S3 键时,电动机反转。

2.7.7　拓展练习

拓展练习:独立式键盘控制电动机正反转。

要求:

① 采用小型 2 相励磁步进电动机,设两相为 A、B。

② 按下 S1 键时,电动机正转;按下 S2 键时,电动机反转;按下 S3 键时,电动机停转。

2.8　任务 8　电子密码锁设计

2.8.1　任务与计划

1. 任务要求

(1)使用单片机控制方式,设计一个电子密码锁装置。要求:从矩阵键盘输入 6 位数密码"242628",输入过程有语音提示,并在两位数码管上显示输入的键值;当密码输入正确并按下"确认"键后,发光二极管被点亮。

(2)使用仿真软件 Proteus 设计能够完成案例 17 的硬件原理图。

(3)使用单片机程序设计工具软件 Keil μVision,用 Keil C 编写源程序完成软件程序设计并进行软件调试,生成 HEX 文件。

（4）使用 Proteus 软硬件仿真运行。

2. 工作计划

（1）首先进行任务分析，根据任务要求学习键盘接口技术的基本原理与应用的相关知识，学习软件编程所需的 C 语言，结合单片机 4 个 I/O 端口的功能和使用方法，进行电子密码锁的方案设计。

（2）与合作伙伴分工，分别进行硬件电路设计、软件流程图和程序编写。

（3）在完成程序的调试和编译后，进行输入/输出控制的仿真运行，在软硬件联调中，对所设计的电路和程序进行系统调试纠错，直至正确无误。

（4）仿真正常运行后，可以选择适当的形式进行交流，演示评价。

（5）反思自己的工作过程与结果，并进行优化，总结出改善性意见。

2.8.2 键盘接口技术应用

1. 独立式键盘的工作原理与接口电路

1）独立式键盘的工作原理与接口电路

键盘是单片机不可缺少的输入设备，是实现人机对话的纽带。键盘按结构形式可分为非编码键盘和编码键盘，前者是用软件方法产生键码，而后者则用硬件方法来产生键码。在单片机中使用的都是非编码键盘，因为非编码键盘结构简单、成本低廉。非编码键盘的类型很多，常用的有独立式键盘、矩阵（行列式）键盘等。

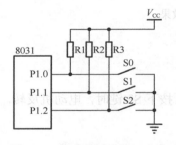

图 2-29　独立式键盘接口电路

独立式键盘是指将每个按键按一对一的方式直接连接到 I/O 输入线上所构成的键盘，如图 2-29 所示。

在图 2-29 中，键盘接口中使用多少根 I/O 线，键盘中就有几个按键。键盘接口使用了 3 根 I/O 口线，该键盘就有 3 个按键。这种类型的键盘，键盘的按键比较少，且键盘中各个按键的工作互不干扰。因此，用户可以根据实际需要对键盘中的按键灵活地编码。

最简单的编码方式就是根据 I/O 输入口所直接反映的相应按键按下的状态进行编码，称为按键直接状态码。假设图 2-29 中的 S0 键被按下，则 P1 口的输入状态是 11111110，则 S0 键的直接状态编码就是 FEH。对于这样编码的独立式键盘，CPU 可以通过直接读取 I/O 口的状态来获取按键的直接状态编码值，根据这个值直接进行按键识别。这种形式的键盘结构简单，按键的识别容易。

独立式键盘的缺点是需要占用较多的 I/O 口线。当单片机应用系统键盘中需要的按键比较少或 I/O 口线比较富余时，可以采用这种类型键盘。

2）独立式键盘接口的编程模式

在确定了键盘的编程结构后，就可以编制键盘接口程序。键盘接口程序的功能实际上就是驱动键盘工作，完成按键的识别，根据所识别按键的键值，完成按键子程序的正确散转，从而完成单片机应用系统对用户按键动作的预定义的响应。由于独立式键盘的每一个按键占用一条 I/O 口线，每个按键的工作不影响其他按键，因此，可以直接依据每个 I/O 口线的状态来进行子程序散转，使程序编制简练一些。也可以使用键盘编码值来进行按键子程序的散转，程序更具有通用性。通用的独立式键盘接口程序由键盘管理程序、散转表和键盘处理子程序三部分组成。独立式键盘接口程序各个部分的原理如下。

（1）键盘管理程序：担负键盘工作时的循环监测（看是否有键被按下）、键盘去抖动、按键识别、子程序散转（根据所识别的按键进行转子程序处理）等基本工作。

（2）散转表：支持应用程序根据按键值进行正确的按键子程序跳转。

（3）键盘处理子程序：负责对具体按键的系统定义功能的执行。

2. 矩阵式键盘的工作原理与接口电路

1）矩阵式键盘的工作原理与接口电路

矩阵式键盘是用 n 条 I/O 线作为行线、m 条 I/O 线作为列线组成的键盘。在行线和列线的每一个交叉点上，设置一个按键。这样，键盘中按键的个数是 $m×n$ 个。这种形式的键盘结构，能够有效地提高单片机系统中 I/O 口的利用率。图 2-30 为矩阵式键盘接口电路图，行线接 P1.0～P1.3，列线接 P1.4～P1.7。矩阵式键盘适合于按键输入多的情况。

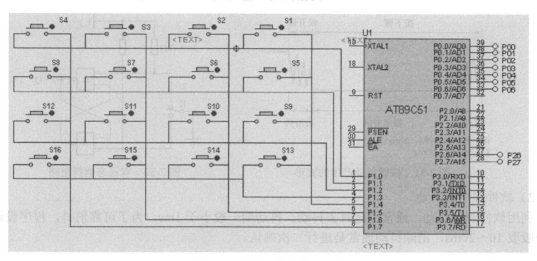

图 2-30　矩阵式键盘接口电路

2）矩阵键盘接口的编程模式

矩阵键盘具有更加广泛的应用，可采用计算的方法来求出键值，以得到按键特征码。现以图 2-30 为例加以说明。

（1）检测出是否有键按下。方法是 P1.4～P1.7 输出全为 0，然后读 P1.0～P1.3 的状态，若为全 1 则无键闭合，否则，表示有键闭合。

（2）有键闭合后，调用 10～20ms 延时子程序避开按键抖动。

（3）确认键已稳定闭合后，判断为哪一个键闭合？方法是对键盘进行扫描，即依次给每条列线送 0，其余各列都为 1，并检测每次扫描的行状态。每当扫描输出某一列为 0 时，相继读入行线状态。若为全 1，表示为 0 的这列上没有键闭合，否则，不全为 1，表示为 0 的这列上有键闭合。确定了闭合键的位置后，就可计算出键值，即产生键码。

矩阵式键盘也可采用查表法求得键值，这样，键盘接口程序更具有通用性。它的基本编程模式与独立式键盘一致。都是由键盘管理程序、散转表和按键子程序三部分组成的。但是，矩阵式键盘的按键编码方式与独立式键盘不一样，所以，其键盘管理程序需完成键盘驱动和按键识别两项工作，而独立式键盘的管理程序只需要完成按键识别一项工作。矩阵式键盘，如按键盘按键的直接工作状态进行编码，可以使得单片机系统方便用键盘工作时端口的输入/输出状态获得按键编码，按键检测容易。但直接状态编码的码值的离散性比较大，若直接用它的值进行子程序跳转，在编程时不好处理。因此，可以用键盘直接状态扫描码与键盘特征码一起组成一个键码查询表，程序中根据得到的键盘直接状态扫描码，用查表法查询键码查询表，得到按键特征码，按特征码散转。特征码就是根据子程序散转的需要，程序员自己设定的与直接状态扫描码对应的按键特征码。

3. 按键抖动的消除

由于机械触点的弹性作用，触点在闭合和断开瞬间的电接触情况不稳定，造成了电压信号的抖动现象，如图 2-31 所示。键的抖动时间一般为 5～10ms。这种现象会引起单片机对于一次键操作进行多次处理，因此，须设法消除键接通或断开时的抖动现象。去抖动的方法有硬件电路去抖动和软件程序去抖动两种。按键抖动产生的波形如图 2-31 所示。

1）硬件电路去抖动

通常硬件电路去抖动采用"双稳态消抖电路"，如图 2-32 所示。

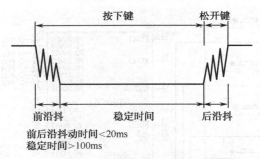

图 2-31　按键抖动产生的波形

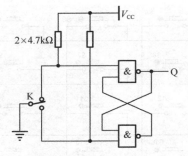

图 2-32　双稳态消抖电路

2）软件程序去抖动

利用软件消除抖动，通常用延时去抖动。抖动期一般小于 1ms，为了可靠消抖，程序设计延时一般取 10～20ms，消除抖动通常是进行二次确认。

```
if(K==0){                //当按键接通时
  delay15ms();           //延时一段时间、软件消抖
    if(K==0) {           //确实有键按下
    }
}
```

2.8.3　软件程序设计

由于独立式键盘控制步进电机正反转的设计已经在 2.7 节学习过了，因此以下以矩阵键盘控制为例进行讲解。

案例 17：电子密码锁设计。

要求：

① 从矩阵键盘输入 6 位数密码"242628"，输入过程有语音提示；并在两位数码管上显示输入的键值。

② 当密码输入正确并按下"确认"键后，发光二极管被点亮。

```
//案例 17：矩阵式键盘实现的电子密码锁
#include<reg51.h>             //包含 51 单片机寄存器定义的头文件
sbit P14=P1^4;                //将 P14 位定义为 P1.4 引脚
sbit P15=P1^5;                //将 P15 位定义为 P1.5 引脚
sbit P16=P1^6;                //将 P16 位定义为 P1.6 引脚
sbit P17=P1^7;                //将 P17 位定义为 P1.7 引脚
sbit sound=P3^7;             //将 sound 位定义为 P3.7 引脚
```

```
sbit LED=P3^0;                                              //将 LED 定义为 P3.0 引脚
unsigned char code Tab[ ]={0xc0,0xf9,0xa4,0xb0,0x99,0x92,0x82,0xf8,0x80,0x90};    //数字 0~9 的段码
unsigned char keyval;                                       //储存按键值
/***********************************************************
函数功能：延时程序
***********************************************************/
void delay(unsigned int m)
{
unsigned int i,j;
for(i=m;i>0;i--)
for(j=110;j>0;j--);
}
/***********************************************************
函数功能：数码管显示子程序
***********************************************************/
 void display(unsigned char k)
{
    P2=0x7f;                          //点亮数码管十位
    P0=Tab[k/10];                     //显示十位数值
    delay(60);                        //动态扫描延时
    P2=0xbf;                          //点亮数码管个位
    P0=Tab[k%10];                     //显示个位数值
    delay(60);                        //动态扫描延时
 }
/***********************************************************
函数功能：主函数
***********************************************************/
 void main(void)
 {
    unsigned char D[ ]={2,4,2,6,2,8,16};    //设定密码
    EA=1;                             //开总中断
    ET0=1;                            //定时器 T0 中断允许
    TMOD=0x01;                        //使用定时器 T0 的模式 1
    TH0=(65536-500)/256;              //定时器 T0 的高 8 位赋初值
    TL0=(65536-500)%256;              //定时器 T0 的低 8 位赋初值
    TR0=1;                            //启动定时器 T0
    keyval=0x00;                      //按键值初始化
    while(keyval!=D[0]);              //第一位密码输入不正确，等待
    while(keyval!=D[1]);              //第二位密码输入不正确，等待
    while(keyval!=D[2]);              //第三位密码输入不正确，等待
    while(keyval!=D[3]);              //第四位密码输入不正确，等待
    while(keyval!=D[4]);              //第五位密码输入不正确，等待
    while(keyval!=D[5]);              //第六位密码输入不正确，等待
    while(keyval!=D[6]);              //没有输入"OK"，等待
    LED=0;                            //P3.0 引脚输出低电平，点亮 LED
    while(1)                          //无限循环
    {
         display(keyval);             //调用按键值的数码管显示子程序
    }
```

```
    }
/***************************************************************
函数功能：定时器 0 的中断服务子程序，进行键盘扫描，判断键位
***************************************************************/
    void time0_interserve(void) interrupt 1 using 1    //定时器 T0 的中断编号为 1,
//使用第 1 组寄存器
    {
        unsigned char i;
        TR0=0;                              //关闭定时器 T0
        P1=0xf0;                            //所有行线置为低电平"0"，所有列线置为高电平"1"
          if((P1&0xf0)!=0xf0)               //列线中有一位为低电平"0"，说明有键按下
            delay(20);                      //延时一段时间、软件消抖
          if((P1&0xf0)!=0xf0)               //确实有键按下
            {
                P1=0xfe;                    //第一行置为低电平"0"（P1.0 输出低电平"0"）
                if(P14==0)                  //如果检测到接 P1.4 引脚的列线为低电平"0"
                  keyval=1;                 //可判断是 S1 键被按下
                if(P15==0)                  //如果检测到接 P1.5 引脚的列线为低电平"0"
                  keyval=2;                 //可判断是 S2 键被按下
                if(P16==0)                  //如果检测到接 P1.6 引脚的列线为低电平"0"
                  keyval=3;                 //可判断是 S3 键被按下
                if(P17==0)                  //如果检测到接 P1.7 引脚的列线为低电平"0"
                  keyval=4;                 //可判断是 S4 键被按下
                P1=0xfd;                    //第二行置为低电平"0"（P1.1 输出低电平"0"）
                if(P14==0)                  //如果检测到接 P1.4 引脚的列线为低电平"0"
                  keyval=5;                 //可判断是 S5 键被按下
                if(P15==0)                  //如果检测到接 P1.5 引脚的列线为低电平"0"
                  keyval=6;                 //可判断是 S6 键被按下
                if(P16==0)                  //如果检测到接 P1.6 引脚的列线为低电平"0"
                  keyval=7;                 //可判断是 S7 键被按下
                if(P17==0)                  //如果检测到接 P1.7 引脚的列线为低电平"0"
                  keyval=8;                 //可判断是 S8 键被按下
                P1=0xfb;                    //第三行置为低电平"0"（P1.2 输出低电平"0"）
                if(P14==0)                  //如果检测到接 P1.4 引脚的列线为低电平"0"
                  keyval=9;                 //可判断是 S9 键被按下
                if(P15==0)                  //如果检测到接 P1.5 引脚的列线为低电平"0"
                  keyval=10;                //可判断是 S10 键被按下
                if(P16==0)                  //如果检测到接 P1.6 引脚的列线为低电平"0"
                  keyval=11;                //可判断是 S11 键被按下
                if(P17==0)                  //如果检测到接 P1.7 引脚的列线为低电平"0"
                  keyval=12;                //可判断是 S12 键被按下
                P1=0xf7;                    //第四行置为低电平"0"（P1.3 输出低电平"0"）
                if(P14==0)                  //如果检测到接 P1.4 引脚的列线为低电平"0"
                  keyval=13;                //可判断是 S13 键被按下
                if(P15==0)                  //如果检测到接 P1.5 引脚的列线为低电平"0"
                  keyval=14;                //可判断是 S14 键被按下
                if(P16==0)                  //如果检测到接 P1.6 引脚的列线为低电平"0"
                  keyval=15;                //可判断是 S15 键被按下
                if(P17==0)                  //如果检测到接 P1.7 引脚的列线为低电平"0"
```

```
            keyval=16;                    //可判断是 S16 键被按下
            for(i=0;i<200;i++)            //让 P3.7 引脚电平不断取反输出音频
            {
                sound=0;
                delay(1);
                sound=1;
                delay(1);
            }
        }
    TR0=1;                                //开启定时器 T0
    TH0=(65536-500)/256;                  //定时器 T0 的高 8 位赋初值
     TL0=(65536-500)%256;                 //定时器 T0 的高 8 位赋初值
}
```

2.8.4 硬件仿真原理图

案例 17 的硬件仿真参考原理图如图 2-33 所示。案例 17 的对象选择器显示窗口如图 2-34 所示。

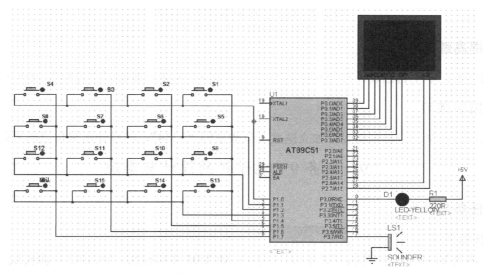

图 2-33 电子密码锁设计的仿真原理图

图 2-34 案例 17 的对象选择器显示窗口

2.8.5 用 Proteus 软硬件仿真运行

将编译好的"案例 17.hex"文件载入"AT89C51"单片机，在仿真环境中单击"运行"按钮，进入仿真运行状态。电子密码锁设计的仿真效果如图 2-35 所示。

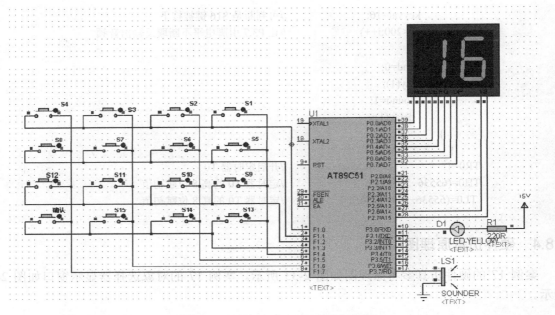

图 2-35　电子密码锁设计的仿真效果图

2.8.6　提高练习

提高练习：学生自己设计改变 6 位数密码"242628"为 4 位数密码"1234"，如何设计。

2.8.7　拓展练习

拓展练习：学生自己创新设计独立键盘 4 位数密码"1234"，能设计出来自己的密码锁吗？

2.9　任务 9　电子钟的设计与实现

2.9.1　任务与计划

1. 任务要求

（1）熟悉 YL-236 型单片机实训平台，会操作 MCU01 主机模块、MCU02 电源模块、MCU06 指令模块、MCU04 显示模块中的 8 位 LED 数码管显示部分和 SL-USBISP-A 在线下载器。

（2）使用单片机控制方式，用 Keil C 编写程序，完成电子钟的设计与实现。

（3）使用 Proteus 软硬件仿真运行，完成电子钟的设计与实现。

（4）完成单片机控制电子钟的设计与实现系统方案设计、系统硬件设计、系统软件设计。

（5）完成单片机控制电子钟的设计与实现任务。

2. 工作计划

（1）首先进行任务分析，根据任务要求学习 YL-236 型单片机实训平台及相关知识。

（2）完成单片机控制电子钟的设计与实现系统方案设计，然后与合作伙伴分工，分别进行硬件电路设计、软件流程图和程序编写。

（3）在完成程序的调试和编译后，首先可以进行输入/输出控制的仿真运行，在软、硬件联调中，对所设计的电路和程序进行系统调试纠错，直至正确无误。

（4）个人分别将软、硬件部分设计完成后，进行软、硬件联合调试至成功。

（5）实物正常运行后，可以选择适当的形式进行交流，演示评价。

（6）反思自己的工作过程与结果，并进行优化，总结出改善性意见。

2.9.2　认识 YL-236 型单片机实训平台的指令模块 MCU06

认识 YL-236 型单片机实训平台，会操作 MCU01 主机模块、MCU02 电源模块、MCU06 指令模块、MCU04 显示模块中的 8 位 LED 数码管显示部分和 SL-USBISP-A 在线下载器。

1. 指令模块 MCU06

指令模块 MCU06 如图 2-36 所示。

2. MCU04 显示模块中的 8 位 LED 数码管

MCU04 显示模块中的 8 位 LED 数码管如图 2-37 所示。

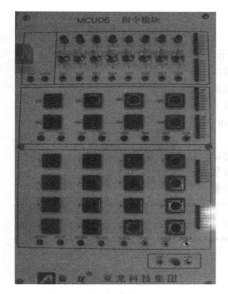

图 2-36　指令模块 MCU06

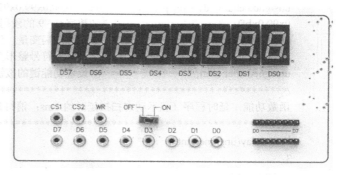

图 2-37　8 位 LED 数码管

3. MCU04 显示模块中 LED 数码管的位选、段选参考程序

```
void wx( )              //位选函数
  {
    wr=0;
 cs2=0;
     ;
    wr=1;
    cs2=1;
  }
void dx( )              //段选函数
  {
    wr=0;
    cs1=0;
     ;
    wr=1;
    cs1=1;
  }
```

2.9.3　软件程序设计

案例 18：电子钟的设计。

要求：

① 平时以秒为单位正常显示时间。

② 第 1 次按下"功能"键，可以按"加"键使秒钟的数值加 1 调节；按"减"键使秒钟的数值减 1 调节。

③ 第 2 次按下"功能"键，可以按"加"键使分钟的数值加 1 调节；按"减"键使分钟的数值减 1 调节。

④ 第 3 次按下"功能"键，可以按"加"键使小时的数值加 1 调节；按"减"键使小时的数值减 1 调节。

```c
//案例18：电子钟的设计
#include<reg51.h>                          //包含51单片机寄存器定义的头文件
sbit S1=P1^5;                              //将S1开关位定义P1.5引脚为功能键
sbit S2=P1^6;                              //将S2开关位定义P1.6引脚为加键
sbit S3=P1^7;                              //将S3开关位定义P1.7引脚为减键
unsigned char code Tab[ ]={0xc0,0xf9,0xa4,0xb0,0x99,0x92,0x82,0xf8,0x80,
0x90,0xbf};                                //数字0~9的段码
unsigned char int_Countor;                 //设置全局变量，储存定时器T0中断次数
unsigned int miao=0,fen=0,shi=0;           //设置无符号整形变量秒、分、时的初值为0
unsigned char num;                         //设置功能键的按键次数
/*****************************************************
函数功能：延时程序（显示动态扫描延时约1ms；消抖延时5ms；）
*****************************************************/
void delay(unsigned int k)
{
unsigned int i,j;
for(i=k;i>0;i--)
for(j=110;j>0;j--);
}
/*****************************************************
函数功能：秒显示子程序
*****************************************************/
 void displaymiao(unsigned char m)
{

    P3=0x040;                              //点亮秒的数码管十位
    P2=Tab[m/10];                          //显示十位数值
    delay(1);                              //动态扫描延时
    P3=0x80;;                              //点亮秒的数码管个位
    P2=Tab[m%10];                          //显示个位数值
    delay(1);                              //动态扫描延时
 }
 /*****************************************************
函数功能：分钟显示子程序
*****************************************************/
 void displayfen(unsigned char f)
```

```
    {
      P3=0x08;;                        //点亮分的数码管十位
      P2=Tab[f/10];                    //显示十位数值
      delay(1);                        //动态扫描延时
      P3=0x10;;                        //点亮分的数码管个位
      P2=Tab[f%10];                    //显示个位数值
      delay(1);                        //动态扫描延时
    }
```

/***
函数功能：小时显示子程序
***/
```
    void displayshi(unsigned char s)
    {
      P3=0x01;;                        //点亮小时的数码管十位
      P2=Tab[s/10];                    //显示十位数值
      delay(1);                        //动态扫描延时
      P3=0x02;;                        //点亮小时的数码管个位
      P2=Tab[s%10];                    //显示个位数值
      delay(1);                        //动态扫描延时
    }
```

/***
函数功能：显示"-"子程序   进行键盘扫描
***/
```
    void display()
    {
      P3=0x24;                         //点亮 "-" 数码管
      P2=Tab[10];                      //取数值 P2=0xbf
      delay(1);                        //动态扫描延时
    }
```

/***
函数功能：独立键盘扫描子程序
***/
```
    void keyscan()
    {
      if(S1==0)                        //功能键按下
      {
        delay(5);                      //消抖延时
        if(S1==0)                      //确认功能键按下
        {
          while(!S1);                  //释放确认
          num++;                       //按键次数加 1
          if(num==4)                   //如果按键次数为 4
          num=1;                       //重置按键次数为 1
        }
      }
    }
```

/***
函数功能： 调整时间（时间加减）子程序
***/

```
    void time()
    {
        if(num!=0)                         //当功能键被按下时，加、减键才有效
        {
          if(S2==0)                        //加键按下
          {
           delay(5);                       //消抖延时
             if(S2==0)                     //确认加键按下
             {
               while(!S2);                 //释放确认
               switch(num)                 //使用多分支选择语句
               {
                  case 1:miao++;           //若功能键第一次被按下，调整秒加1
                     if(miao==60)          //秒计满60后，清0
                       miao=0;
                       break;
                  case 2:fen++;            // 若功能键第二次被按下，调整分加1
                     if(fen==60)           //分钟计满60后，清0
                       fen=0;
                       break;
                  case 3:shi++;            // 若功能键第三次被按下，调整小时加1
                     if(shi==24)           //小时计满24后，清0
                       shi=0;
                       break;
                 }
              }
          }
          if(S3==0)                        //减键按下
          {
           delay(5);
             if(S3==0)
             {
               while(!S3);
               switch(num)
               {
                  case 1:miao--;           //若功能键第一次被按下，调整秒减1
                     if(miao<0)            //秒小于0，则将其重置为59
                       miao=59;
                       break;
                  case 2:fen--;            //若功能键第二次被按下，调整分减1
                     if(fen<0)             //分小于0，则将其重置为59
                       fen=59;
                       break;
                  case 3:shi--;            //若功能键第三次被按下，调整小时减1
                     if(shi<0)             //小时小于0，则将其重置为23
                       shi=23;
                       break;
                 }
              }
```

```
                }
            }
        }
/*************************************************************
函数功能：主函数
*************************************************************/
    void main(void)
    {
        EA=1;                          //开总中断
        ET0=1;                         //定时器 T0 中断允许
        TMOD=0x01;                     //使用定时器 T0 的模式 1
        TH0=(65536-46083)/256;         //定时器 T0 的高 8 位赋初值
        TL0=(65536-46083)%256;         //定时器 T0 的低 8 位赋初值
        int_Countor=0;                 //从 0 开始累计中断次数
        miao=0;                        //秒、分、小时置初值
        fen=0;
        shi=0;
        while(1)                       //无限循环
        {
          keyscan();                   //调用独立按键扫描子程序
          time();                      //调用调整时间（时间加减）子程序
        displaymiao(miao);             //调用秒显示子程序
        delay(1);
            displayfen(fen);           //调用分显示子程序
        delay(1);
            displayshi(shi);           //调用小时显示子程序
        delay(1);
            display();                 //调用"-"显示子程序
        delay(1);
        TR0=1;                         //启动定时器 T0
        }
    }
/*************************************************************
函数功能：定时器 0 的中断服务子程序
*************************************************************/
    void time0_interserve(void) interrupt 1 using 1    //定时器 T0 的中断编号为 1，使用第一组寄存器
    {
        TR0=0;                         //关闭定时器 T0
        int_Countor++;                 //中断次数自加 1
        if(int_Countor==20)            //够 20 次中断,即 1 秒钟进行一次检测结果采样
          {
            int_Countor=0;             //中断次数清 0
            miao++;                    //秒加 1
          if(miao>=60)                 //秒加到 60，则进位分
          {
            miao=0;                    //秒清 0
            fen++;                     //分加 1
          if(fen>=60)                  //分加到 60，则进位小时
          {
```

```
              fen=0;                        //分清 0
             shi++;                         //小时加 1
          if(shi>=24)                       //小时加到 24，则清 0
           {
            shi=0;                          //中断次数清 0
             }
          TH0=(65536-46083)/256;            //重新给计数器 T0 赋初值
          TL0=(65536-46083)%256;
          TR0=1;                            //启动定时器 T0
           }
          }
         }
     }
```

2.9.4 用 Proteus 软、硬件仿真运行

案例 18 的软、硬件仿真运行效果如图 2-38 所示。案例 18 的对象选择器显示窗口如图 2-39 所示。

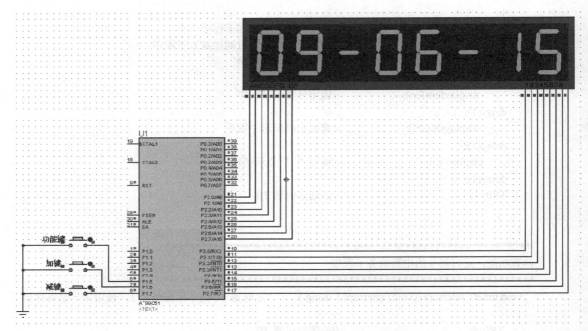

图 2-38 电子钟的仿真效果图

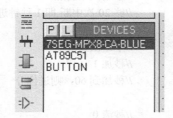

图 2-39 案例 18 的对象选择器显示窗口

2.9.5 电子钟的设计与实现

1. 系统方案设计

根据工作任务要求，选用 AT89C51 单片机、按钮电路、复位电路、电源和 8 个 LED 数码管构成工作系统，完成对 8 个 LED 数码管显示器控制。该系统方案设计框图，如图 2-40 所示。

2. 系统硬件设计

本设计选用 AT89S51 芯片（MCU01 主机模块）、"+5V"电源和"GND"地（MCU02 电源模块）、按钮电路（MCU06指令模块）、8 位 LED 数码管（MCU04 显示模块）和SL-USBISP-A 在线下载器。由于主机模块上已经接有时钟电路（晶振电路）和复位电路，故只需要连接按钮电路、8位 LED 数码管电路和"+5V"电源与"GND"地即可。

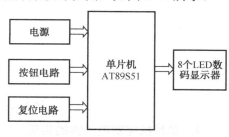

图 2-40　系统方案设计框图

电子钟的设计与实现实物电路连接示意图，如图 2-41所示。单片机的 P2 端口与 8 位 LED 数码管相连；单片机的 P1.7、P1.6、P1.5 端口与按钮电路的ROW0、ROW1、ROW2 输入相连。

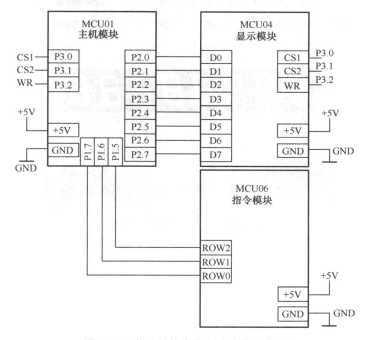

图 2-41　电子钟的实物电路连接示意图

3. 系统软件设计

1）主程序模块设计

电子钟的主程序模块设计流程图，如图 2-42 所示。

2）软件程序

在编译软件 Keil μVision 中，新建项目→新建源程序文件（见 2.9.3 节，案例 18 电子钟的设计）→将新建的源程序文件加载到项目管理器→编译程序→调试程序至成功。

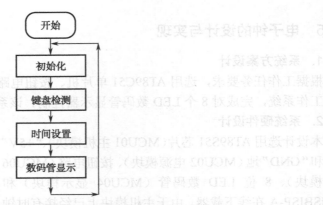

图 2-42　电子钟的主程序模块设计流程图

4. 单片机控制电子钟的实现

用 "SL-USBISP-A 在线下载器" 将编译好的程序下载到 AT89S51 芯片中→实物运行。

电子钟的实物运行效果图，如图 2-43 所示。

图 2-43　电子钟的运行效果图

项目3 简易电子琴的设计与实现

3.0 项目3任务描述

电子音乐在娱乐、媒体和个人生活的多个方面都有广泛的应用，本项目的工作任务是采用单片机来设计一个简易电子琴。电子琴有16只音乐输入键盘，可以进行简单的演奏。本项目从认识单片机的串行通信方式开始，通过单片机双机通信及单片机与PC通信任务的学习与工作，学会单片机串行通信的基本使用方法，可以通过数据交换实现对设备的控制。在收集串行通信应用相关资料的基础上，进行简易电子琴的任务分析和计划制订，硬件电路和软件程序的设计，完成单片机控制的简易电子琴的设计与实现。

MCS-51单片机内部有一个全双工的串行通信口，即串行接收和发送缓冲器（SBUF），这两个在物理上独立的接收发送器，既可以接收数据也可以发送数据。但接收缓冲器只能读出不能写入，而发送缓冲器则只能写入不能读出，它们的地址为99H。这个通信口既可以用于网络通信，也可实现串行异步通信，还可以构成同步移位寄存器使用。如果在串行口的输入/输出引脚上加上电平转换器，就可方便地构成标准的RS-232接口。在本项目中，利用此串行通信口，进行电路连接和程序设计，完成多机通信和上位机通信的项目任务。

3.0.1 项目目标

（1）正确认识单片机实现串行通信的应用、结构与编程方法；清楚串行通信基础中的通信分类和通信制式；初步具备使用串行通信功能来解决实际问题的能力；初步具备使用串行口中断功能来解决实际问题的能力。

（2）对必要的工作任务进行规划、设计；分配任务，确定一个时间进程表。

（3）选择一个（合作）伙伴，伙伴之间合作式地工作，各尽其责，独立完成自己的任务，并谨慎认真地对待工作资料。

（4）能够根据项目任务要求，自主利用资源（手册、参考书籍、网络等）解决学习过程中遇到的实际问题，并完成与单片机通信有关的仿真应用。

（5）能够按照设计任务要求，完成简易电子琴的设计与实现。

（6）工作任务结束后，学会总结和分析，积累经验，找出不足，形成有效的工作方法和解决问题的思维模式。

（7）通过与其他小组交流，检查（修订）自身的工作结果，展示汇报。

（8）反思自己的工作过程与结果，并进行优化，提出改善性意见。

3.0.2 项目内容

（1）认识单片机串行通信的基础知识。

（2）能进行单片机外围设备的连接和相关编程、时间设定。

（3）了解单片机串行通信相关寄存器的应用方法。

（4）使用Keil C语言编写软件源程序，完成项目任务，并进行编译调试。

（5）根据设计任务的要求，设计出简易电子琴的硬件电路图，并进行硬件调试。

（6）软硬件联调，并成功地进行仿真运行。

（7）根据工作任务完成一般性控制任务的计划、电路的安装制作、简单编程、接线、下载及任务正确实现。

（8）根据需要，完成小组内部的交流或在全班展示汇报并提出改善性意见。

（9）进行"简单电子琴的设计与实现"的项目能力评价。

3.0.3 项目能力评价

教育组织者可以根据学习者的学习反馈和本身具有的设备资源情况，制定项目能力评价体系，以下"项目能力评价表"供大家参考。教育组织者可以让学习者自评、互评或者教育组织者评价，又或联合评价，加权算出平均值进行最终评价。

项目能力评价表

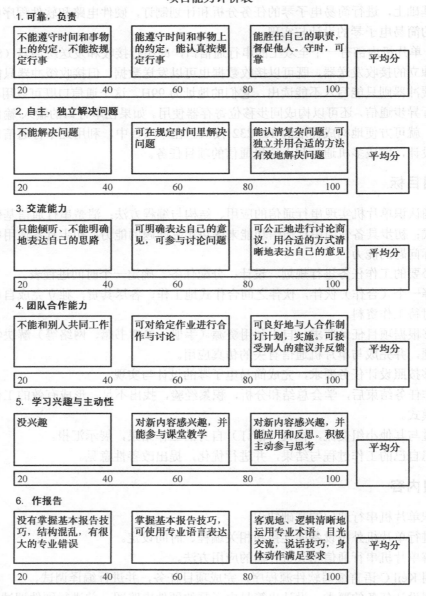

3.1 任务 1 认识串行通信和串行通信口

3.1.1 串行通信的基本概念

1. 数据通信的传输方式

常用于数据通信的传输方式有单工、半双工、全双工和多工方式。

（1）单工方式：数据仅按一个固定方向传送。因而这种传输方式的用途有限，常用于串行口的打印数据传输与简单系统间的数据采集。

（2）半双工方式：数据可实现双向传送但不能同时进行，实际的应用采用某种协议实现收/发开关转换。

（3）全双工方式：允许双方同时进行数据双向传送，但一般全双工传输方式的线路和设备较复杂。

（4）多工方式：以上三种传输方式都是用同一线路传输一种频率信号，为了充分利用线路资源，可通过使用多路复用器或多路集线器，采用频分、时分或码分复用技术，即可实现在同一线路上资源共享功能，称为多工传输方式。

2. 串行数据通信的两种形式

（1）异步通信：在这种通信方式中，接收器和发送器有各自的时钟，它们的工作是非同步的，异步通信用一帧来表示一个字符，其内容是一个起始位，紧接着是若干个数据位。

（2）同步通信：同步通信格式中，发送器和接收器由同一个时钟源控制，为了克服在异步通信中，每传输一帧字符都必须加上起始位和停止位，占用了传输时间，在要求传送数据量较大的场合，速度就慢得多。同步传输方式去掉了这些起始位和停止位，只在传输数据块时先送出一个同步头（字符）标志即可。

同步传输方式比异步传输方式速度快，这是它的优势。但同步传输方式也有其缺点，它必须用一个时钟来协调收发器的工作，所以它的设备比较复杂。

3.1.2 认识单片机串行口

MCS-51 系列单片机片内有一个串行 I/O 端口，通过引脚 RXD(P3.0) 和 TXD(P3.1) 可与外设电路进行全双工的串行异步通信。

1. 串行端口的基本特点

AT89S51 单片机的串行端口有 4 种基本工作方式，通过编程设置，可以使其工作在任一方式，以满足不同应用场合的需要。其中，方式 0 主要用于外接移位寄存器，以扩展单片机的 I/O 电路；方式 1 多用于双机之间或与外设电路的通信；方式 2、3 除有方式 1 的功能外，还可作为多机通信，以构成分布式多微机系统。

串行端口有两个控制寄存器，用来设置工作方式、发送或接收的状态、特征位、数据传送的波特率（每秒传送的位数）以及作为中断标志等。

串行端口有一个数据寄存器 SBUF（在特殊功能寄存器中的字节地址为 99H），该寄存器为发送和接收所共用。发送时，只写不读；接收时，只读不写。在一定条件下，向 SBUF 写入数据可以启动发送过程；读 SBUF 可以启动接收过程。

串行通信的波特率可以程控设定。在不同工作方式中，由时钟振荡频率的分频值或由定时器 T1 的定时溢出时间确定，使用十分方便、灵活。

2. 串行端口的控制寄存器

串行端口共有 2 个控制寄存器 SCON 和 PCON，用以设置串行端口的工作方式、接收/发送的运行状态、接收/发送数据的特征、波特率的大小，以及作为运行的中断标志等。

3. 串行数据通信的传输速率

串行数据传输速率有两个概念，即每秒转送的位数 bps（bit per second）和每秒符号数——波特率（Band Rate），在具有调制解调器的通信中，波特率与调制速率有关。

3.1.3 单片机串行通信口的控制

串行口控制寄存器 MCS-51 单片机串行口寄存器结构，如表 3-1 所示。SBUF 为串行口的收发缓冲器，它是一个可寻址的专用寄存器，其中包含了接收器和发送器寄存器，可以实现全双工通信，但这两个寄存器具有同一地址（99H）。MCS-51 的串行数据传输很简单，只要向发送缓冲器写入数据即可发送数据，而从接收缓冲器读出数据即可接收数据。

此外，接收缓冲器前通常加上一级输入移位寄存器，MCS-51 这种结构的目的在于接收数据时避免发生数据帧重叠现象，以免出错，部分文献称这种结构为双缓冲器结构。而发送数据时就不需要这样设置，因为发送时，CPU 是主动的，不可能出现这种现象。

1）串行通信控制寄存器

SCON 控制寄存器，它是一个可寻址的专用寄存器，用于串行数据的通信控制，单元地址是98H，其结构格式如表 3-1 所示。

表 3-1　SCON 寄存器结构

SCON	D7	D6	D5	D4	D3	D2	D1	D0
	SM0	SM1	SM2	REN	TB8	RB8	TI	RI
位地址	9FH	9EH	8DH	9CH	9BH	9AH	99H	98H

下面对各控制位功能介绍如下。

（1）SM0、SM1：串行口工作方式控制位，功能如表 3-2 所示。

表 3-2　SM0、SM1 串行口工作方式设置

SM0　SM1	工　作　方　式	功　能　描　述	波　特　率
0　　0	方式 0	8 位移位寄存器	$f_{osc}/12$
0　　1	方式 1	10 位 UART	可变
1　　0	方式 2	11 位 UART	$f_{osc}/64$ 或 $f_{osc}/32$
1　　1	方式 3	11 位 UART	可变

（2）SM2：多机通信控制位。多机通信工作于方式 2 和方式 3，SM2 位主要用于方式 2 和方式 3。接收状态，当串行口工作于方式 2 或方式 3，以及 SM2=1 时，只有当接收到第 9 位数据（RB8）为 1 时，才把接收到的前 8 位数据送入 SBUF，且置位 RI 发出中断申请，否则，会将接收到的数据放弃。当 SM2=0 时，就不管第 9 位数据是 0 还是 1，都将数据送入 SBUF，并发出中断申请。工作于方式 0 时，SM2 必须为 0。在方式 1 中，当 SM2=1 时，则只有接收到有效停止位时，RI才置 1。

（3）REN：允许接收位。REN 用于控制数据接收的允许和禁止，REN=1 时，允许接收，REN=0时，禁止接收。

（4）TB8：发送数据位 8。在方式 2 和方式 3 中，TB8 是要发送的第 9 位数据位。在多机通信中同样也要传输这一位，并且它代表传输的是地址还是数据，TB8=0 时为数据，TB8=1 时为地址。

（5）RB8：接收数据位 8。在方式 2 和方式 3 中，RB8 存放接收到的第 9 位数据，用以识别接收到的数据特征。

（6）TI：发送中断标志位。方式 0 时，发送完第 8 位数据后，由硬件置位；在其他方式下，在发送或停止位之前由硬件置位，因此，TI=1 表示帧发送结束，TI 可由软件清 0。

（7）RI：接收中断标志位。方式 0 时，接收完第 8 位数据后，该位由硬件置位，在其他工作方式下，发送或停止位的中间由硬件置位，RI=1 表示帧接收完成。

2）电源控制寄存器 PCON

PCON 为电源控制，而设置的专用寄存器，单元地址是 87H，其结构格式如表 3-3 所示。

表 3-3　PCON 寄存器结构

PCON	D7	D6	D5	D4	D3	D2	D1	D0
位符号	SMOD	—	—	—	GF1	GF0	PD	IDL

PCON 中只有 SMOD 位与串口通信有关。SMOD 是串行口波特率倍增位，串口通信方式 1、2 和 3 时有效。当 SMOD=1 时，串行口波特率加倍。系统复位默认为 SMOD=0。

3）中断允许寄存器 IE

中断允许寄存器对串行口有影响的位 ES。ES 为串行中断允许控制位，ES=1 允许串行中断，ES=0 禁止串行中断，如表 3-4 所示。

表 3-4　IE 中断允许控制寄存器结构

位符号	EA	—	—	ES	ET1	EX1	ET0	EX0
位地址	AFH	AEH	ADH	ACH	ABH	AAH	A9H	A8H

3.1.4　单片机串行通信口的工作方式

1. 方式 0

8 位移位寄存器输入/输出方式，多用于外接移位寄存器以扩展 I/O 端口。波特率固定为 f_{osc}/12。其中，f_{osc} 为时钟频率。

在方式 0 中，串行端口作为输出时，只要向串行缓冲器 SBUF 写入一字节数据后，串行端口就把此 8 位数据以固定的波特率，从 RXD 引脚逐位输出（从低位到高位）；此时，TXD 输出频率为 f_{osc}/12 的同步移位脉冲。数据发送前，尽管不使用中断，中断标志 TI 必须清零，8 位数据发送完后，TI 自动置 1。如要再发送，必须用软件将 TI 清零。

串行端口作为输入时，RXD 为数据输入端，TXD 仍为同步信号输出端，输出频率为 f_{osc}/12 的同步移位脉冲，使外部数据逐位移入 RXD。当接收到 8 位数据（一帧）后，中断标志 RI 自动置 1。如果再接收，必须用软件先将 RI 清零。

串行方式 0 发送和接收的时序过程，如图 3-1 所示。

2. 方式 1

10 位异步通信方式。其中，1 个起始位（0），8 个数据位（由低位到高位）和 1 个停止位（1）。波特率由定时器 T1 的溢出率和 SMOD 位的状态确定。一条写 SBUF 指令就可启动数据发送过程。在发送移位时钟（由波特率确定）的同步下，从 TXD 先送出起始位，然后是 8 位数据位，最后是停止位。这样的一帧 10 位数据发送完后，中断标志 TI 置位。

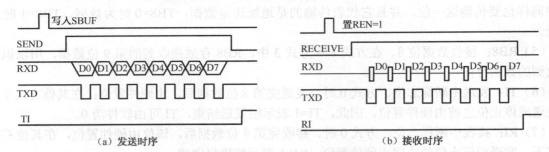

图 3-1　串行方式 0 发送和接收的时序

在允许接收的条件下（REN=1），当 RXD 出现由 1~0 的负跳变时，即被当做串行发送来的一帧数据的起始位，从而启动一次接收过程。当 8 位数据接收完，并检测到高电平停止位后，即把接收到的 8 位数据装入 SBUF，置位 RI，一帧数据的接收过程就完成了。

方式 1 的数据传送波特率可以编程设置，使用范围宽，其计算式为
$$波特率 = 2^{SMOD}/32 \times 定时器 \text{ T1 的溢出率}$$

式中，SMOD 是控制寄存器 PCON 中的一位程控位，其取值有 0 和 1 两种状态。显然，当 SMOD=0 时，波特率=1/32×定时器 T1 溢出率，而当 SMOD=1 时，波特率=1/16×定时器 T1 溢出率。定时器的溢出率是指定时器一秒钟内的溢出次数。波特率的算法以及要求一定波特率时定时器定时初值的求法，后面将详细讨论。

串行方式 1 的发送和接收过程的时序，如图 3-2 所示。

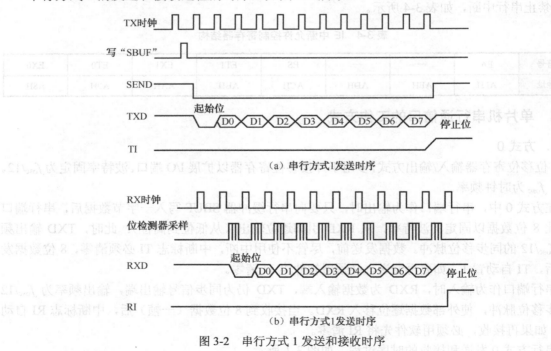

图 3-2　串行方式 1 发送和接收时序

3．方式 2、3

11 位异步通信方式。其中，1 个起始位（0），8 个数据位（由低位到高位），1 个附加的第 9 位和 1 个停止位（1）。方式 2 和方式 3 除波特率不同外，其他性能完全相同。方式 2、3 的发送和接收时序，如图 3-3 所示。

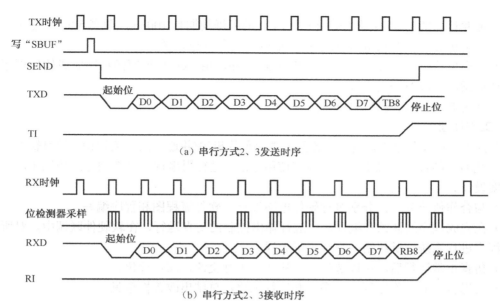

（a）串行方式2、3发送时序

（b）串行方式2、3接收时序

图3-3　方式2、方式3发送和接收时序

由图3-3可知，方式2和方式3与方式1的操作过程基本相同，主要差别在于方式2、3有第9位数据。发送时，发送机的第9位数据来自该机SCON中的TB8，而接收机将接收到的第9位数据送入本机SCON中的RB8。第9位数据通常作为数据的奇偶检验位，或在多机通信中作为地址/数据的特征位。

方式2和方式3的波特率计算式如下：

方式2的波特率=$2^{SMOD}/64 \times f_{osc}$。

方式3的波特率=$2^{SMOD}/32 \times$定时器T1的溢出率。

由此可见，在晶振时钟频率一定的条件下，方式2只有两种波特率，而方式3可通过编程设置成多种波特率，这正是这两种方式的差别所在。

3.1.5　串行口的应用方式

89C51单片机串行口基本上是异步通信接口，但在方式0时是同步操作。外接串入—并出或并入—串出器件，可实现I/O的扩展。

串行口的数据传送可以采用中断方式，也可以采用查询方式。无论哪种方式，都要借助于TI或RI标志。在串行口发送时，或者靠TI置位后引起中断申请，在中断服务程序中发送下一组数据；或者通过查询TI的值，只要TI为0继续查询，直到TI为1后结束查询，进入下一个字符的发送。在串行口接收时，由RI引起中断或对RI查询来决定何时接收下一个字符。无论采用什么方式，在开始串行通信前，都要先对SCON寄存器初始化，进行工作方式的设置。例如，在方式0中，SCON寄存器的初始化，只是简单把00H送入SCON就可以了。

3.2　任务2　单片机的单机通信

3.2.1　任务与计划

1．任务要求

（1）使用单片机的串行口通信控制方式，设计用串行口以查询方式，进行串/并之间的转换控制，输出使并行口的 LED 左移闪烁显示，LED 的闪烁周期是 100ms，即亮 50ms，熄灭 50ms。

（2）使用仿真软件 Proteus 设计能够完成任务的硬件原理图。

（3）使用单片机程序设计工具软件 Keil μVision，用 Keil C 编写源程序完成软件程序设计并进行软件调试，生成 HEX 文件。

（4）使用 Proteus 软硬件仿真运行。

2. 工作计划

（1）首先进行任务分析，根据任务要求学习单片机串/并通信的相关知识，学习软件编程所需的 C 语言内容，结合单片机串口的功能和使用方法，进行用串行口以查询方式控制 16 位 LED 闪烁的方案设计。

（2）与合作伙伴分工，分别进行硬件电路设计、软件流程图和程序编写。

（3）在完成程序的调试和编译后，进行输出控制的仿真运行，在软硬件联调中，对所设计的电路和程序进行系统调试纠错，直至正确无误。

（4）仿真正常运行后，可以选择适当的形式进行交流，演示评价。

（5）反思自己的工作过程与结果，并进行优化，总结出改善性意见。

3.2.2 数据通信

在实际工作中，计算机的 CPU 与外部设备之间常常要进行信息交换，一台计算机与其他计算机之间往往也要交换信息，所有这些信息交换均可称为通信。通信方式有两种，即并行通信和串行通信。通常根据信息传送的距离决定采用哪种通信方式。例如，在 PC 与外部设备（如打印机等）通信时，如果距离较近，可采用并行通信方式；当距离较远时，则要采用串行通信方式。AT89S51 单片机具有并行和串行两种基本通信方式。

并行通信是指数据的各位同时进行传送（发送或接收）的通信方式。

优点：传送速度快。

缺点：数据有多少位，就需要多少根传送线。

例如，AT89S51 单片机与打印机之间的数据传送属于并行通信。图 3-4 所示为 AT89S51 单片机与外设间 8 位数据并行通信的连接方法。

并行通信在位数多、传送距离远时，不太合适。而串行通信的情况与并行通信不同。串行通信指数据是一位一位按顺序传送的通信方式。

优点：只需一对传输线（利用电话线就可作为传输线），这样就大大降低了传输成本，特别适用于远距离通信。

缺点：传送速度较低。假设并行传送 N 位数据所需时间为 T，串行传送的时间至少为 NT，实际上总是大于 NT 的。图 3-5 所示为串行通信方式的连接方法。

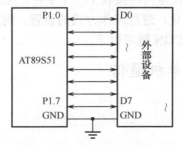

图 3-4　AT89S51 单片机与外设间 8 位数
据并行通信的连接方法

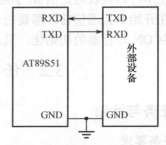

图 3-5　AT89S51 单片机与外设间
串行通信方式的连接方法

3.2.3 软件程序设计

案例 19：用两片 8 位串入并出移位寄存器 74HC164 扩展 16 位输出接 LED 流水点亮。

```
//案例19：用两片8位串入并出移位寄存器74HC164，扩展16位输出接口的左移运算
#include<reg51.h>                      //包含51单片机寄存器定义的头文件
#include<intrins.h>                    //包含函数_nop_（）定义的头文件
unsigned char code Tab[]={0x7f,0xBF,0xDF,0xEF,0xF7,0xFB,0xFD,0xfe};
                                       //流水灯控制码，该数组被定义为全局变量
/**********************************************************
函数功能：延时约150ms
**********************************************************/
 void delay(void)
 {
    unsigned char m,n;
       for(m=0;m<250;m++)
        for(n=0;n<250;n++)
           ;
 }
/**********************************************************
函数功能：发送一个字节的数据
**********************************************************/
void Send(unsigned char dat)
{
    _nop_();                           //延时一个机器周期
    _nop_();                           //延时一个机器周期，保证清0完成
    SBUF=dat;                          //将数据写入发送缓冲器，启动发送
    while(TI==0)                       //若没有发送完毕，等待
      ;
    TI=0;                              //发送完毕，TI被置1，需将其清0
}
/**********************************************************
函数功能：主函数
**********************************************************/
void main(void)
  {
   unsigned char i;
   SCON=0x00;                          //SCON=0000 0000B，使串行口工作于方式0
     while(1)
     {
        for(i=0;i<8;i++)
         {
           Send(Tab[i]);               //发送数据
             delay();                  //延时
         }
     }
  }
```

3.2.4 硬件仿真原理图

　　根据工作任务要求，选用 AT89C51 单片机、时钟电路、复位电路、电源、2 个 74164 移位寄存器和 16 个 LED 构成工作系统，完成对 16 个 LED 灯的控制。该系统方案设计的硬件仿真参考原理图如图 3-6 所示。所需要的元件如图 3-7 所示。

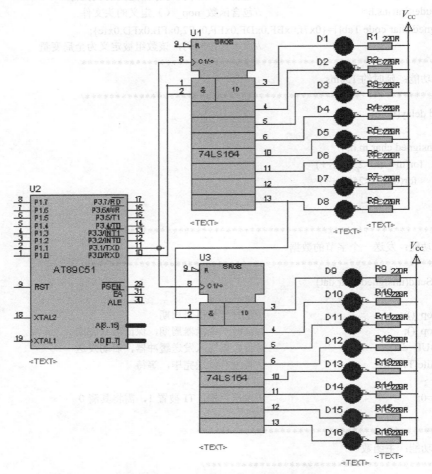

图 3-6　案例 19 的硬件仿真参考原理图

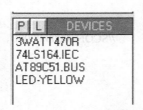

图 3-7　案例 19 的设计对象选择器显示窗口

3.2.5 用 Proteus 软硬件仿真运行

　　将编译好的"案例 19.hex"文件载入"AT89C51"单片机，在仿真环境中单击"运行"按钮，进入仿真运行状态。左移运算流水点亮两个 74164 输出口 8 位 LED 仿真效果，如图 3-8 所示。

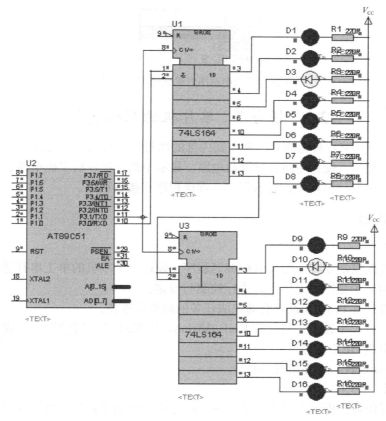

图 3-8　串入并出左移运算流水点亮 LED 仿真效果图

3.2.6　提高练习

提高练习：使用两个 74LS164 右移运算流水点亮 8 位 LED 灯。

3.2.7　拓展练习

拓展练习：利用 74ALS165 进行串行口的并行输入，参考电路如图 3-9 和图 3-10 所示，请学习者考虑如何进行程序的编写。

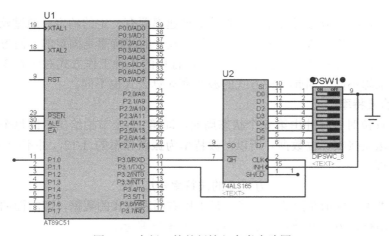

图 3-9　串行口的并行输入参考电路图

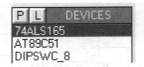

图 3-10　参考电路图对象选择器显示窗口

3.3　任务 3　单片机的双机通信

设计以 AT89S51 单片机为核心，利用其内部的串行口，通过硬件与软件相结合的方式，实现双机的单工串行通信。硬件电路包括键盘电路、显示电路、单片机主控电路、串行通信线和电源电路。软件包括键盘扫描程序、显示程序、发送程序和接收程序。

3.3.1　任务与计划

1.　任务要求

（1）使用单片机控制方式，用 Keil C 编写程序，设计一个双机的单工串行通信系统，能够对双机的串行通信的显示花样和通信方式进行控制与设定。

（2）使用仿真软件 Proteus 设计能够完成任务的硬件原理图。

（3）使用单片机程序设计工具软件 Keil μVision，用 Keil C 编写源程序完成软件程序设计并进行软件调试，生成 HEX 文件。

（4）使用 Proteus 软、硬件仿真运行。

2.　工作计划

（1）首先进行任务分析，根据任务要求学习串行通信的相关知识，收集单片机串行通信的相关资料，学习软件编程所需的 C 语言内容，结合单片机串行通信的功能和使用方法，进行双机的单工串行通信方案设计。

（2）与合作伙伴分工，分别进行硬件电路设计、软件流程图和程序编写。

（3）在完成程序的调试和编译后，进行双机的单工串行通信的仿真运行，在软硬件联调中，对所设计的电路和程序进行系统调试纠错，直至正确无误。

（4）仿真正常运行后，可以选择适当的形式进行交流，演示评价。

（5）反思自己的工作过程与结果，并进行优化，总结出改善性意见。

3.3.2　波特率计算

在串行通信中，收发双方对发送或接收的数据速率要有一定的约定，通过软件对 MCS-51 串行口编程可约定 4 种工作方式。其中，方式 0 和方式 2 的波特率是固定的，而方式 1 和方式 3 的波特率是可变的，由定时器 T1 的溢出率决定。串行口的 4 种工作方式对应着 3 种波特率。由于输入移位时钟的来源不同，因此各种方式的波特率计算公式也不同。

1.　方式 0 的波特率

方式 0 时，移位时钟脉冲由第 6 个状态周期，即第 12 个节拍给出，即每个机器周期产生一个移位时钟，发送或接收一位数据。所以，波特率为振荡频率的 1/12，并不受 PCON 寄存器中 SMOD 的影响，即

$$方式 0 的波特率 \cong f_{osc}/12$$

注意，符号"$\cong$"表示左面的表达式只是引用右面表达式的数据，即右面的表达式提供了一种计算的方法。串行口方式 0 波特率的产生，如图 3-11 所示。

图 3-11　串行口方式 0 波特率的产生

2. 方式 2 的波特率

串行口方式 2 波特率的产生与方式 0 不同，即输入的时钟源不同，其时钟输入部分，如图 3-12 所示。控制接收与发送的移位时钟由振荡频率 f_{osc} 的第二节拍 P2 时钟（即 $f_{osc}/2$）给出，所以，方式 2 波特率取决于 PCON 中 SMOD 位的值：当 SMOD=0 时，波特率为 f_{osc} 的 1/64；若 SMOD=1，则波特率为 f_{osc} 的 1/32，即

$$方式 2 的波特率 \cong f_{osc} \times 2^{SMOD}/64$$

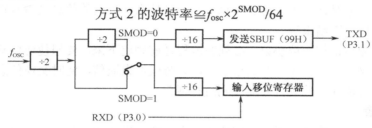

图 3-12　串行口方式 2 波特率的产生

3. 方式 1 和方式 3 的波特率

方式 1 和方式 3 的移位时钟脉冲由定时器 T1 的溢出率决定，故波特率由定时器 T1 的溢出率与 SMOD 值同时决定，即

$$方式 1、方式 3 波特率 \cong \frac{2^{SMOD}}{32} \times T1 溢出率$$

其中，溢出率取决于计数速率和定时器的预置值。计数速率与 TMOD 寄存器中 C/$\overline{T}$ 的状态有关。当 C/$\overline{T}$=0 时，计数速率=$f_{osc}/2$；当 C/$\overline{T}$=1 时，计数速率取决于外部输入时钟频率。

当定时器 T1 作波特率发生器使用时，通常选用可自动装入初值模式（工作方式 2），在工作方式 2 中，TL1 作为计数用，而自动装入的初值放在 TH1 中，设计数初值为 X，则每过 "256-X" 个机器周期，定时器 T1 就会产生一次溢出。为了避免因溢出而引起中断，此时，应禁止 T1 中断。这时，溢出周期为

$$\frac{12}{f_{osc}}(256-X)$$

溢出率为溢出周期的倒数，则有

$$波特率 \cong \frac{2^{SMOD}}{32} \times \frac{f_{osc}}{12 \times (256-X)}$$

例如：AT89S51 单片机时钟脉冲振荡频率为 11.0592MHz，选用定时器 T1 工作模式 2 作为波特率发生器，波特率为 2400b/s，求初值 X。

解：设置波特率控制位(SMOD)=0

$$X \cong 256 - \frac{11.0592 \times 10^6 \times 1}{384 \times 2400} = 244 = F4H$$

所以，(TH1)=(TL1)=F4H。

系统晶体振荡频率选为 11.0592MHz 是为了使初值为整数，从而产生精确的波特率。如果串行通信选用很低的波特率，可将定时器 T1 置于模式 0 或模式 1，即 13 位或 16 位定时方式；但在这种情况下，T1 溢出时，需用中断服务程序重装初值。中断响应时间和执行指令时间会使波

特率产生一定的误差，可用改变初值的方法加以调整。

3.3.3　双机之间的串行通信设计原理

在异步通信中，收、发双方必须事先规定两件事：一是字符格式，即规定字符各部分所占的位数，是否采用奇偶校验，以及校验方式（偶校验还是奇校验）等通信协议；二是采用的波特率，以及时钟频率和波特率的比例关系。

1. 通信协议

要想保证通信成功，通信双方必须有一系列的约定，例如，作为发送方，必须知道什么时候发送信息，发什么，对方是否收到，收到的内容有没有错，要不要重发，怎样通知对方结束等。作为接收方，必须知道对方是否发送了信息，发的是什么，收到的信息是否有错，如果有错怎样通知对方重发，怎样判断结束等。

这种约定就称为通信规程或协议，必须在编程之前确定下来。要想使通信双方能够正确交换信息和数据，在协议中对什么时候开始通信，什么时候结束通信，何时交换信息等都必须作出明确的规定，只有双方遵守这些规定才能顺利进行通信。

2. 波特率设置

在串行通信中，一个重要的指标是波特率，它反映了串行通信的速率，也反映了对于传输通道的要求。波特率越高，要求传输通道的频带越宽。一般异步通信的波特率为 50～9600b/s。

在异步通信双方各用自己的时钟源，要保证捕捉到的信号正确，最好采用较高频率的时钟。一般选择时钟频率比波特率高 16 倍或 64 倍。若是时钟频率等于波特率，则频率稍有偏差便会产生接收错误。

两个单片机之间进行通信波特率的设定，最终归结到对定时计数器 T1 计数初值 TH1、TL1 进行设定。本质上是通过键盘扫描得到设定的波特率，从而载入相应的 T1 计数初值 TH1、TL1 实现的。

如串口通信线路过长，可考虑采用 MAX232 进行电平转换，以延长传输距离。值得注意的是，为了减少计算载入初值时的误差，最好采取 11.0592MHz 的晶振。

3.3.4　软件程序设计

1. 程序流程图

图 3-13 所示为主机程序流程图，图 3-14 所示为从机程序流程图。

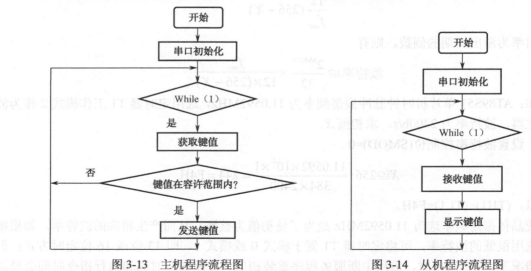

图 3-13　主机程序流程图　　　　　图 3-14　从机程序流程图

2. 单片机的双机通信程序

案例 20：完成单片机与单片机之间的通信。

要求：

① 主机发送，串口工作于方式 3，串口控制字为 11010000B，主机发送键盘输入的键号，从机接收键号，并在最右边的八段数码管，以十六进制数的方式显示出来。

② 通信协议：以方式 3 工作，波特率为 9600b/s，信息格式为 8 个数据位，1 位奇偶校验位，SM2 为 0，无论 TB8 和 RB8 为 0 或者 1，都可以接收。

1）主机程序设计

```c
//案例 20（主机）：完成单片机与单片机之间的通信
#include<reg51.h>
#define uchar unsigned char
sbit P14=P1^4;              //将 P14 位定义为 P1.4 引脚
sbit P15=P1^5;              //将 P15 位定义为 P1.5 引脚
sbit P16=P1^6;              //将 P16 位定义为 P1.6 引脚
sbit P17=P1^7;              //将 P17 位定义为 P1.7 引脚
sbit p=PSW^0;
unsigned char keyval;       //定义变量储存按键值
void delay(uchar);          //延时程序
void key();
void Send(unsigned char);
/*******************************************************
函数功能：主函数
*******************************************************/
void main(void)
{
    TMOD=0x20;              //TMOD=0010 0000B，定时器 T1 工作于方式 2
    SCON=0xc0;             //SCON=1100 0000B，串口工作方式 3
                           //SM2 置 0，不使用多机通信，TB8 置 0
    PCON=0x00;             //PCON=0000 0000B，波特率为 9600
    TH1=0xfd;              //根据规定给定时器 T1 赋初值
    TL1=0xfd;              //根据规定给定时器 T1 赋初值
    TR1=1;                 //启动定时器 T1
    while(1)
    {
        key();
        if(keyval<16)
        {
            Send(keyval);   //发送数据 i
                delay(50);  //50m 延时
        }
    }
}
void delay(uchar n)        //延时子程序
{
    char j;
    while(n--)
        for(j=1;j<122;j++)
```

```
                {;}
}
/**************************************************
函数功能：向 PC 发送一个字节数据
**************************************************/
void Send(unsigned char dat)
{
    ACC=dat;
    TB8=p;
    SBUF=dat;
    while(TI==0)
        ;
    TI=0;
}
 /**************************************************
函数功能：获取键值
**************************************************/
void key()
  {
    //TR0=0;                    //关闭定时器 T0
    P1=0xf0;                    //所有行线置为低电平"0"，所有列线置为高电平"1"
      if((P1&0xf0)!=0xf0)       //列线中有一位为低电平"0"，说明有键按下
        delay(20);              //延时一段时间、软件消抖
      if((P1&0xf0)!=0xf0)       //确实有键按下
        {
          P1=0xfe;              //第一行置为低电平"0"（P1.0 输出低电平"0"）
          if(P14==0)            //如果检测到接 P1.4 引脚的列线为低电平"0"
          keyval=1;             //可判断是 S1 键被按下
          if(P15==0)            //如果检测到接 P1.5 引脚的列线为低电平"0"
          keyval=2;             //可判断是 S2 键被按下
          if(P16==0)            //如果检测到接 P1.6 引脚的列线为低电平"0"
          keyval=3;             //可判断是 S3 键被按下
          if(P17==0)            //如果检测到接 P1.7 引脚的列线为低电平"0"
          keyval=4;             //可判断是 S4 键被按下
          P1=0xfd;              //第二行置为低电平"0"（P1.1 输出低电平"0"）
          if(P14==0)            //如果检测到接 P1.4 引脚的列线为低电平"0"
          keyval=5;             //可判断是 S5 键被按下
          if(P15==0)            //如果检测到接 P1.5 引脚的列线为低电平"0"
          keyval=6;             //可判断是 S6 键被按下
          if(P16==0)            //如果检测到接 P1.6 引脚的列线为低电平"0"
          keyval=7;             //可判断是 S7 键被按下
          if(P17==0)            //如果检测到接 P1.7 引脚的列线为低电平"0"
          keyval=8;             //可判断是 S8 键被按下
          P1=0xfb;              //第三行置为低电平"0"（P1.2 输出低电平"0"）
          if(P14==0)            //如果检测到接 P1.4 引脚的列线为低电平"0"
          keyval=9;             //可判断是 S9 键被按下
          if(P15==0)            //如果检测到接 P1.5 引脚的列线为低电平"0"
          keyval=10;            //可判断是 S10 键被按下
          if(P16==0)            //如果检测到接 P1.6 引脚的列线为低电平"0"
```

```
                    keyval=11;             //可判断是 S11 键被按下
                    if(P17==0)             //如果检测到接 P1.7 引脚的列线为低电平"0"
                    keyval=12;             //可判断是 S12 键被按下
                    P1=0xf7;               //第四行置为低电平"0"（P1.3 输出低电平"0"）
                    if(P14==0)             //如果检测到接 P1.4 引脚的列线为低电平"0"
                    keyval=13;             //可判断是 S13 键被按下
                    if(P15==0)             //如果检测到接 P1.5 引脚的列线为低电平"0"
                    keyval=14;             //可判断是 S14 键被按下
                    if(P16==0)             //如果检测到接 P1.6 引脚的列线为低电平"0"
                    keyval=15;             //可判断是 S15 键被按下
                    if(P17==0)             //如果检测到接 P1.7 引脚的列线为低电平"0"
                    keyval=0;              //可判断是 S16 键被按下
                }
        }
```

2）从机程序设计

```
/*串口控制字为 11010000b，方式 3；f_osc=9600，无论 TB8 和 RB8 为 0 或者 1，都可以接收，使数据有
8 位，校验 1 位*/
//案例 20（从机）：完成单片机与单片机之间的通信
#include<reg51.h>
#define uchar unsigned char
sbit p=PSW^0;
uchar code table[]={0xc0,0xf9,0xa4,0xb0,0x99,0x92,0x82,0xf8,0x80,0x90,0x88,
0x83,0xc6,0xa1,0x86,0x8E};
/*****************************************************
函数功能：接收一个字节数据
*****************************************************/
  unsigned char Receive(void)
{
  unsigned char dat;
  while(RI==0)              //只要接收中断标志位 RI 没有被置"1"
       ;                    //等待，直至接收完毕（RI=1）
     RI=0;                  //为了接收下一帧数据，需将 RI 清 0
     ACC=SBUF;              //将接收缓冲器中的数据存于 dat
     if(RB8==p)
       {
          dat=ACC;
          return dat;
       }
}
/*****************************************************
函数功能：主函数
*****************************************************/
  void main(void)
{
  TMOD=0x20;               //定时器 T1 工作于方式 2
  SCON=0xd0;               //SCON=1101 0000B，串口工作方式 3,允许接收（REN=1）
  PCON=0x00;               //PCON=0000 0000B，波特率 9600
  TH1=0xfd;                //根据规定给定时器 T1 赋初值
```

```
        TL1=0xfd;                      //根据规定给定时器 T1 赋初值
        TR1=1;                         //启动定时器 T1
        REN=1;                         //允许接收
        while(1)
        {
                P1=table[Receive()];   //将接收到的数据送 P1 口显示
        }
}
```

3.3.5 硬件仿真原理图

1. 功能要求

单片机双机通信接口应用，需要完成单片机与单片机之间的通信，主机发送键盘输入的键号，从机接收键号并在最右边的 LED 显示电路以十六进制数的方式显示出来。通信协议：以方式 3 工作，波特率为 9600b/s，信息格式为 8 个数据位，1 位奇偶校验位。

2. 总体方案设计

此系统欲实现双机的单工串行通信。甲乙两机的内部软件是不完全相同的，主机和从机分别能发送和接收数据信息。主机扫描键盘获得键值，从机显示键盘的值，使用 4×4 的矩阵键盘，通信时，当有键按下，主机与从机建立通信，发送键值，通过奇偶校验，保证通信的畅通与准确，波特率为 9600b/s。

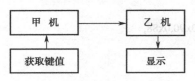

图 3-15　系统框图

主机：扫描键盘，无键按下，让从机继续等待，重新扫描；有键按下，发送键值。

从机：接收数据，然后接收键值并显示键值。

3. 系统框图设计

系统框图如图 3-15 所示。

4. 系统硬件设计

案例 20 单片机的双机通信系统硬件设计，如图 3-16 所示。

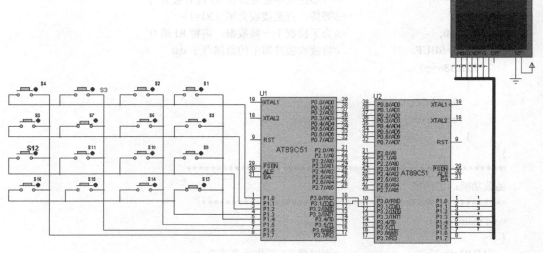

图 3-16　单片机的双机通信硬件设计仿真原理图

说明：甲机与乙机的 GND 相连，两机 RXD 与 TXD 相连，乙机利用 P1 口作为 I/O 口，接八段数码管。

3.3.6　用 Proteus 软硬件仿真运行

将编译好的"案例 20（主机）.hex"和"案例 20（从机）.hex"文件分别载入两片"AT89C51"单片机，在仿真环境中单击"运行"按钮，进入仿真运行状态。使用单片机双机通信的仿真效果，如图 3-17 所示。注意，加载目标代码 HEX 文件时，打开元器件单片机属性窗口，在"Clock Frequency"栏中输入晶振频率为 11.0592MHz。

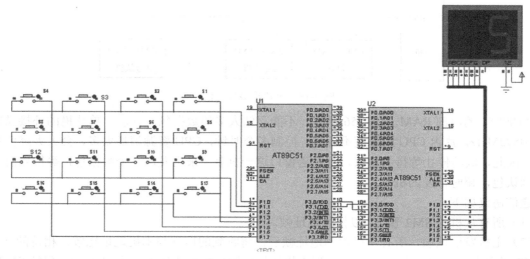

图 3-17　单片机的双机通信仿真效果图

3.3.7　提高练习

单片机如果距离比较远，可以考虑用 232 串口通信芯片，扩展通信功能，可以参考如图 3-18 所示。

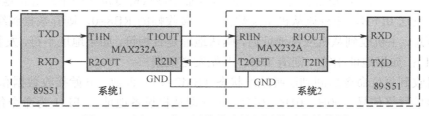

图 3-18　用 232 串口通信芯片扩展通信功能结构图

接收机有数码管可显示数字的信息，因此，不需要太多 LED 来显示信息。但考虑到系统设计中，让数码管显示通信收发数据，但未能显示通信正确与否，因此，在单片机电路中，可以考虑加入两个 LED，分别为红色与绿色，用于指示通信是否正确。若通信正确，则绿色 LED 发光，若通信不正确，则红色 LED 发光。两个 LED 分别接到单片机的 P2.4 与 P2.5。单片机系统中还可以设计 5 个 LED，用于显示状态。LED1 为红色接到 P2.0，用于指示本机为主机，只有本机是主机时才发光。LED2 为绿色接到 P2.1，用于指示本机为从机，只有本机是从机时才发光。LED3 为红色接到 P2.2，用于指示发送数据，只有本机为主机且发送数据时才发光。LED4 为绿色接到 P2.3，用于指示接收数据，只有当本机为主机且接收数据时才发光。LED5 为红色接到 P2.6，用于按键错误指示，当按键错误时，此 LED 闪烁 3 次（当本机为从机时，又按下 SW2～SW4 键，此时视为按键错误，LED5 闪烁 3 次用于提示）。LED 显示电路的电源均为+5V，限流电阻均取 510Ω。

3.3.8 拓展练习

在应用中，会遇到单片机多机通信的情况，如图 3-19 所示，如何利用单片机的有限的硬件资源，完成通信任务，是学习者考虑的问题。学习者可以参考下面内容，进行单片机多机通信协议设计的方案，并分组讨论。

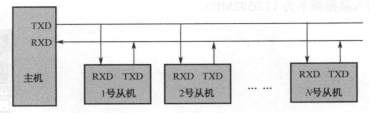

图 3-19 单片机多机通信

AT89S51 的内部 RAM 只有 256 字节，不能存储太多的数据包；其次，单片机的外接晶振选用 11.0592MHz，片内 CPU 的速度不理想，控制多个时钟，CPU 资源消耗太多，会大大降低系统性能。因此，取消停止等待的协议，有发送窗口这一机制，采用发送一个数据包，等待当前数据包的确认包，超时再发的机制。

通信协议如下。

（1）所有从机的 SM2 置 1，以接收地址帧。

（2）主机发地址帧，所有从机收到地址帧后，将收到的地址与本机地址比较，相符的从机，使 SM2 置 0（以接收随后的数据帧），并把本机地址发回主机作为应答；不符的从机，保持 SM2=1，对主机随后发来的数据帧不予理睬。

（3）从机发送数据结束后，要发送一帧校验和，并置第 9 位（TB8）为 1，作为从机数据传送结束的标志。

（4）主机接收数据时先判断数据接收标志（RB8），若 RB8=1，表示数据传送结束，并比较此帧校验和，若正确则回送正确信号 00H，此信号命令该从机复位（即重新等待地址帧）；若校验和出错，则发送 0FFH，命令该从机重发数据。若接收帧的 RB8=0，则存数据到缓冲区，并准备接收下帧信息。主机收到从机应答地址后，确认地址是否相符，如果地址不符，发复位信号（数据帧中 TB8=1）；如果地址相符，则清 TB8，开始发送数据。

（5）从机收到复位命令后回到监听地址状态（SM2=1）。否则，开始接收数据和命令。

主机发地址联络信号：00H、01H、02H、…（即从机设备地址），FFH 为命令各从机复位，即恢复 SM2=1。主机命令编码为 01H，主机命令从机接收数据；02H，主机命令从机发送数据。其他都按 02H 对待，从机状态字如表 3-5 所示。

表 3-5 从机状态字

ERR	0	0	0	0	0	TRDY	RRDY

ERR=0 时为合法命令，ERR=1 时为非法命令；TRDY=0 时表示从机发送未就绪，TRDY=1 表示从机发送就绪。RRDY=0 表示从机接收未就绪；RRDY=1 表示从机接收已经就绪。

3.4 任务4 单片机与计算机（PC）串行通信

将一台 PC 和若干台 MCS-51 单片机，构成小型分散控制或测量系统，是目前微计算机应用的一大趋势。在这样的系统中，以 AT89S51 芯片为核心的智能式测控仪表（作为从机），既能完成数据采集、处理和各种控制任务，又可将数据传送给 PC（作为主机），PC 将这些数据进行加工处理或显示、打印，同时将各种控制命令送给各个从机，以实现集中管理和最优控制。显然，要组成这样的系统，首先要解决 PC 与各单片机之间的数据通信问题，这是一个多机通信问题。在解决该问题之前，先来讨论一下 PC 与一台 AT89S51 之间点对点（即双机）通信的软件设计。

任务 4 实现 PC 发送一个字符给单片机，单片机接收到后即在个位、十位数码管上进行显示，同时将其回发给 PC。要求：单片机收到 PC 发来的信号后用串口中断方式处理，而单片机回发给 PC 时用查询方式。采用软件仿真的方式完成，用串口调试助手和 Keil C，或串口调试助手和 Proteus 分别仿真。

3.4.1 任务与计划

1. 任务要求

（1）使用单片机控制方式，用 Keil C 编写程序，设计一个单片机接收显示系统，能够正确显示 PC 发送的信息。

（2）使用仿真软件 Proteus 设计能够完成任务的硬件原理图。

（3）使用单片机程序设计工具软件 Keil μVision，用 Keil C 编写源程序完成软件程序设计并进行软件调试，生成 HEX 文件。

（4）使用 Proteus 软硬件仿真运行。

2. 工作计划

（1）首先进行任务分析，根据任务要求学习串口通信的相关知识，收集单片机与 PC 通信的相关资料，学习软件编程所需的 C 语言内容，结合单片机串口通信端口的功能和使用方法，进行 PC 与单片机通信方案设计。

（2）与合作伙伴分工，分别进行硬件电路设计、软件流程图和程序编写。

（3）在完成程序的调试和编译后，进行 PC 与单片机通信的仿真运行，在软、硬件联调中，对所设计的电路和程序，进行系统调试纠错，直至正确无误。

（4）仿真正常运行后，可以选择适当的形式进行交流，演示评价。

（5）反思自己的工作过程与结果，并进行优化，总结出改善性意见。

3.4.2 认识串行通信接口标准总线 RS-232C

1. RS-232C

RS-232C 标准（协议）的全称是 EIA-RS-232C 标准，其中，EIA（Electronic Industry Association）代表美国电子工业协会，RS（Recommended Standard）代表推荐性标准，232 是标识号，C 代表 RS232 的最新一次修改（1969），在这之前，有 RS232B、RS232A 等。它规定连接电缆和机械、电气特性、信号功能及传送过程。常用的物理标准还有 RS-232-C、RS-422-A、RS-423A、RS-485。这里只介绍 RS-232-C（简称 232，RS232）。它适合于数据传输速率在 0～20000b/s 范围内的通信。RS-232C 主要用来定义计算机系统的一些数据终端设备（DTE）和数据通信设备（DCE）之间接口的电气特性，这个标准对串行通信接口的有关问题，如信号线功能、电器特性都做了明确规定。由于通行设备厂商都生产与 RS-232C 制式兼容的通信设备，因此它作为一种标准，目前，已在微机通信接口中广泛采用，适合于短距离或带调制解调器的通信场合。例如，目前，在 PC 上的 COM1、COM2 接口，就是 RS-232C 接口。目前，有 DB-25、DB-15、DB-9 等，图 3-20 所示为常用的九针串口，图 3-21 为其实物图。

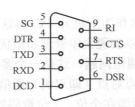

图 3-20　RS-232C 九针接口

图 3-21　RS-232C 九针实物图

2. RS-232C 标准数据线定义

RS-232C 信号分为两类：一类是 DTE 与 DCE 交换的信息，另一类是为了正确无误地传输上述信息而设计的握手联络信号。下面介绍这两类信号。

1）基本的数据传送端

（1）TXD：数据输出端，串行数据由此发出。

（2）RXD：数据输入端，串行数据由此输入。

（3）SG：信号地线。

在串行通信中，最简单的通信只需要连接这 3 根线，在单片机与 PC 之间、PC 与 PC 之间的数据通信常采用这种连接方式。

2）握手信号

（1）RTS：请求发送信号，输出。

（2）CTS：等待传送，是对 RTS 的响应信号，输入。

（3）DSR：数据通信准备就绪，输入。

（4）DTR：数据终端就绪，表明计算机已做好接收准备，输出。

（5）DCD：数据载波检测，输入。

（6）RI：振铃指示。

当一台 PC 与调制解调器相连，要向远方发送数据时，如果 PC 做好了发送准备，就用 RTS 信号通知调制解调器；当调制解调器也做好了发送数据的准备，就向 PC 发出 CTS 信号，RTS 和 CTS 这对握手信号沟通后，就可以进行串行数据发送了。

当 PC 要从远方接收数据时，如果 PC 做好了接受准备，就发出 DTR 信号通知调制解调器；当调制解调器也做好了接收数据的准备，就向 PC 发出 DSR 信号。DTR 和 DSR 这对握手信号沟通后，就可以进行串行数据接收了。

3. 传输距离

由 RS-232C 标准规定在码元畸变小于 4%的情况下，传输电缆长度应为 15m，其实这个 4% 的码元畸变是很保守的，在实际应用中，约有 99%的用户是按码元畸变 10%～20%的范围工作的，所以实际使用中最大距离会远超过 15m。

4. RS-232C 的不足

由于 RS-232C 接口标准出现较早，难免有不足之处，主要有以下四点。

（1）接口的信号电平值较高，易损坏接口电路的芯片，又因为与 TTL 电平不兼容故需使用电平转换电路方能与 TTL 电路连接。

（2）传输速率较低，在异步传输时，波特率最大为 19200b/s。

（3）接口使用一根信号线和一根信号返回线而构成共地的传输形式，这种共地传输容易产生共模干扰，所以抗噪声干扰性弱。

（4）传输距离有限，实际最大传输距离只有 50m 左右。

3.4.3　认识电平转换芯片 MAX232

　　MAX232 芯片是美信公司专门为 PC 的 RS-232 标准串口设计的单电源电平转换芯片使用+5V 单电源供电。图 3-22 所示为 MAX232 引脚图。

1．引脚介绍

　　第一部分是电荷泵电路。由 1、2、3、4、5、6 引脚和 4 只电容构成。功能是产生+12V 和−12V 两个电源，提供给 RS-232 串口电平的需要。

　　第二部分是数据转换通道。由 7、8、9、10、11、12、13、14 引脚构成两个数据通道。

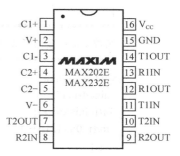

图 3-22　MAX232 引脚图

　　其中，13 引脚（R1IN）、12 引脚（R1OUT）、11 引脚（T1IN）、14 引脚（T1OUT）为第一数据通道。8 引脚（R2IN）、9 引脚（R2OUT）、10 引脚（T2IN）、7 引脚（T2OUT）为第二数据通道。

　　TTL/CMOS 数据从 T1IN、T2IN 输入转换成 RS-232 数据从 T1OUT、T2OUT 送到 PC 的 DB9 插头；DB9 插头的 RS-232 数据从 R1IN、R2IN 输入转换成 TTL/CMOS 数据后从 R1OUT、R2OUT 输出。

　　第三部分是供电。15 引脚 GND、16 引脚 V_{CC}（+5V）。

2．主要特点

（1）符合所有的 RS-232C 技术标准。

（2）只需要单一+5V 电源供电。

（3）片载电荷泵具有升压、电压极性反转能力，能够产生+10V 和−10V 电压。

（4）功耗低，典型供电电流为 5mA。

（5）内部集成两个 RS-232C 驱动器。

（6）内部集成两个 RS-232C 接收器，可以分别接单片机的串行通信口或者实验板的其他串行通信接口。

3.4.4　软件程序设计

　　案例 21：完成单片机与计算机 PC 的串行通信。

```
//案例 21：完成单片机与计算机 PC 的串行通信
#include <reg51.h>
#define uchar unsigned char
#define uint unsigned int
uchar code SEG7[10]={0xc0,0xf9,0xa4,0xb0,0x99,0x92,0x82,0xf8,0x80,0x90};
uchar code ACT[4]={0X01,0x02,0x04,0x08};
uchar code as[]="Receiving data:\0";
uchar a=0x30,b;
/***************************************************
函数功能：定时器 T1 和串口初始化
***************************************************/
void init(void)              //initiate，串口设置为波特率 9600
{
    TMOD=0X20;
    TH1=0XFD;
```

```
 TL1=0XFD;
 SCON=0X50;
 TR1=1;
 ES=1;
 EA=1;
}
/*************************************************************
函数功能：延时函数（为数据管交替显示）
*************************************************************/
void delay(uint k){
 uint data i,j;
for(i=0;i<k;i++){
 for(j=0;j<121;j++)
   {;}
}
}
/*************************************************************
函数功能：主函数
*************************************************************/
void main(void){
 uchar i;
 init();                        //初始化程序
 while(1)                       //用数码管显示 PC 发给单片机的数据，并回送给 PC
 {
 P1=SEG7[(a-0x30)/10];
 P2=ACT[1];
 delay(500);
 P1=SEG7[(a-0x30)%10];
 P2=ACT[0];
 delay(500);
 if(RI){
 RI=0;
 i=0;
 while(as[i]!='\0'){
  SBUF=as[i];
  while(!TI){
   ;
  }
  TI=0;
  i++;
 }
 SBUF=b;
 while(!TI){
 ;
 }
 TI=0;
 EA=1;
 }
}
```

```
}
/*************************************************************
函数功能:  INTERRUPT 4,将收到的信息进行转存
*************************************************************/
void serial_serve(void) interrupt 4
{
    a=SBUF;
    b=a;
    EA=0;
}
```

3.4.5 硬件仿真原理图

案例 21 的单片机与 PC 串行通信的硬件设计,如图 3-23 所示。

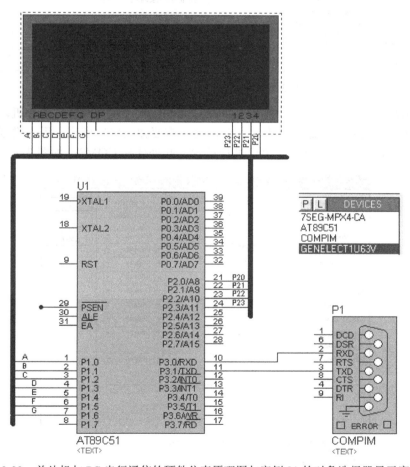

图 3-23 单片机与 PC 串行通信的硬件仿真原理图与案例 21 的对象选择器显示窗口

3.4.6 用 Proteus 软硬件仿真运行

在仿真运行前,需要先运行虚拟串口应用程序,并用虚拟串口 3、4,在这里,为保证连接正确,串口是成对设置。如图 3-24 所示,串口 3、4 分别被 Proteus 和串口调试软件占用,正在进行串口通信。虚拟串口是计算机通过软件模拟的串口,当其他设计软件使用到串口时,可以调用虚拟串口仿真模拟,以查看所设计的正确性。首先要安装虚拟串口设置的软件,网上有很多设置虚

拟串口的软件，在这里采用的是 VSPD6.9。

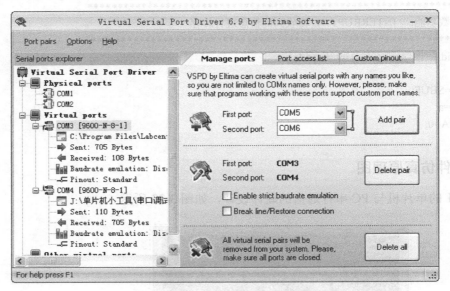

图 3-24　虚拟串口应用程序应用界面

正确绘制电路图，将编译好的"案例 21.hex"文件载入"AT89C51"单片机，在仿真环境中单击"运行"按钮，进入仿真运行状态。注意，这里需要加上串口模块，用来进行串行通信参数的设置。单击"串口"按钮，可以对串口进行设置，此处选择 COM3，如图 3-25 所示。

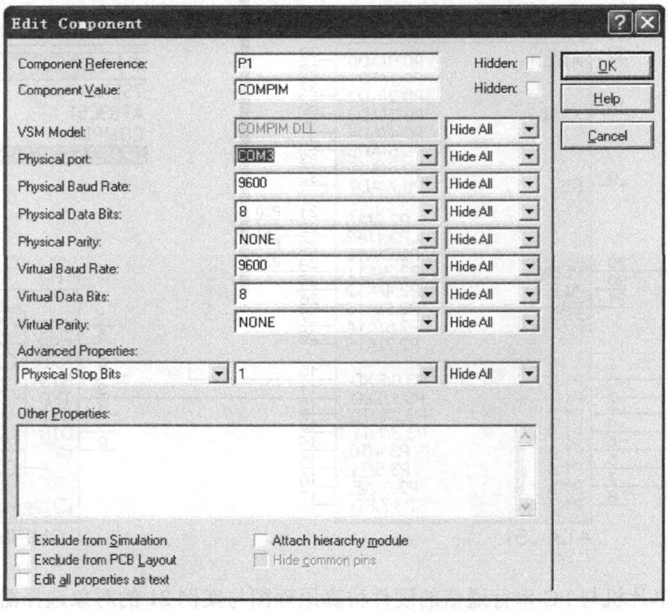

图 3-25　对串口进行设置

用串口调试助手发送数据，即可看到仿真结果。可以选择串口 COM4，设置为波特率 9600b/s、无校验位、8 位数据位、1 位停止位（与 COM3、程序里的设置一样），打开 COM3。

现在就可以开始调试串口发送接收程序了。实验实现 PC 发送一个字符给单片机，单片机接收到后将其回发给 PC。在调试助手上（模拟 PC）发送数据，单片机收到数据后，将收到的结果回送到调试助手上，如图 3-26 所示。

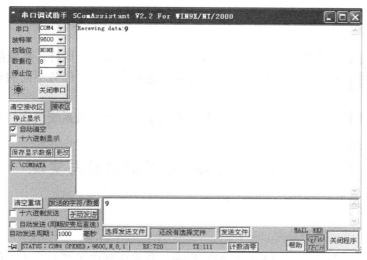

图 3-26　串口调试助手 2.2 版界面

　　串口调试助手 2.2 版是 WMD 工作室研发的智能调试工具，是串口调试助手 2.2 版可以实现的功能，包括发送、接收十六进制数、字符串、传输文件、搜索出空闲串口等，此外，还可以搜索用户自定义设置其他的项目。使用十六进制调试，学习者可以使用十六进制调试串口的数据，用于检验其他软件。

　　在左侧找到"十六进制显示"复选框，并选中该复选框。打开串口后接收到的信息即以十六进制数显示，同时，发送的信息也按照十六进制格式解析发送。使用字符串收发，如果清除了"十六进制显示"复选框，那么就进入 ASCII 码传送方式。在该模式下，收到和发送的字符串将按原样显示与发送（如果有非 ASCII 码字符，可能不会正确显示）。

　　电路仿真结果，如图 3-27 所示。

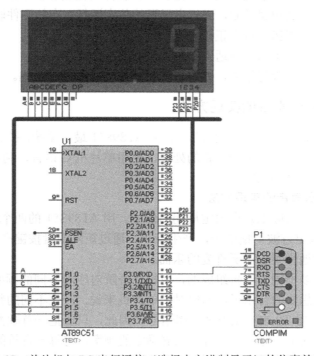

图 3-27　单片机与 PC 串行通信（选择十六进制显示）的仿真效果图

3.4.7 提高练习

在上面的任务中，同学们学习了串口发送和接收单字符数据，同样，系统能够发送和接收字符串，以及文件信息。在提高练习中，同学们需要考虑采用与以上任务不同的显示方式，显示字符信息。

提高练习：从串口调试助手软件界面，发送本人学号，单片机系统接收并显示，且回送给串口调试助手软件。

3.5 任务5 简易电子琴的设计与实现

3.5.1 任务与计划

1. 任务要求

（1）使用单片机控制方式，用 Keil C 编写程序，要求达到电子琴的基本功能，可以用键盘弹奏出简单的乐曲。

（2）使用仿真软件 Proteus 设计能够完成任务的硬件原理图。

（3）使用单片机程序设计工具软件 Keil μVision，用 Keil C 编写源程序完成软件程序设计并进行软件调试，生成 HEX 文件。

（4）使用 Proteus 软硬件仿真运行，弹奏电子琴时能播放出准确的声音，不弹奏时可以播放内置音乐。

2. 工作计划

（1）首先进行任务分析，根据任务要求学习声音处理的相关知识，收集单片机控制声音处理的相关资料，学习软件编程所需的 C 语言内容。

（2）与合作伙伴分工，分别进行硬件电路设计、软件流程图和程序编写。

（3）在完成程序的调试和编译后，进行电子琴的仿真运行，在软硬件联调中，对所设计的电路和程序，进行系统调试纠错，直至正确无误。

（4）仿真正常运行后，可以选择适当的形式进行交流，演示评价。

（5）反思自己的工作过程与结果，并进行优化，总结出改善性意见。

3.5.2 认识单片机发出声音的实现方法

AT89S51 单片机设计微型电子琴的方法，仅需 AT89S51 最小系统，扩展一组矩阵键盘和音乐播放，就是一个简单的电子琴。关于声音的处理，使用单片机 C 语言，利用定时器来控制频率，而每个音符的符号存在定义的表中。

1. 认识单片机发出声音的实现方法

音乐播放部分：乐音实际上是有固定周期的信号。用 AT89S51 的两个定时器（如 T0、T1）控制，在 P3.7 引脚上输出方波周期信号，产生音乐，通过矩阵键盘按键产生不同的音符，由此，操作人员可以随心所欲地弹奏自己所喜爱的乐曲。

由于一首音乐是许多不同的音阶组成的，而每个音阶对应着不同的频率，可以利用不同的频率的组合，即可构成所想要的音乐了，当然对于单片机来说，产生不同的频率非常方便，可以利用单片机的定时器/计数器 T0 来产生方波频率信号。因此，只要把一首歌曲的音阶与对应的频率关系正确对应即可。乐曲中，每一个音符对应着确定的频率，将每一音符的时间常数与其相应的节拍常数作为一组，按顺序将乐曲中的所有常数排列成一个表，然后由查表程序依次取出，产生音符并控制节奏，就可以实现演奏效果。

电子琴弹奏部分：实际上就是把每个按键所对应的值经过处理后发给单片机，再在单片机内把数字当做指针指向所对应的音符。

2. 字形码表及对应的音符

字形码表及对应的音符，如表 3-6 所示。

表 3-6　字形码表及对应的音符

1	0x3f	低 5 SO	9	0x7f	中 6 LA
2	0x06	低 6 LA	A	0x6f	中 7 SI
3	0x5b	低 7 SI	b	0x77	高 1 DO
4	0x4f	中 1 DO	C	0x7c	高 2 RE
5	0x66	中 2 RE	D	0x39	高 3 M
6	0x6d	中 3 M	E	0x5e	高 4 FA
7	0x7d	中 4 FA	F	0x79	高 5 SO
8	0x07	中 5 SO	0	0x71	高 6 LA

3. 音乐播放设计

一首音乐是许多不同的音阶组成的，而每个音阶对应着不同的频率，这样就可以利用不同的频率组合，构成所想要的音乐了，当然，对于单片机来说产生不同的频率非常方便，可以利用单片机的定时器/计数器 T0 来产生这样的方波频率信号，因此，只要把一首歌曲的音阶对应频率关系搞正确即可。

若要产生音频脉冲，只要算出某一音频的周期（1/频率），再将此周期除以 2，即为半周期的时间。利用定时器计时半周期时间，每当计时终止后就将 P3.7 反相，然后重复计时再反相。就可在 P3.7 引脚上得到此频率的脉冲。

利用 AT89S51 的内部定时器，使其工作于计数器模式（MODE1）下，改变计数值 TH0 及 TL0 以产生不同频率的方法产生不同音阶。例如，频率为 523Hz，其周期 $T=1/523=1912\mu s$，因此，只要令计数器计时 $956\mu s/1\mu s=956$，每计数 956 次时将 I/O 反相，就可得到中音 DO（523Hz）。

计数脉冲值与频率的关系式为

$$N=f_i \div 2 \div f_r$$

式中　N——计数值；

f_i——机器频率（晶体振荡器为 12MHz 时，其频率为 1MHz）；

f_r——想要产生的频率。

其计数初值 T 的求法如下：

$$T=65536-N=65536-f_i \div 2 \div f_r$$

例如，设 $K=65536$，$f_i=1MHz$，求低音 DO（262Hz）、中音 DO（523Hz）、高音 DO（1046Hz）的计数值。

$$T=65536-N=65536-f_i \div 2 \div f_r=65536-1000000 \div 2 \div f_r$$
$$=65536-500000 \div f_r$$

低音 DO 的 $T=65536-500000 \div 262=63628$。

中音 DO 的 $T=65536-500000 \div 523=64580$。

高音 DO 的 $T=65536-500000 \div 1046=65058$。

单片机 12MHz 晶振，高中低音符与计数 T0 相关的计数值，如表 3-7 所示。

表 3-7　音符频率表

音　符	频率（Hz）	简谱码（T 值）	音　符	频率（Hz）	简谱码（T 值）
休止	0	0	中 4 FA	698	64820
低 1 DO	262	63628	中 5 SO	784	64898
低 2 RE	294	63835	中 6 LA	880	64968
低 3 M	330	64021	中 7 SI	988	65030
低 4 FA	349	64103	高 1 DO	1046	65058
低 5 SO	392	64260	高 2 RE	1175	65110
低 6 LA	440	64400	高 3 M	1318	65157
低 7 SI	494	64524	高 4 FA	1397	65178
中 1 DO	523	64580	高 5 SO	1568	65217
中 2 RE	587	64684	高 6 LA	1760	65252
中 3 M	659	64777	高 7 SI	1967	65283

为音符建立一个表格，单片机通过查表的方式来获得相应的数据。

```
uint code tab[]={ 0, 63628, 63835, 64021, 64103, 64260, 64400, 64524,
64580, 64684, 64777, 64820, 64898, 64968, 65030,
65058, 65110, 65157, 65178, 65217, 65252, 65283}
```

关于音乐的音拍，以一个节拍为单位（C 调），如表 3-8 所示。

表 3-8　曲调值表

曲调值	DELAY	曲调值	DELAY
调 4/4	125ms	调 4/4	62ms
调 3/4	187ms	调 3/4	94ms
调 2/4	250ms	调 2/4	125ms

对于不同的曲调，可以用单片机的另外一个定时器/计数器来完成。在这个程序中可用两个定时器/计数器来完成。其中，T0 用来产生音符频率，T1 用来产生音拍。

3.5.3　软件程序设计

案例 22：简易电子琴的设计。

```
//案例 22：简易电子琴 C 语言程序
#include<reg51.h>           //包含 51 单片机寄存器定义的头文件
sbit P14=P1^4;              //将 P14 位定义为 P1.4 引脚
sbit P15=P1^5;              //将 P15 位定义为 P1.5 引脚
sbit P16=P1^6;              //将 P16 位定义为 P1.6 引脚
sbit P17=P1^7;              //将 P17 位定义为 P1.7 引脚
unsigned char keyval;       //定义变量储存按键值
sbit sound=P3^7;            //将 sound 位定义为 P3.7
unsigned int C;             //全局变量，储存定时器的定时常数
unsigned int f;             //全局变量，储存音阶的频率
//以下是 C 调低音的音频宏定义
#define l_dao 262           //将"1_dao"宏定义为低音"1"的频率为 262Hz
```

```c
#define l_re 286          //将"l_re"宏定义为低音"2"的频率为286Hz
#define l_mi 311          //将"l_mi"宏定义为低音"3"的频率为311Hz
#define l_fa 349          //将"l_fa"宏定义为低音"4"的频率为349Hz
#define l_sao 392         //将"l_sao"宏定义为低音"5"的频率为392Hz
#define l_la 440          //将"l_a"宏定义为低音"6"的频率为440Hz
#define l_xi 494          //将"l_xi"宏定义为低音"7"的频率为494Hz
//以下是C调中音的音频宏定义
#define dao 523           //将"dao"宏定义为中音"1"的频率为523Hz
#define re 587            //将"re"宏定义为中音"2"的频率为587Hz
#define mi 659            //将"mi"宏定义为中音"3"的频率为659Hz
#define fa 698            //将"fa"宏定义为中音"4"的频率为698Hz
#define sao 784           //将"sao"宏定义为中音"5"的频率为784Hz
#define la 880            //将"la"宏定义为中音"6"的频率为880Hz
#define xi 987            //将"xi"宏定义为中音"7"的频率为987Hz
//以下是C调高音的音频宏定义
#define h_dao 1046        //将"h_dao"宏定义为高音"1"的频率为1046Hz
#define h_re 1174         //将"h_re"宏定义为高音"2"的频率为1174Hz
#define h_mi 1318         //将"h_mi"宏定义为高音"3"的频率为1318Hz
#define h_fa 1396         //将"h_fa"宏定义为高音"4"的频率为1396Hz
#define h_sao 1567        //将"h_sao"宏定义为高音"5"的频率为1567Hz
#define h_la 1760         //将"h_la"宏定义为高音"6"的频率为1760Hz
#define h_xi 1975         //将"h_xi"宏定义为高音"7"的频率为1975Hz
/******************************************************************
函数功能：软件延时子程序
******************************************************************/
 void delay20ms(void)
 {
    unsigned char i,j;
      for(i=0;i<100;i++)
        for(j=0;j<60;j++)
          ;
 }
/******************************************************
函数功能：节拍的延时的基本单位，延时 200ms
******************************************************/
void delay()
  {
     unsigned char i,j;
       for(i=0;i<250;i++)
         for(j=0;j<250;j++)
           ;
  }
/******************************************************
函数功能：输出音频
入口参数：F
******************************************************/
void Output_Sound(void)
{
  C=(46083/f)*10;        //计算定时常数
```

```c
        TH0=(8192-C)/32;            //可证明这是 13 位计数器 TH0 高 8 位的赋初值方法
        TL0=(8192-C)%32;            //可证明这是 13 位计数器 TL0 低 5 位的赋初值方法
        TR0=1;                      //开定时 T0
        delay();                    //延时 200ms，播放音频
        TR0=0;                      //关闭定时器
        sound=1;                    //关闭蜂鸣器
        keyval=0xff;                //播放按键音频后，将按键值更改，停止播放
    }
/*******************************************
函数功能：主函数
*******************************************/
void main(void)
    {
        EA=1;                       //开总中断
        ET0=1;                      //定时器 T0 中断允许
        ET1=1;                      //定时器 T1 中断允许
        TR1=1;                      //定时器 T1 启动，开始键盘扫描
        TMOD=0x10;                  //分别使用定时器 T1 的模式 1，T0 的模式 0
        TH1=(65536-500)/256;        //定时器 T1 的高 8 位赋初值
        TL1=(65536-500)%256;        //定时器 T1 的高 8 位赋初值
        while(1)                    //无限循环
            {
                switch(keyval)
                {
                    case 1:f=dao;           //如果第 1 个键按下，将中音 1 的频率赋给 f
                        Output_Sound();     //转去计算定时常数
                        break;
                    case 2:f=l_xi;          //如果第 2 个键按下，将低音 7 的频率赋给 f
                        Output_Sound();     //转去计算定时常数
                        break;
                    case 3:f=l_la;          //如果第 3 个键按下，将低音 6 的频率赋给 f
                        Output_Sound();     //转去计算定时常数
                        break;
                    case 4:f=l_sao;         //如果第 4 个键按下，将低音 5 的频率赋给 f
                        Output_Sound();     //转去计算定时常数
                        break;
                    case 5:f=sao;           //如果第 5 个键按下，将中音 5 的频率赋给 f
                        Output_Sound();     //转去计算定时常数
                        break;
                    case 6:f=fa;            //如果第 6 个键按下，将中音 4 的频率赋给 f
                        Output_Sound();     //转去计算定时常数
                        break;
                    case 7:f=mi;            //如果第 7 个键按下，将中音 3 的频率赋给 f
                        Output_Sound();     //转去计算定时常数
                        break;
                    case 8:f=re;            //如果第 8 个键按下，将中音 2 的频率赋给 f
                        Output_Sound();     //转去计算定时常数
                        break;
                    case 9:f=h_re;          //如果第 9 个键按下，将高音 2 的频率赋给 f
```

```c
                    Output_Sound();        //转去计算定时常数
                    break;
            case 10:f=h_dao;               //如果第 10 个键按下,将高音 1 的频率赋给 f
                    Output_Sound();        //转去计算定时常数
                    break;
            case 11:f=xi;                  //如果第 11 个键按下,将中音 7 的频率赋给 f
                    Output_Sound();        //转去计算定时常数
                    break;
            case 12:f=la;                  //如果第 12 个键按下,将中音 6 的频率赋给 f
                    Output_Sound();        //转去计算定时常数
                    break;
            case 13:f=h_la;                //如果第 13 个键按下,将高音 6 的频率赋给 f
                    Output_Sound();        //转去计算定时常数
                    break;
            case 14:f=h_sao;               //如果第 14 个键按下,将高音 5 的频率赋给 f
                    Output_Sound();        //转去计算定时常数
                    break;
            case 15:f=h_fa;                //如果第 15 个键按下,将高音 4 的频率赋给 f
                    Output_Sound();        //转去计算定时常数
                    break;
            case 16:f=h_mi;                //如果第 16 个键按下,将高音 3 的频率赋给 f
                    Output_Sound();        //转去计算定时常数
                    break;
            }
        }
    }
/***************************************************************
函数功能:定时器 T0 的中断服务子程序,使 P3.7 引脚输出音频方波
***************************************************************/
    void Time0_serve(void ) interrupt 1 using 1
    {
        TH0=(8192-C)/32;                   //可证明这是 13 位计数器 TH0 高 8 位的赋初值方法
        TL0=(8192-C)%32;                   //可证明这是 13 位计数器 TL0 低 5 位的赋初值方法
        sound=!sound;                      //将 P3.7 引脚取反,输出音频方波
    }
/***************************************************************
函数功能:定时器 T1 的中断服务子程序,进行键盘扫描,判断键位
***************************************************************/
    void time1_serve(void) interrupt 3 using 2    //定时器 T1 的中断编号为 3,使用第 2 组寄存器
    {
        TR1=0;                             //关闭定时器 T0
        P1=0xf0;                           //所有行线置为低电平"0",所有列线置为高电平"1"
        if((P1&0xf0)!=0xf0)                //列线中有一位为低电平"0",说明有键按下
        {
            delay20ms();                   //延时一段时间、软件消抖
            if((P1&0xf0)!=0xf0)            //确实有键按下
            {
                P1=0xfe;                   //第一行置为低电平"0"(P1.0 输出低电平"0")
                if(P14==0)                 //如果检测到接 P1.4 引脚的列线为低电平"0"
```

```
                keyval=1;                      //可判断是 S1 键被按下
            if(P15==0)                         //如果检测到接 P1.5 引脚的列线为低电平"0"
                keyval=2;                      //可判断是 S2 键被按下
            if(P16==0)                         //如果检测到接 P1.6 引脚的列线为低电平"0"
                keyval=3;                      //可判断是 S3 键被按下
            if(P17==0)                         //如果检测到接 P1.7 引脚的列线为低电平"0"
                keyval=4;                      //可判断是 S4 键被按下
            P1=0xfd;                           //第二行置为低电平"0"（P1.1 输出低电平"0"）
            if(P14==0)                         //如果检测到接 P1.4 引脚的列线为低电平"0"
                keyval=5;                      //可判断是 S5 键被按下
            if(P15==0)                         //如果检测到接 P1.5 引脚的列线为低电平"0"
                keyval=6;                      //可判断是 S6 键被按下
            if(P16==0)                         //如果检测到接 P1.6 引脚的列线为低电平"0"
                keyval=7;                      //可判断是 S7 键被按下
            if(P17==0)                         //如果检测到接 P1.7 引脚的列线为低电平"0"
                keyval=8;                      //可判断是 S8 键被按下
            P1=0xfb;                           //第三行置为低电平"0"（P1.2 输出低电平"0"）
            if(P14==0)                         //如果检测到接 P1.4 引脚的列线为低电平"0"
                keyval=9;                      //可判断是 S9 键被按下
            if(P15==0)                         //如果检测到接 P1.5 引脚的列线为低电平"0"
                keyval=10;                     //可判断是 S10 键被按下
            if(P16==0)                         //如果检测到接 P1.6 引脚的列线为低电平"0"
                keyval=11;                     //可判断是 S11 键被按下
            if(P17==0)                         //如果检测到接 P1.7 引脚的列线为低电平"0"
                keyval=12;                     //可判断是 S12 键被按下
            P1=0xf7;                           //第四行置为低电平"0"（P1.3 输出低电平"0"）
            if(P14==0)                         //如果检测到接 P1.4 引脚的列线为低电平"0"
                keyval=13;                     //可判断是 S13 键被按下
            if(P15==0)                         //如果检测到接 P1.5 引脚的列线为低电平"0"
                keyval=14;                     //可判断是 S14 键被按下
            if(P16==0)                         //如果检测到接 P1.6 引脚的列线为低电平"0"
                keyval=15;                     //可判断是 S15 键被按下
            if(P17==0)                         //如果检测到接 P1.7 引脚的列线为低电平"0"
                keyval=16;                     //可判断是 S16 键被按下
        }
    }
    TR1=1;                                     //开启定时器 T1
    TH1=(65536-500)/256;                       //定时器 T1 的高 8 位赋初值
    TL1=(65536-500)%256;                       //定时器 T1 的高 8 位赋初值
}
```

3.5.4　用 Proteus 软、硬件仿真运行

案例 22 的软、硬件仿真运行效果如图 3-28 所示。图 3-28 中的矩阵键盘，从上到下，从左到右，依次为键盘的 0～15。

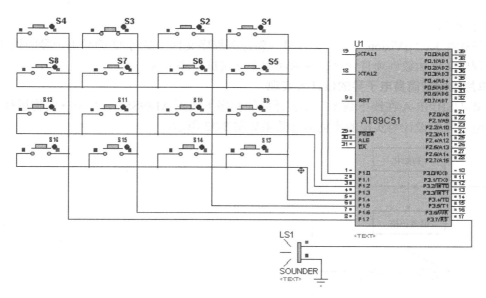

图 3-28　简易电子琴设计的仿真效果图

3.5.5　简易电子琴的设计与实现

1．系统方案设计

根据工作任务要求，选用 AT89S51 单片机、复位电路、电源、矩阵键盘和 1 个蜂鸣器构成工作系统，完成简易电子琴的设计与实现。该系统方案设计框图，如图 3-29 所示。

2．系统硬件设计

本设计选用 AT89S51 芯片、1 个蜂鸣器（MCU01 主机模块）、"+5V" 电源和 "GND" 地（MCU02 电源模块）、矩阵键盘（MCU06 指令模块）和 SL-USBISP-A 在

图 3-29　系统方案设计框图

线下载器。由于主机模块上已经接有时钟电路（晶振电路）和复位电路，故只需要连接矩阵键盘电路和 "+5V" 电源与 "GND" 地即可。

"简易电子琴的设计与实现" 实物电路连接示意图如图 3-30 所示。单片机的 P1 端口与矩阵键盘电路的输出端口相连；P3.7 引脚接蜂鸣器输入。

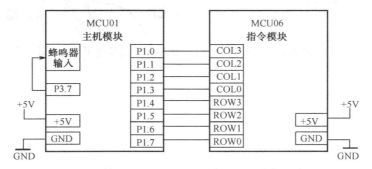

图 3-30　简易电子琴的设计与实现电路连接示意图

3．系统软件设计

1）主程序模块设计

简易电子琴的设计与实现的设计流程图如图 3-31 所示。

2）软件程序

在编译软件 Keil μVision 中，新建项目→新建源程序文件（案例 22 简易电子琴的设计）→将新建的源程序文件加载到项目管理器→编译程序→调试程序至成功。

4．单片机控制简易电子琴的设计与实现

用 "SL-USBISP-A 在线下载器" 将编译好的程序下载到 AT89S51 芯片中→实物运行。

简易电子琴的设计与实现的实物运行效果如图 3-32 所示。

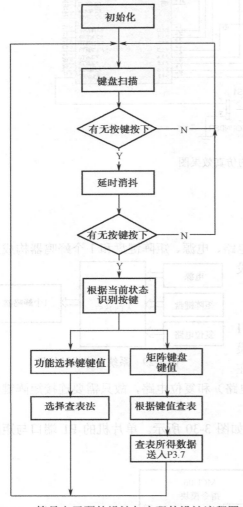

图 3-31　简易电子琴的设计与实现的设计流程图

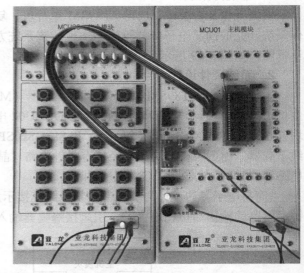

图 3-32　简易电子琴的设计与实现的实物运行效果图

项目4　数字电压表的设计与实现

4.0　项目4任务描述

　　数字电压表在电子产品的测量、检验和日常生活中都有着广泛的应用，本项目的任务是采用单片机来设计一个简单的数字电压表。电压表实现的基本思路是利用单片机作为控制器，选择A/D 转换芯片对模拟电压进行通道选择、电压转换等，最终通过显示器显示出来。从认识单片机基本扩展开始本项目的学习和工作，通过对 LED 点阵显示技术 A/D、D/A 转换器芯片的硬件接口，软件编程等任务的学习与工作，学会单片机扩展接口的基本使用方法，能够实现对电压表的基本测量功能的实现。在收集单片机电压表的相关资讯的基础上，进行单片机电压表的任务分析与计划制订、硬件电路和软件程序的设计，完成单片机电压表的设计与实现，并完成工作任务的评价。

4.0.1　项目目标

　　（1）正确认识单片机 LED 点阵显示屏和 LCD1602 液晶显示屏的基本应用。

　　（2）对每项工作任务进行规划、设计，分配任务，确定一个时间进程表。

　　（3）选择一个（合作）伙伴，伙伴之间合作式地工作，各尽其责，独立完成自己的任务，并谨慎认真地对待工作资料。

　　（4）能够根据项目任务要求，自主利用资源（手册、参考书籍、网络等）解决学习过程中遇到的实际问题，并完成由单片机控制的 LED 点阵显示器、LCD1602 液晶显示器、简易波形信号发生器等设备的仿真应用。

　　（5）能够按照设计任务要求，完成数字电压表的设计与实现。

　　（6）工作任务结束后，学会总结和分析，积累经验，找出不足，形成有效的工作方法和解决问题的思维模式。

　　（7）通过与其他小组交流，检查（修订）自身的工作结果，展示汇报。

　　（8）反思自己的工作过程与结果，并进行优化，提出改善性意见。

4.0.2　项目内容

　　（1）明确单片机 LED 点阵显示屏和 LCD1602 液晶显示屏的基本应用。

　　（2）明确单片机 A/D、D/A 转换器的硬件接口和编程技术。

　　（3）能完成利用 A/D 转换电路设计基于 ADC0809 的简易数字电压表并仿真运行。

　　（4）能完成利用 A/D 转换电路设计基于 ADC0832 的简易数字电压表并仿真运行。

　　（5）能完成简易波形信号发生器的设计并仿真运行。

　　（6）会根据设计任务的要求，完成数字电压表的设计与实现。

　　（7）根据需要，完成小组内部的交流或在全班展示汇报并提出改善性意见。

　　（8）进行"数字电压表的设计与实现"的项目能力评价。

4.0.3　项目能力评价

　　教育组织者可以根据学习者的学习反馈和本身具有的设备资源情况，制定项目能力评价体系，以下"项目能力评价表"供大家参考。教育组织者可以让学习者自评、互评或者教育组织者评价，又或联合评价，加权算出平均值进行最终评价。

项目能力评价表

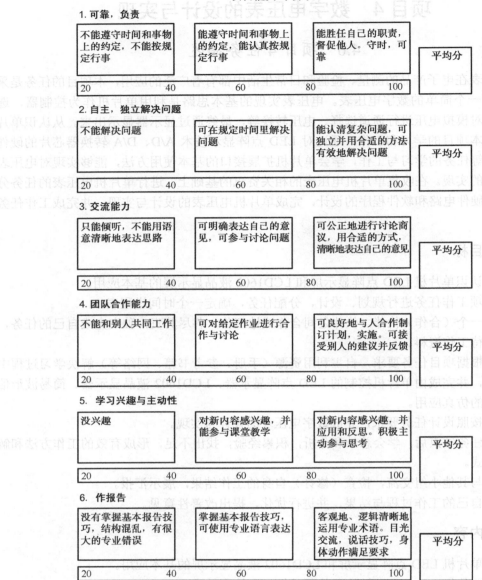

4.1 任务 1 认识 LED 点阵显示屏

4.1.1 任务与计划

1. 任务要求

（1）使用单片机控制方式，用 Keil C 编写程序，以 LED 点阵显示器显示"心形"、"圆形"、"菱形"图案。要求：用 AT89C51 单片机作为控制器，显示模块是 8×8LED 点阵模块；在 LED 点阵显示器上循环显示"心形"、"圆形"、"菱形"图案；每次显示的图形持续 2s，使用 T0 工作于方式 1 进行定时。

（2）使用仿真软件 Proteus 设计能够完成任务的硬件原理图。

（3）使用单片机程序设计工具软件 Keil μVision，用 Keil C 编写源程序完成软件程序设计并进行软件调试，生成 HEX 文件。

（4）使用 Proteus 软硬件仿真运行。

2．工作计划

（1）进行任务分析，根据任务要求学习 LED 点阵屏的相关知识，收集单片机控制 LED 点阵屏的相关资料，学习软件编程所需的 C 语言内容，结合单片机 I/O 端口的功能和使用方法，进行 LED 点阵屏方案设计。

（2）与合作伙伴分工，分别进行硬件电路设计、软件流程图和程序编写。

（3）在完成程序的调试和编译后，进行 LED 点阵屏的仿真运行，在软硬件联调中，对所设计的电路和程序进行系统调试纠错，直至正确无误。

（4）仿真正常运行后，可以选择适当的形式进行交流，演示评价。

（5）反思自己的工作过程与结果，并进行优化，总结出改善性意见。

4.1.2　认识 LED 点阵显示屏

一般的 LED 显示屏利用许多发光二极管排成行与列构成点阵，点亮不同位置的发光二极管，就可以显示不同的图形或文字字符。在电子市场上，有专门的 LED 点阵模块产品。本任务中使用的是 8×8 点阵模块，它有 64 像素，可以显示一些较为简单的字符或者图形。

图 4-1 所示为 LED 点阵模块内部结构等效电路。从图中可以看出，它有 8 行（Y0～Y7），8 列（X0～X7），对外共有 16 个引脚，其中，8 根行线用数字 0～7 表示，8 根列线用字母 A～H 表示。

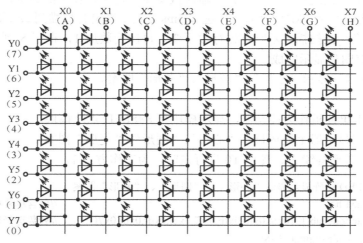

图 4-1　LED 点阵模块内部结构等效电路图

点亮跨接在某行某列的二极管的条件：对应的行为高电平，对应的列为低电平。例如，Y0=1，X0=0 点亮的是第一个发光二极管。在很短的时间内依次点亮多个发光二极管，就可以看到多个发光二极管同时发光，即可以看到显示的数字、字母和图形符号。

4.1.3　软件程序设计

利用 LED 点阵显示"心形"、"圆形"、"菱形"图案。编程思路如程序流程，如图 4-2 所示，首先使用定时器 T0 进行 5ms 定时，采用工作方式 1。定时扫描到 2s（即 400 个 5ms）时开始显示下一个图形。扫描显示时首先行数不变，每次列数加 1，直到 8 列扫描完归 0，然后行数加 1，直到所有图形显示完成。具体内容见任务与计划。

1）程序流程图

程序流程图，如图 4-2 所示。LED 点阵显示器有 8 行（Y0～Y7），8 列（X0～X7），行线加列线共有 16 个引脚信号，其中，8 根行线用数字 0~7 表示，8 根列线用字母 A~H 表示。当对应的某一列电平置 0，某一行电平置 1，则对应的二极管就亮。因此，通过点亮不同位置的发光二极管，可以显示各种汉字和图形。

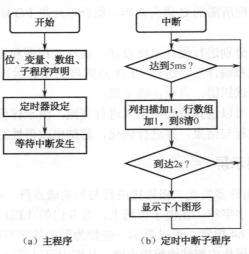

(a) 主程序　　　　　　　　(b) 定时中断子程序

图 4-2　点阵显示程序的流程图

程序设计思路为首先进行行、列、计数器次数变量的定义，在主函数中，使定时器 T0 工作于方式 1（工作方式控制字 TMOD=0x01），进行 5ms 定时。当定时扫描到 2s（即 400 个 5ms）时，开始显示下一个图形。在扫描显示时首先行数不变，每次列数加 1，直到 8 列扫描完归 0，然后行数加 1，直到所有图形显示完成。

案例 23：LED 点阵显示"心形"、"圆形"、"菱形"图案。

要求：

① 用 AT89C51 单片机作为控制器，显示模块是 8×8LED 点阵模块。

② 在 LED 点阵显示器上循环显示"心形"、"圆形"、"菱形"图案。

③ 每次显示的图形持续 2s，使用 T0 进行定时，为工作方式 1。

```c
//案例23：LED 点阵显示显示"心形"、"圆形"、"菱形"图案
#include<reg51.h>                                              //包含单片机寄存器的头文件
unsigned char code tab[]={0xfe,0xfd,0xfb,0xf7,0xef,0xdf,0xbf,0x7f};  //列数选择码
unsigned char code digittab[3][8]=
{
{0x1c,0x22,0x42,0x84,0x84,0x42,0x22,0x1c}                       //心形
{0x00,0x3c,0x42,0x81,0x81,0x81,0x42,0x3c},                      //圆形
{0x00,0x18,0x24,0x42,0x81,0x42,0x24,0x18},                      //菱形
};
unsigned int tcount;                                           //定义时间计数次数变量
unsigned char cnta;                                            //定义列
unsigned char cntb;                                            //定义行
void main(void)
{
TMOD=0x01;                                                     //使用定时器 T0 的方式 1
TH0=(65536-5000)/256;
TL0=(65536-5000)%256;                                          //5ms 中断一次
EA=1;                                                          //中断总允许
```

· 154 ·

```
TR0=1;                                //启动定时器开始工作
ET0=1;                                //允许定时器 T0 中断
while(1)
{;}                                   //等待中断产生
}
void t0(void) interrupt 1 using 0     //中断服务程序
{
TH0=(65536-5000)/256;                 //重新赋初值
TL0=(65536-5000)%256;
P3=tab[cnta];
P1=digittab[cntb][cnta];              //行数保持不变，列每中断一次加 1
cnta++;
if(cnta==8)                           //一行只有 8 个数码管，列加到 8 之后回零
{cnta=0;}
tcount++;
if(tcount==400)                       //400×5=1000ms，后行加 1，控制每个图形显示的时间为 2000ms，即为 2s
{
tcount=0;
cntb++;
if(cntb==3)                           //只有 3 行码数，行加到 3 之后回 0
{cntb=0;}
}
}
```

4.1.4　硬件仿真原理图

案例 23 的硬件仿真参考原理图如图 4-3 所示。案例 23 的对象选择器显示窗口如图 4-4 所示。

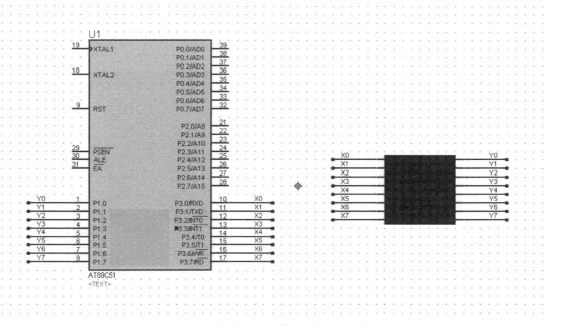

图 4-3　LED 点阵显示硬件仿真参考原理图

图 4-4　案例 23 的对象选择器显示窗口

4.1.5　用 Proteus 软硬件仿真运行

将编译好的"案例 23.hex"文件载入"AT89C51"单片机，在仿真环境中单击"运行"按钮，进入仿真运行状态。LED 点阵屏显示"心形"、"圆形"、"菱形"仿真效果，如图 4-5～图 4-7 所示。

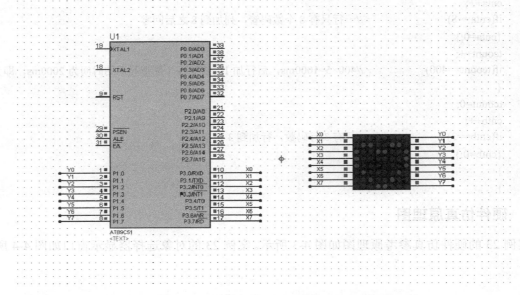

图 4-5　LED 点阵屏显示"心形"仿真效果图

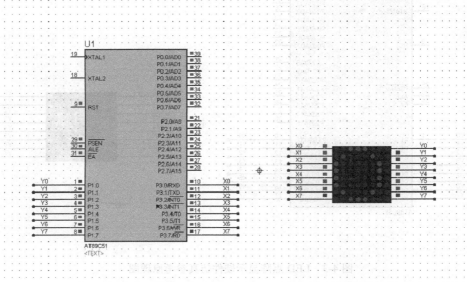

图 4-6　LED 点阵屏显示"圆形"仿真效果图

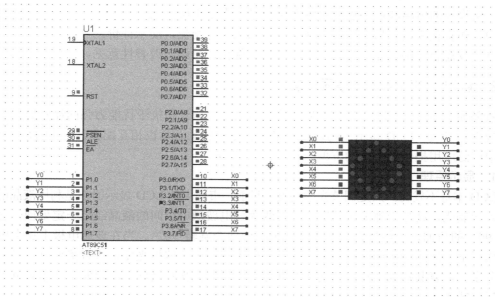

图 4-7　LED 点阵屏显示"菱形"仿真效果图

4.1.6　提高练习

提高练习 1：LED 点阵屏显示"实心心形"。

提高练习 2：LED 点阵屏显示"实心圆形"。

4.1.7　拓展练习

拓展练习 3：LED 点阵屏上逐个显示 0～9 这几个数字。

4.2　任务 2　认识 LCD1602 液晶显示屏

4.2.1　任务与计划

1. 任务要求

（1）使用单片机控制方式，用 Keil C 编写程序，以 LCD1602 液晶显示屏显示字母 ZYH。要求：用 AT89C51 单片机作为控制器，显示装置使用 LCD1602 液晶显示屏；在 1602 型 LCD 液晶显示屏的第一行第 8 列开始显示大写英文字母"ZYH"。

（2）使用仿真软件 Proteus 设计能够完成任务的硬件原理图。

（3）使用单片机程序设计工具软件 Keil μVision，用 Keil C 编写源程序完成软件程序设计并进行软件调试，生成 HEX 文件。

（4）使用 Proteus 软、硬件仿真运行。

2. 工作计划

（1）首先进行任务分析，根据任务要求学习 LCD1602 液晶显示器的相关知识，收集单片机控制 LCD1602 液晶显示器的相关资料，学习软件编程所需的 C 语言内容，结合单片机 I/O 端口的功能和使用方法，进行 LCD1602 液晶显示屏方案设计。

（2）与合作伙伴分工，分别进行硬件电路设计、软件流程图和程序编写。

（3）在完成程序的调试和编译后，进行 LCD1602 液晶显示器的仿真运行，在软、硬件联调中，对所设计的电路和程序进行系统调试纠错，直至正确无误。

（4）仿真正常运行后，可以选择适当的形式进行交流，演示评价。

（5）反思自己的工作过程与结果，并进行优化，总结出改善性意见。

4.2.2　认识 LCD1602 液晶显示屏

液晶显示器是一种功耗极低、显示信息量大、寿命长和抗干扰能力强的显示器件。随着液晶显示技术的发展，LCD 显示器的规格众多，其专用驱动芯片也相互配套，为 LCD 在控制和仪表系统中广泛应用提供了极大的方便。

1. 显示原理

LCD 本身不发光，只是调节光的亮度，目前，市面上的 LCD 显示器都是利用液晶的扭曲——向列效应制成，这是一种电场效应，夹在两片导电玻璃电极间的液晶经过一定处理，它内部的分子呈 90° 的扭曲，当线性偏振光透过其偏振面便会旋转 90°。当在玻璃电极上加上电压后，在电场作用下，液晶的扭曲结构消失，其旋光作用也消失，偏振光便可以直接通过。当去掉电场后液晶分子又恢复其扭曲结构。把这样的液晶置于两个偏振片之间，改变偏振片相对位置就可得到白底黑字或黑底白字的显示形式。

1602 液晶又称为 1602 字符型液晶，如图 4-8 所示是某 1602 字符型 LCD 的外形图，它是一种专门用来显示字母、数字、符号等的点阵型液晶模块，它由若干个 5×7 或者 5×11 等点阵字符位组成，每个点阵字符位都可以显示一个字符。每位之间有一个点距的间隔，每行之间也有间隔，起到了字符间距和行间距的作用，正因为如此，不能显示图形（用自定义 CGRAM，显示效果也不好），1602LCD 是指显示的内容为 16×2，即可以显示两行，每行 16 个字符（显示 ASCII 字符和数字）。目前，市面上字符液晶绝大多数是基于 HD44780 液晶芯片的，控制原理是完全相同的，因此，基于 HD44780 编写的控制程序可以很方便地应用于市面上大部分的字符型液晶。

图 4-8　1602 字符型 LCD 的外形图

2. 1602 型 LCD 的主要技术参数

（1）显示容量：16×2 个字符。

（2）芯片工作电压：4.5～5.5V。

（3）工作电流：2.0mA（5.0V）。

（4）模块最佳工作电压：5.0V。

（5）字符尺寸：2.95×4.35（W×H）mm。

3. 1602 型 LCD 的引脚

1602 型 LCD 采用标准的 14 引脚（无背光）或 16 引脚（带背光）接口，各引脚接口说明，如表 4-1 所示。

表 4-1   1602 型 LCD 引脚表

编　　号	符　　号	引脚说明	编　　号	符　　号	引脚说明
1	V_{SS}	电源地	9	D2	数据
2	V_{DD}	电源正极	10	D3	数据
3	VL	液晶显示偏压	11	D4	数据
4	RS	数据/命令选择	12	D5	数据
5	R/$\overline{W}$	读/写选择	3	D6	数据
6	E	使能信号	14	D7	数据
7	D0	数据	15	BLA	背光源正极
8	D1	数据	16	BLK	背光源负极

（1）第 1 引脚：V_{SS} 为电源地。

（2）第 2 引脚：V_{DD} 接 5V 正电源。

（3）第 3 引脚：VL 为液晶显示器对比度调整端，接正电源时对比度最弱，接地时对比度最高，对比度过高时会产生"鬼影"，使用时可以通过一个 10kΩ 的电位器调整对比度。

（4）第 4 引脚：RS 为寄存器选择，高电平时选择数据寄存器、低电平时选择指令寄存器。

（5）第 5 引脚：R/$\overline{W}$ 为读/写信号线，高电平时进行读操作，低电平时进行写操作。当 RS 和 R/$\overline{W}$ 共同为低电平时可以写入指令或者显示地址，当 RS 为低电平、R/$\overline{W}$ 为高电平时可以读忙信号，当 RS 为高电平、R/$\overline{W}$ 为低电平时可以写入数据。

（6）第 6 引脚：E 端为使能端，当 E 端由高电平跳变成低电平时，液晶模块执行命令。

（7）第 7～14 引脚：D0～D7 为 8 位双向数据线。

（8）第 15 引脚：背光源正极。

（9）第 16 引脚：背光源负极。

1602 型 LCD 与单片机的连接，如图 4-9 所示。

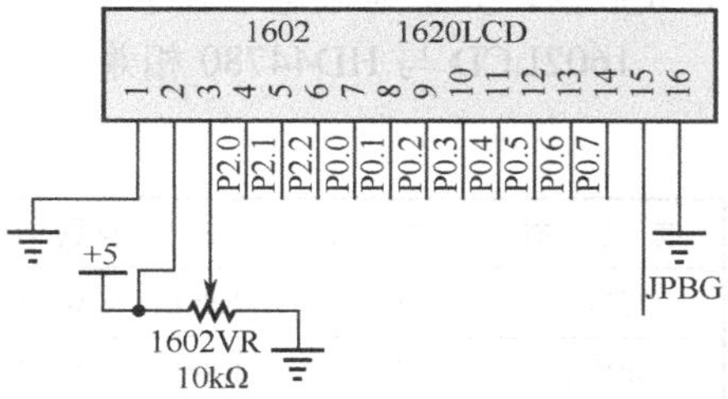

图 4-9   1602 型 LCD 与单片机接口电路图

4. 1602 型 LCD 的控制过程

1602 液晶模块的读/写操作，屏幕和光标的操作都是通过指令编程来实现的。1602 液晶模块内部的控制器共有 11 条控制指令，如表 4-2 所示。其中，1 为高电平，0 为低电平。

表 4-2   1602 液晶模块控制指令表

序　号	指　　令	RS	R/$\overline{W}$	D7	D6	D5	D4	D3	D2	D1	D0
1	清显示	0	0	0	0	0	0	0	0	0	1
2	光标返回	0	0	0	0	0	0	0	0	1	*
3	置输入模式	0	0	0	0	0	0	0	1	I/D	S
4	显示开/关控制	0	0	0	0	0	0	1	D	C	B
5	光标或字符移位	0	0	0	0	0	1	S/C	R/L	*	*
6	置功能	0	0	0	0	1	DL	N	F	*	*

序　　号	指　　令	RS	R/$\overline{\text{W}}$	D7	D6	D5	D4	D3	D2	D1	D0
7	置字符发生存储器地址	0	0	0	1	字符发生存储器地址					
8	置数据存储器地址	0	0	1	显示数据存储器地址						
9	读忙标志或地址	0	1	BF	计数器地址						
10	写数到 CGRAM 或 DDRAM	1	0	要写的数据内容							
11	从 CGRAM 或 DDRAM 读数	1	1	读出的数据内容							

（1）指令 1：清显示，指令码 01H，光标复位到地址 00H 位置。

（2）指令 2：光标复位，光标返回到地址 00H。

（3）指令 3：光标和显示位置设置 I/D，光标移动方向，高电平右移，低电平左移；S：屏幕上所有文字是否左移或右移，高电平表示有效，低电平表示无效。

（4）指令 4：显示开关控制。D：控制整体的显示开与关，高电平表示开显示，低电平表示关显示；C：控制光标的开与关，高电平表示有光标，低电平表示无光标；B：控制光标是否闪烁，高电平闪烁，低电平不闪烁。

（5）指令 5：光标或显示移位 S/C：高电平时显示移动的文字，低电平时移动光标。

（6）指令 6：功能设置命令 DL：高电平时为 4 位总线，低电平时为 8 位总线；N：低电平时为单行显示，高电平时为双行显示；F：低电平时显示 5×7 的点阵字符，高电平时显示 5×10 的显示字符。

（7）指令 7：字符发生器 RAM 地址设置。

（8）指令 8：DDRAM 地址设置。

（9）指令 9：读忙信号和光标地址。BF：忙标志位，高电平表示忙，此时，模块不能接收命令或数据，如果为低电平表示不忙。

1602LCD 与 HD44780 相兼容的芯片时序表，如表 4-3 所示。

表 4-3　1602LCD 时序表

读 状 态	输　入	RS=L, R/$\overline{\text{W}}$ =H, E=H	输　出	D0～D7=状态字
写指令	输入	RS=L, R/$\overline{\text{W}}$ =L, D0～D7=指令码, E=高脉冲	输出	无
读数据	输入	RS=H, R/$\overline{\text{W}}$ =H, E=H	输出	D0～D7=数据
写数据	输入	RS=H, R/$\overline{\text{W}}$ =L, D0～D7=数据, E=高脉冲	输出	无

读/写操作时序，如图 4-10 与图 4-11 所示。

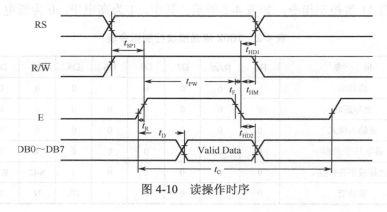

图 4-10　读操作时序

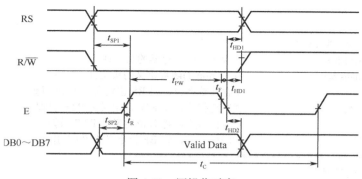

图 4-11　写操作时序

5. 1602 型 LCD 的显示

液晶显示模块是一个慢显示器件，所以，在执行每条指令之前一定要确认模块的忙标志为低电平，表示不忙，否则，此指令失效。要显示字符时要先输入显示字符地址，也就是告诉 1602LCD 在哪里显示字符，1602 的内部显示地址，如图 4-12 所示。

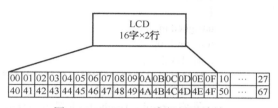

图 4-12　LCD1602 内部显示地址

例如，第二行第一个字符的地址是 40H，那么，是否直接写入 40H 就可以将光标定位在第二行第一个字符的位置呢？这样不行，因为写入显示地址时要求最高位 D7 恒定为高电平 1，所以实际写入的数据应该是 01000000B（40H）+10000000B（80H）=11000000B（C0H）。在对液晶模块的初始化中要先设置其显示模式，在液晶模块显示字符时光标是自动右移的，无须人工干预。每次输入指令前都要判断液晶模块是否处于忙的状态。

4.2.3　软件程序设计

利用 1602 型 LCD 显示字符"ZYH"。使用 1602 型 LCD 前，需要对其显示模式进行初始化设置，过程如下：

（1）延时 15ms（给 1602LCD 一段反应时间）。

（2）写指令 38H（尚未开始工作，所以不需要检测忙信号，将液晶的显示模式设置为"16×2 显示，5×7 点阵，8 位数据接口"）。

（3）延时 5ms。

（4）写指令 38H（不需要检测忙信号）。

（5）延时 5ms。

（6）写指令 38H（不需要检测忙信号）。

（7）延时 5ms（连续设置 3 次，确保初始化成功）。

（8）以后每次写指令、读/写数据操作均需要检测忙信号。

完成 LCD 初始化后，开始检测忙碌状态、写地址、写数据、自动显示，通过这几个步骤，可以让字母在 1602 型 LCD 中显示出来。

案例 24　1602 型 LCD 显示字符"ZYH"。

要求：

① 用 AT89C51 单片机作为控制器，1602 型 LCD 作为显示模块。

② 在 1602 型 LCD 的第 1 行第 8 列开始显示大写英文字母"ZYH"。

③ 显示模式：16×2 显示、5×7 点阵、8 位数据接口；显示开、有光标并且光标闪烁；光标

右移，字符不移。

```
//案例24：1602型LCD显示字符"ZYH"
#include<reg51.h>                  //包含单片机寄存器的头文件
#include<intrins.h>                //包含_nop_()函数定义的头文件
sbit RS=P2^5;                      //寄存器选择位，将RS位定义为P2.5引脚
sbit RW=P2^6;                      //读写选择位，将RW位定义为P2.6引脚
sbit E=P2^7;                       //使能信号位，将E位定义为P2.7引脚
sbit BF=P0^7;                      //忙碌标志位，将BF位定义为P0.7引脚
/**********************************************
函数功能：延时程序
入口参数：m
***********************************************/
void delay(unsigned int m)
{
unsigned int i,j;
for(i=m;i>0;i--)
for(j=110;j>0;j--);
}/*********************************************
函数功能：判断液晶模块的忙碌状态
返回值：result。result=1,忙碌;result=0,不忙
***********************************************/
 unsigned char BusyTest(void)
  {
    bit result;
     RS=0;                         //根据规定，RS为低电平，RW为高电平时，可以读状态
     RW=1;
     E=1;                          //E=1，才允许读/写
     _nop_();                      //空操作
     _nop_();
     _nop_();
     _nop_();                      //空操作四个机器周期，给硬件反应时间
     result=BF;                    //将忙碌标志电平赋给result
     E=0;
     return result;
  }
/***********************************************
函数功能：将模式设置指令或显示地址写入液晶模块
入口参数：dictate
***********************************************/
void WriteInstruction (unsigned char dictate)
{
    while(BusyTest()==1);          //如果忙就等待
    RS=0;                          //根据规定，RS和RW同时为低电平时，可以写入指令
    RW=0;
    E=0;                           //E置低电平，根据表4-3，写指令时，E为高脉冲
                                   //就是让E从0~1发生正跳变，所以应先置0
    _nop_();
    _nop_();                       //空操作两个机器周期，给硬件反应时间
    P0=dictate;                    //将数据送入P0口，即写入指令或地址
    _nop_();
    _nop_();
```

```
        _nop_();
        _nop_();                       //空操作四个机器周期，给硬件反应时间
        E=1;                           //E 置高电平
        _nop_();
        _nop_();
        _nop_();
        _nop_();                       //空操作四个机器周期，给硬件反应时间
        E=0;                           //当 E 由高电平跳变成低电平时，液晶模块开始执行命令
    }
/****************************************************
函数功能：指定字符显示的实际地址
入口参数：x
****************************************************/
    void WriteAddress(unsigned char x)
    {
        WriteInstruction(x|0x80);      //显示位置的确定方法规定为"80H+地址码 x"
    }
/****************************************************
函数功能：将数据（字符的标准 ASCII 码）写入液晶模块
入口参数：y（为字符常量）
****************************************************/
    void WriteData(unsigned char y)
    {
        while(BusyTest()==1);
        RS=1;                          //RS 为高电平，RW 为低电平时，可以写入数据
        RW=0;
        E=0;                           //E 置低电平，根据表 4-3，写指令时，E 为高脉冲，
                                       //就是让 E 从 0～1 发生正跳变，所以应先置 0
        P0=y;                          //将数据送入 P0 口，即将数据写入液晶模块
        _nop_();
        _nop_();
        _nop_();
        _nop_();                       //空操作四个机器周期，给硬件反应时间
        E=1;                           //E 置高电平
        _nop_();
        _nop_();
        _nop_();
        _nop_();                       //空操作四个机器周期，给硬件反应时间
        E=0;                           //当 E 由高电平跳变成低电平时，液晶模块开始执行命令
    }
/****************************************************
函数功能：对 LCD 的显示模式进行初始化设置
****************************************************/
    void LcdInitiate(void)
    {
        delay(15);                     //延时 15ms，首次写指令时应给 LCD 一段较长的反应时间
        WriteInstruction(0x38);        //显示模式设置：16×2 显示，5×7 点阵，8 位数据接口
        delay(5);    //延时 5ms
        WriteInstruction(0x38);
        delay(5);
        WriteInstruction(0x38);
```

```
            delay(5);
            WriteInstruction(0x0f);        //显示模式设置：显示开，有光标，光标闪烁
            delay(5);
            WriteInstruction(0x06);        //显示模式设置：光标右移，字符不移
            delay(5);
            WriteInstruction(0x01);        //清屏幕指令，将以前的显示内容清除
            delay(5);
        }
        void main(void)                    //主函数
        {
          LcdInitiate();                   //调用 LCD 初始化函数
          WriteAddress(0x07);              //将显示地址指定为第 1 行第 8 列
          WriteData('Z');                  //将字符常量"Z"写入液晶模块
                                           //字符的字形点阵读出和显示由液晶模块自动完成
          WriteAddress(0x08);              //将显示地址指定为第 1 行第 9 列
          WriteData('Y');                  //将字符常量"Y"写入液晶模块
          WriteAddress(0x09);              //将显示地址指定为第 1 行第 10 列
          WriteData('H');                  //将字符常量"H"写入液晶模块
        }
```

4.2.4　硬件仿真原理图

　　根据工作任务要求，选用 AT89C51 单片机、时钟电路、复位电路、电源和 1602 型 LCD 构成工作系统，用 P0 口与 1602 型 LCD 的 DB0～DB7 进行数据传递，用 P0.7 引脚连接 DB7，来检测忙碌标志位 BF 的状态。LCD 的 RS、R/W 和 E 三个接口分别接在 P2.5 引脚、P2.6 引脚和 P2.7 引脚，通过 P2.5 引脚、P2.6 引脚和 P2.7 引脚置"0"或"1"，完成对 LED 的控制，进行 LCD 显示。

　　案例 24 的硬件仿真参考原理图如图 4-13 所示。案例 24 的对象选择器显示窗口如图 4-14 所示。

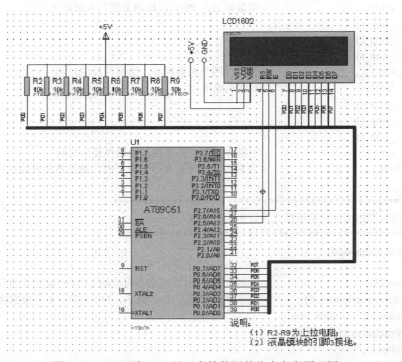

图 4-13　1602 型 LCD 显示字符的硬件仿真参考原理图

图 4-14 案例 24 对象选择器显示窗口

4.2.5 用 Proteus 软硬件仿真运行

将编译好的"案例 24.hex"文件载入"AT89C51"单片机，在仿真环境中单击"运行"按钮，进入仿真运行状态。1602 型 LCD 显示字符"ZYH"的硬件仿真效果，如图 4-15 所示。

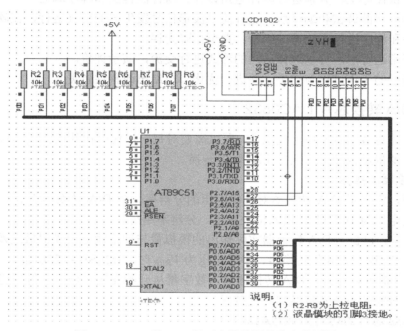

图 4-15 1602 型 LCD 显示字符的硬件仿真效果图

4.2.6 提高练习

提高练习 1：LCD 液晶屏在第一行第八列显示数字"2013"。

提高练习 2：LCD 液晶屏循环右移显示"one word one dream"。

4.2.7 拓展练习

拓展练习：LCD 液晶屏在第一行第八列显示显示数字"2013"；第二行循环右移显示"one word one dream"。

4.3 任务 3 简易波形信号发生器的设计

4.3.1 任务与计划

1. 任务要求

（1）使用单片机控制方式，设计一个简易波形信号发生器装置。要求：AT89C51 单片机作为控制，DAC0832 作为 D/A 转换器；用 DAC0832 将数字信号转换为 0～+5V 的锯齿波电压。

（2）使用仿真软件 Proteus 设计能够完成任务的硬件原理图。

（3）使用单片机程序设计工具软件 Keil μVision，用 Keil C 编写源程序完成软件程序设计并进行软件调试，生成 HEX 文件。

（4）使用 Proteus 软、硬件仿真运行。

2．工作计划

（1）首先进行任务分析，根据任务要求学习 DAC0832 的相关知识，收集单片机控制 DAC0832 的相关资料，学习软件编程所需的 C 语言内容，结合单片机 I/O 端口的功能和使用方法，进行简易波形信号发生器的方案设计。

（2）与合作伙伴分工，分别进行硬件电路设计、软件流程图和程序编写。

（3）在完成程序的调试和编译后，进行简易波形信号发生器的仿真运行，在软硬件联调中，对所设计的电路和程序进行系统调试纠错，直至正确无误。

（4）仿真正常运行后，可以选择适当的形式进行交流，演示评价。

（5）反思自己的工作过程与结果，并进行优化，总结出改善性意见。

4.3.2　认识 D/A 转换芯片 DAC0832

D/A 转换器即将数字量转换为模拟量，所以需要对每一位代码按其权值大小转换成相应的模拟量，然后对模拟量进行相加，从而实现数/模转换。

1．D/A 转换器的指标

（1）分辨率，它表示 D/A 转换器对输出电压的分辨率。如 D/A 转换器为 8 位转换器，其分辨率的最小输出电压是 $1/(2^8-1)$。输入位数越多，分辨率越高。

（2）转换误差，它表示 D/A 转换器实际输出的模拟量与理论输出的模拟量之差。如相对误差不大于 1/2LSB，当 D/A 为 8 位转换器、参考电压为 V_{RER} 时，$1/2LSB=1/256V_{REF}$。

（3）转换建立时间，它表示 D/A 转换器输入数字量从开始变化到输出端得到稳定输出之间的时间。转换建立时间越小，其转换实时性越好。

2．DAC0832 芯片的功能及使用方法

（1）功能：DAC0832 芯片为 8 位数/模转换器，内部由两个 8 位寄存器和一个 8 位 D/A 转换器组成。采用两级寄存器（输入寄存器和输出寄存器），可以实现两级缓存操作，可以单缓冲、双缓冲或直通方式工作。转换时间短，约为 1μs。输出可以为电流或者电压形式（由外接运放进行转换），可由单电源+5～+15V 供电。

（2）DAC0832 芯片 20 引脚双列直插式封装，如图 4-16 所示。引脚功能如下。

① D0～D7：8 位数据输入线，TTL 电平，有效时间应大于 90ns，否则，锁存器的数据会出错。

② ILE：数据锁存允许控制信号输入线，高电平有效。

③ $\overline{CS}$：片选信号输入线（选通数据锁存器），低电平有效。

④ $\overline{WR1}$：数据锁存器写选通输入线，负脉冲（脉宽应大于 500ns）有效。由 ILE、$\overline{CS}$、$\overline{WR1}$ 的逻辑组合产生 $\overline{LE1}$，当 $\overline{LE1}$ 为高电平时，数据锁存器状态随输入数据线变换，$\overline{LE1}$ 的负跳变时将输入数据锁存。

⑤ $\overline{XFER}$：数据传输控制信号输入线，低电平有效，负脉冲（脉宽应大于 500ns）有效。

⑥ $\overline{WR2}$：DAC 寄存器选通输入线，负脉冲（脉宽应大于 500ns）有效。由 $\overline{WR2}$、$\overline{XFER}$ 的逻辑组合产生 $\overline{LE2}$，当 $\overline{LE2}$ 为高电平时，DAC 寄存器的输出随寄存器的输入而变化，$\overline{LE2}$ 的

负跳变时，将数据锁存器的内容写入 DAC 寄存器并开始 D/A 转换。

⑦ IOUT1：电流输出端 1，其值随 DAC 寄存器的内容线性变化。

⑧ IOUT2：电流输出端 2，其值与 IOUT1 值之和为一常数。

⑨ RFB：反馈信号输入线，改变 RFB 端外接电阻值可调整转换满量程精度。

⑩ V_{cc}：电源输入端，V_{cc} 的范围为+5～+15V。

⑪ V_{REF}：基准电压输入线，V_{REF} 的范围为-10～+10V。

⑫ AGND：模拟信号地。

⑬ DGND：数字信号地。

3. DAC0832 工作方式

DAC0832 芯片内部结构图，如图 4-17 所示。它有两个 8 位寄存器和一个 8 位 D/A 转换器，可以单缓冲、双缓冲或直通方式工作。工作方式，如表 4-4 所示，当 $\overline{CS}$ 为低电平，$\overline{WR1}$ 为下降沿，ILE 为高电平，$\overline{WR2}$ 为任意信号时，$\overline{LE1}$ 为脉冲下降沿，将待转换数据 D0～D7 存入输入寄存器；当 $\overline{CS}$ 为低电平，$\overline{WR2}$ 为下降沿，ILE 为高电平，$\overline{XFER}$ 为低电平时，$\overline{LE2}$ 为脉冲下降沿，将输入寄存器内容存入 DAC 寄存器；$\overline{CS}$ 为低电平，$\overline{WR1}$、$\overline{WR2}$ 为低电平，ILE 为高电平，$\overline{XFER}$ 为低电平时，$\overline{LE1}$、$\overline{LE2}$ 为低电平，DAC0832 处于直通工作方式。

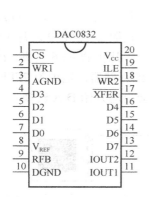

图 4-16 DAC0832 引脚图

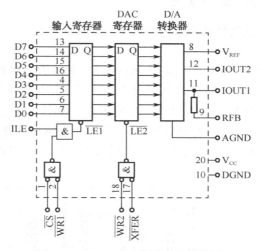

图 4-17 DAC0832 芯片内部结构图

表 4-4 DAC0832 工作方式表

$\overline{CS}$	$\overline{WR1}$	$\overline{WR2}$	ILE	$\overline{XFER}$	$\overline{LE1}$	$\overline{LE2}$	工 作 方 式
L	↓	×	H	×	↓	×	D0～D7 存入输出寄存器
L	×	↓	↓	L	×	↓	输入内容存入 DAC 寄存器
L	L	L	H	L	L	L	直通工作方式

4.3.3 软件程序设计

利用 AT89C51 单片机作控制，DAC0832 作 D/A 转换器，将数字信号转换为 0～5V 的锯齿波。要使 DAC0832 输出的电压是逐渐上升的锯齿波电压，只要让单片机从 P0.0～P0.7 输出不断增大的数据即可。

案例 25：简易波形信号发生器的设计。

要求：

① AT89C51 单片机作控制，DAC0832 作 D/A 转换器。

② 用 DAC0832 将数字信号转换为 0～+5V 的锯齿波电压。

```
//案例 25：简易波形信号发生器
#include<reg51.h>               //包含单片机寄存器的头文件
#include<absacc.h>              //包含对片外存储器地址进行操作的头文件
sbit CS=P2^7;                   //将 CS 位定义为 P2.7 引脚
sbit WR12=P3^6;                 //将 WR12 位定义为 P3.6 引脚
void main(void)
{
    unsigned char i;
    CS=0;                       //输出低电平以选中 DAC0832
    WR12=0;                     //输出低电平以选中 DAC0832
    while(1)
        {
        for(i=0;i<255;i++)
            XBYTE[0x7fff]=i; //将数据 i 送入片外地址 07FFFH，实际上就是通过 P0 口将数据送入 DAC0832
        }
}
```

4.3.4　硬件仿真原理图

案例 25 的硬件仿真参考原理图，如图 4-18 所示。案例 25 的对象选择器显示窗口，如图 4-19 所示。

根据工作任务要求，选用 AT89C51 单片机、时钟电路、复位电路、电源、D/A 转换芯片 DAC0832、运放 LM358 和按键开关等构成了信号发生器系统。按照 DAC0832 芯片工作步骤，如图 4-18 所示的 V_{CC}、ILE 并联于+5V 电源，$\overline{WR1}$、$\overline{WR2}$ 并联于单片机的 P3.6 引脚，$\overline{CS}$、$\overline{XFER}$ 并联于 P2.7。此时，使 DAC0832 相当于一个单片机外部扩展的存储器，地址为 7FFFH，只要采用对片外存储器寻址的方法将数据写入该地址，DAC0832 就会自动开始 D/A 转换。

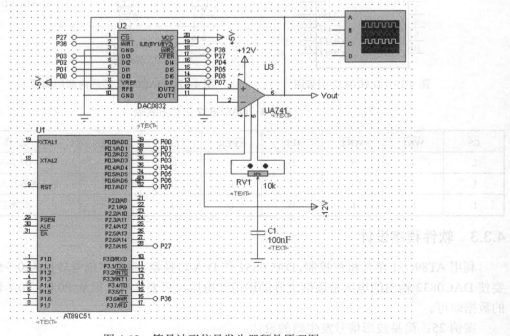

图 4-18　简易波形信号发生器硬件原理图

图 4-19　案例 25 的对象选择器显示窗口

4.3.5　用 Proteus 软硬件仿真运行

将编译好的"案例 25.hex"文件载入"AT89C51"单片机，在仿真环境中单击"运行"按钮，进入仿真运行状态。简易波形信号发生器设计的仿真效果如图 4-20 所示。

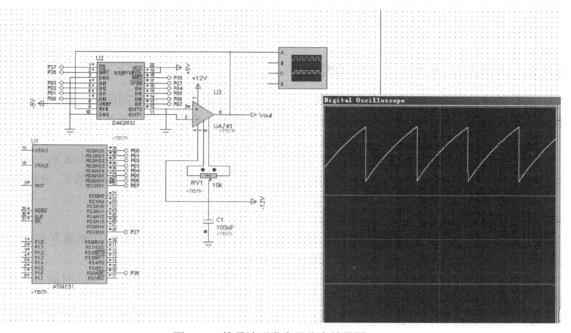

图 4-20　简易波形发生器仿真效果图

4.3.6　提高练习

提高练习：利用 DAC0832 信号发生器产生方波。

4.3.7　拓展练习

拓展练习：利用 DAC0832 信号发生器产生三角波。

4.4　任务 4　基于 ADC0832 的数字电压表设计

4.4.1　任务与计划

1. 任务要求

（1）使用单片机控制方式，设计一个数字电压表。要求：AT89C51 单片机作控制，ADC0832 作 A/D 转换器；将输入的直流电压（0～5V）转换成数字信号后，通过 1602 型 LCD 显示出来。

（2）使用仿真软件 Proteus 设计能够完成任务的硬件原理图。

（3）使用单片机程序设计工具软件 Keil μVision，用 Keil C 编写源程序完成软件程序设计并进行软件调试，生成 HEX 文件。

（4）使用 Proteus 软、硬件仿真运行。

2. 工作计划

（1）首先进行任务分析，根据任务要求学习 ADC0832 的相关知识，收集单片机控制 ADC0832 的相关资料，学习软件编程所需的 C 语言内容，结合单片机 I/O 端口的功能和使用方法，进行基于 ADC0832 的数字电压表的方案设计。

（2）与合作伙伴分工，分别进行硬件电路设计、软件流程图和程序编写。

（3）在完成程序的调试和编译后，进行基于 ADC0832 的数字电压表的仿真运行，在软、硬件联调中，对所设计的电路和程序进行系统调试纠错，直至正确无误。

（4）仿真正常运行后，可以选择适当的形式进行交流，演示评价。

（5）反思自己的工作过程与结果，并进行优化，总结出改善性意见。

4.4.2　认识 A/D 转换芯片 ADC0832

A/D 转换器即将模拟量转换为数字量，所以需要对模拟量进行等时间间隔取样，然后对采样值进行数字量的转换工作。通常，A/D 转换需要通过采样、保持、量化及编码 4 个步骤。

1. A/D 转换器的指标

（1）分辨率，它表示转换器对输入信号的分辨能力。例如，A/D 转换器输出为 8 位二进制数，输出信号电压最大值为 5V，则其能分辨的最小电压为 $5V \times 1/2^8 = 19.5mV$。输出位数越多，分辨率越高。

（2）转换误差，它表示 A/D 转换器实际输出的数字量与理论输出的数字量之差。一般用最低有效位表示，如相对误差不大于 1/2LSB。

（3）转换精度，它主要体现在 A/D 转换时的最大量化误差。一般 A/D 转换器在量化过程中采用四舍五入的方法，因此，最大量化误差为分辨率的 1/2。

（4）转换时间，它表示 A/D 转换器从开始转换到输出端得到稳定输出之间的时间。其转换时间越小，其转换速度越快，实时性越好。

2. ADC0832 芯片的功能及使用方法

（1）功能：ADC0832 芯片为一种 8 位分辨率、双通道模/数转换芯片，可以和单片机直接接口，分别对两路模拟信号实现模/数转换，可以在单端输入方式和差分输入方式下工作。

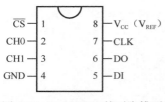

（2）使用方法：ADC0832 芯片有 8 个引脚，采用双列直插式封装，如图 4-21 所示。

① $\overline{CS}$：片选端，低电平时选中芯片。

② CH0：模拟输入通道 0。

③ CH1：模拟输入通道 1。

④ GND：芯片接地端。

⑤ DI：数据信号输入，选择通道控制。

图 4-21　ADC0832 的引脚排列

⑥ DO：数据信号输出，转换数据输出。

⑦ CLK：芯片时钟输入端。

⑧ V_{CC}：电源输入端。

（3）ADC0832 控制原理。

正常情况下，ADC0832 与单片机的接口应为 4 条数据线，分别是 $\overline{CS}$、CLK、DO、DI。但由于 DO 端与 DI 端在通信时并未同时有效并与单片机的接口是双向的，因此电路设计时可以将

DO 和 DI 并联在一根数据线上使用。当 ADC0832 未工作时，其 $\overline{CS}$ 输入端应为高电平，此时芯片禁用，CLK 和 DO/DI 的电平可任意。当要进行 A/D 转换时，须先将 $\overline{CS}$ 使能端置于低电平并且保持低电平直到转换完全结束。此时芯片开始转换工作，同时由处理器向芯片时钟输入端 CLK 输入时钟脉冲，DO/DI 端则使用 DI 端输入通道功能选择的数据信号。在第一个时钟脉冲的下降之前 DI 端必须是高电平，表示起始信号。在第 2、3 个脉冲下降之前 DI 端应输入 2 位数据用于选择通道功能：

① 当两位数据为 "1"、"0" 时，只对 CH0 进行单通道转换。

② 当两位数据为 "1"、"1" 时，只对 CH1 进行单通道转换。

③ 当两位数据为 "0"、"0" 时，将 CH0 作为正输入端 IN+，CH1 作为负输入端 IN–进行输入。

④ 当两位数据为 "0"、"1" 时，将 CH0 作为负输入端 IN–，CH1 作为正输入端 IN+进行输入。

到第 3 个脉冲的下降沿之后，DI 端的输入电平就失去输入作用，此后 DO/DI 端则开始利用数据输出 DO 进行转换数据的读取。从第 4 个脉冲下降开始，由 DO 端输出转换数据最高位 DATA7，随后每一个脉冲下降 DO 端输出下一位数据。直到第 11 个脉冲时发出最低位数据 DATA0，一个字节的数据输出完成。也正是从此位开始输出下一个相反字节的数据，即从第 11 个字节的下降输出 DATD0。随后输出 8 位数据，到第 19 个脉冲时数据输出完成，也标志着一次 A/D 转换的结束。最后将 $\overline{CS}$ 置高电平禁用芯片，直接将转换后的数据进行处理就可以了。图 4-22 为 ADC0832 的工作时序图。

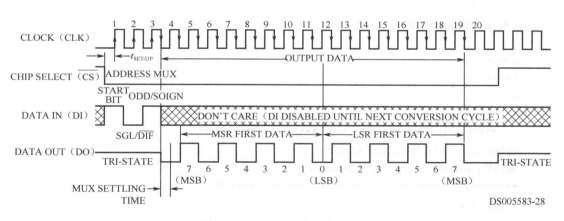

图 4-22　ADC0832 的工作时序

4.4.3　软件程序设计

利用 AT89C51 单片机作控制，ADC0832 作为 A/D 转换器实现数字电压表的功能，通过调节电位器调整输入电压幅度，并用 1602 型 LCD 显示实际电压值。

编写程序时，首先将 ADC0832 的片选端口 $\overline{CS}$ 接地（置低电平 0），然后在第一个时钟脉冲下降沿之前将 DI 端置为高电平，即可启动 ADC0832。在启动完 ADC0832 后，开始进行通道的选择，本案例选择 CH0 作为模拟信号输入通道，DI 在第 2、3 个脉冲的下降沿之前，分别输入 1 和 0。接下来读取 A/D 数字，然后在 LCD 上显示出来，具体程序如下所示。

案例 26：基于 ADC0832 的数字电压表的设计与仿真。

要求：

① AT89C51 单片机作控制，ADC0832 作为 A/D 转换器。

② 将输入的直流电压（0～5V）转换成数字信号后，通过 1602 型 LCD 显示出来。

```c
//案例 26：基于 ADC0832 的数字电压表
#include<reg51.h>              //包含单片机寄存器的头文件
#include<intrins.h>            //包含_nop_()函数定义的头文件
sbit CS=P3^5;                  //将 CS 位定义为 P3.5 引脚
sbit CLK=P1^2;                 //将 CLK 位定义为 P1.2 引脚
sbit DIO=P1^3;                 //将 DIO 位定义为 P1.3 引脚
unsigned char code digit[10]={"0123456789"};     //定义字符数组显示数字
unsigned char code Str[]={"Volt="};              //说明显示的是电压
/*****************************************************************
以下是对液晶模块的操作程序
******************************************************************/
sbit RS=P2^5;                 //寄存器选择位，将 RS 位定义为 P2.5 引脚
sbit RW=P2^6;                 //读写选择位，将 RW 位定义为 P2.6 引脚
sbit E=P2^7;                  //使能信号位，将 E 位定义为 P2.7 引脚
sbit BF=P0^7;                 //忙碌标志位，将 BF 位定义为 P0.7 引脚
/***********************************************
函数功能：延时程序 n 毫秒
入口参数：n
***********************************************/
void delaynms(unsigned int n)
{
unsigned int i,j;
for(i=n;i>0;i--)
for(j=110;j>0;j--);
}
/***********************************************
函数功能：判断液晶模块的忙碌状态
返回值：result。result=1，忙碌;result=0，不忙
***********************************************/
bit BusyTest(void)
  {
    bit result;
    RS=0;                     //根据规定，RS 为低电平，RW 为高电平时，可以读状态
    RW=1;
    E=1;                      //E=1，才允许读/写
    _nop_();                  //空操作
    _nop_();
    _nop_();
    _nop_();                  //空操作四个机器周期，给硬件反应时间
    result=BF;                //将忙碌标志电平赋给 result
    E=0;                      //将 E 恢复为低电平
  return result;
  }
```

```
/*******************************************************
函数功能：将模式设置指令或显示地址写入液晶模块
入口参数：dictate
*******************************************************/
void WriteInstruction (unsigned char dictate)
{
    while(BusyTest()==1);          //如果忙则等待
    RS=0;                          //根据规定，RS 和 RW 同时为低电平时，可以写入指令
    RW=0;
    E=0;                           //E 置低电平，根据表 4-3，写指令时，E 为高脉冲
                                   //就是让 E 从 0～1 发生正跳变，所以应先置 0
    _nop_();
    _nop_();                       //空操作两个机器周期，给硬件反应时间
    P0=dictate;                    //将数据送入 P0 口，即写入指令或地址
    _nop_();
    _nop_();
    _nop_();
    _nop_();                       //空操作四个机器周期，给硬件反应时间
    E=1;                           //E 置高电平
    _nop_();
    _nop_();
    _nop_();
    _nop_();                       //空操作四个机器周期，给硬件反应时间
    E=0;                           //当 E 由高电平跳变成低电平时，液晶模块开始执行命令
}
/*******************************************************
函数功能：指定字符显示的实际地址
入口参数：x
*******************************************************/
void WriteAddress(unsigned char x)
{
    WriteInstruction(x|0x80);     //显示位置的确定方法规定为"80H+地址码 x"
}
/*******************************************************
函数功能：将数据(字符的标准 ASCII 码)写入液晶模块
入口参数：y(为字符常量)
*******************************************************/
void WriteData(unsigned char y)
{
    while(BusyTest()==1);
    RS=1;                          //RS 为高电平，RW 为低电平时，可以写入数据
    RW=0;
    E=0;                           //E 置低电平，根据表 4-3，写指令时，E 为高脉冲
                                   //就是让 E 从 0～1 发生正跳变，所以应先置 0
    P0=y;                          //将数据送入 P0 口，即将数据写入液晶模块
    _nop_();
```

```
        _nop_();
        _nop_();
      _nop_();                        //空操作四个机器周期，给硬件反应时间
       E=1;                           //E 置高电平
       _nop_();
       _nop_();
       _nop_();
       _nop_();                        //空操作四个机器周期，给硬件反应时间
       E=0;                           //当 E 由高电平跳变成低电平时，液晶模块开始执行命令
  }
```
/***
函数功能：对 LCD 的显示模式进行初始化设置
***/
```
void LcdInitiate(void)
{
      delaynms(15);                    //延时 15ms，首次写指令时应给 LCD 一段较长的反应时间
      WriteInstruction(0x38);          //显示模式设置：16×2 显示，5×7 点阵，8 位数据接口
      delaynms(5);                     //延时 5ms，给硬件反应时间
      WriteInstruction(0x38);
      delaynms(5);                     //延时 5ms，给硬件反应时间
      WriteInstruction(0x38);          //连续三次，确保初始化成功
      delaynms(5);                     //延时 5ms，给硬件反应时间
      WriteInstruction(0x0c);          //显示模式设置：显示开，无光标，光标不闪烁
      delaynms(5);                     //延时 5ms，给硬件反应时间
      WriteInstruction(0x06);          //显示模式设置：光标右移，字符不移
      delaynms(5);                     //延时 5ms，给硬件反应时间
      WriteInstruction(0x01);          //清屏幕指令，将以前的显示内容清除
      delaynms(5);                     //延时 5ms，给硬件反应时间
  }
```
/**
以下是电压显示的说明
**/
/***
函数功能：显示电压符号
***/
```
void display_volt(void)
  {
      unsigned char i;
      WriteAddress(0x03);              //写显示地址，将在第 2 行第 1 列开始显示
      i = 0;                           //从第一个字符开始显示
      while(Str[i] != '\0')            //只要没有写到结束标志，则继续写
        {
            WriteData(Str[i]);         //将字符常量写入 LCD
            i++;                       //指向下一个字符
          }
  }
```

```
/***********************************************
函数功能：显示电压的小数点
***********************************************/
void          display_dot(void)
{
        WriteAddress(0x09);              //写显示地址，将在第 1 行第 10 列开始显示
        WriteData('.');                  //将小数点的字符常量写入 LCD
}
/***********************************************
函数功能：显示电压的单位(V)
***********************************************/
void          display_V(void)
{
        WriteAddress(0x0c);              //写显示地址，将在第 2 行第 13 列开始显示
        WriteData('V');                  //将字符常量写入 LCD

}
/***********************************************
函数功能：显示电压的整数部分
入口参数：x
***********************************************/
void display1(unsigned char x)
{
        WriteAddress(0x08);              //写显示地址，将在第 2 行第 7 列开始显示
        WriteData(digit[x]);             //将百位数字的字符常量写入 LCD
 }
/***********************************************
函数功能：显示电压的小数数部分
入口参数：x
***********************************************/
 void display2(unsigned char x)
{
        unsigned char i,j;
        i=x/10;                          //取十位（小数点后第一位）
        j=x%10;                          //取个位（小数点后第二位）
     WriteAddress(0x0a);                 //写显示地址，将在第 1 行第 11 列开始显示
        WriteData(digit[i]);             //将小数部分的第一位数字字符常量写入 LCD
        WriteData(digit[j]);             //将小数部分的第二位数字字符常量写入 LCD
}
/***********************************************
函数功能：将模拟信号转换成数字信号
***********************************************/
unsigned char    A_D()
{
  unsigned char i,dat;
    CS=1;                                //一个转换周期开始
    CLK=0;                               //为第一个脉冲作准备
    CS=0;                                //CS 置 0，片选有效
    DIO=1;                               //DIO 置 1，规定的起始信号
```

```
        CLK=1;                              //第一个脉冲
        CLK=0;                              //第一个脉冲的下降沿，此前，DIO 必须是高电平
        DIO=1;                              //DIO 置 1，通道选择信号
        CLK=1;                              //第二个脉冲，第 2、3 个脉冲下沉之前，DI 必须跟别输入
两位数据用于选择通道，这里选通道 CH0
        CLK=0;                              //第二个脉冲下降沿
        DIO=0;                              //DI 置 0，选择通道 0
        CLK=1;                              //第三个脉冲
        CLK=0;                              //第三个脉冲下降沿
        DIO=1;                              //第三个脉冲下沉之后，输入端 DIO 失去作用，应置 1
        CLK=1;                              //第四个脉冲
        for(i=0;i<8;i++)                    //高位在前
          {
            CLK=1;                          //第四个脉冲
            CLK=0;
            dat<<=1;                        //将下面储存的低位数据向右移
              dat|=(unsigned char)DIO;      //将输出数据 DIO 通过或运算储存在 dat 最低位
          }
        CS=1;                               //片选无效
          return dat;                       //将读取的数据返回
      }
/***********************************************
函数功能：主函数
***********************************************/
main(void)
{
    unsigned int AD_val;                    //储存 A/D 转换后的值
    unsigned char Int,Dec;                  //分别储存转换后的整数部分与小数部分
    LcdInitiate();                          //将液晶初始化
    delaynms(5);                            //延时 5ms 给硬件一点反应时间
      display_volt();                       //显示温度说明
    display_dot();                          //显示温度的小数点
    display_V();                            //显示温度的单位
    while(1)
      {
            AD_val= A_D();                  //进行 A/D 转换
            Int=(AD_val)/51;                //计算整数部分
            Dec=(AD_val%51)*100/51;         //计算小数部分
          display1(Int);                    //显示整数部分
            display2(Dec);                  //显示小数部分
            delaynms(250);                  //延时 250ms
          }

}
```

4.4.4　硬件仿真原理图

案例 26 的硬件仿真参考原理图如图 4-23 所示。案例 26 的对象选择器显示窗口如图 4-24
所示。

根据工作任务要求，选用 AT89C51 单片机、时钟电路、复位电路、电源、1602 型 LCD、A/D 转换芯片 ADC0832、电位计 POT-LOG 和电阻电容等构成了数字电压表装置。

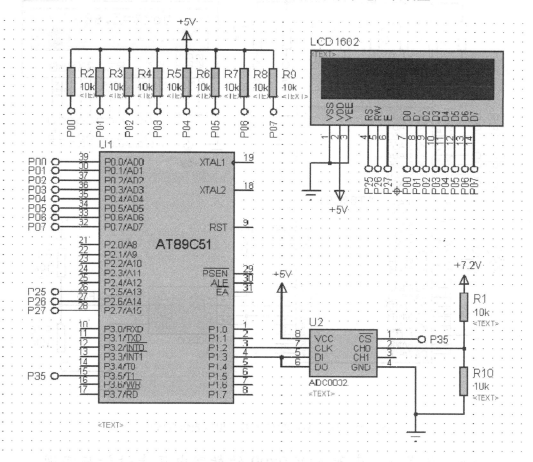

图 4-23　基于 ADC0832 的数字电压表的硬件仿真参考原理图

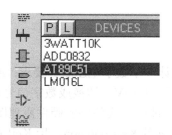

图 4-24　案例 26 的对象选择器显示窗口

4.4.5　用 Proteus 软硬件仿真运行

将编译好的"案例 26.hex"文件载入"AT89C51"单片机，在仿真环境中单击"运行"按钮，进入仿真运行状态。基于 ADC0832 的数字电压表的仿真效果如图 4-25 所示。

4.4.6　提高练习

提高练习：尝试改变基于 ADC0832 的数字电压表中的通道。

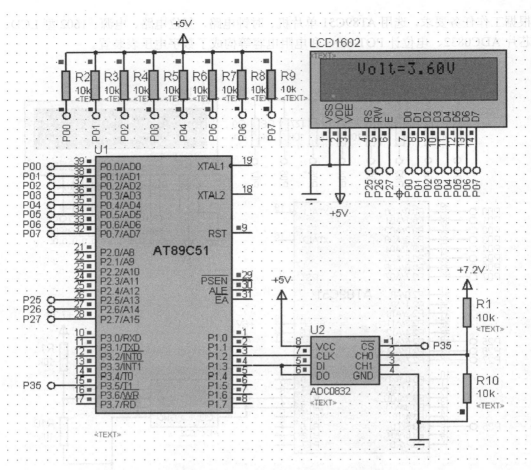

图 4-25　基于 ADC0832 的数字电压表仿真效果图

4.5　任务 5　基于 ADC0809 的数字电压表设计与实现

4.5.1　任务与计划

1. 任务要求

（1）使用单片机控制方式，设计一个数字电压表。要求：AT89C51 单片机作控制，ADC0809 作 A/D 转换器；将输入的直流电压（0～5V）转换成数字信号后，通过 1602 型 LCD 显示出来。

（2）使用仿真软件 Proteus 设计能够完成任务的硬件原理图。

（3）使用单片机程序设计工具软件 Keil μVision，用 Keil C 编写源程序完成软件程序设计并进行软件调试，生成 HEX 文件。

（4）使用 Proteus 软、硬件仿真运行。

（5）完成单片机控制基于 ADC0809 的数字电压表设计与实现任务。

2. 工作计划

（1）首先进行任务分析，根据任务要求学习 ADC0809 的相关知识，收集单片机控制 ADC0809 的相关资料，学习软件编程所需的 C 语言内容，结合单片机 I/O 端口的功能和使用方法，进行基于 ADC0809 的数字电压表的方案设计。

（2）与合作伙伴分工，分别进行硬件电路设计、软件流程图和程序编写。

（3）在完成程序的调试和编译后，进行基于 ADC0809 的数字电压表的仿真运行，在软硬件联调中，对所设计的电路和程序进行系统调试纠错，直至正确无误。

（4）仿真正常运行后，可以选择适当的形式进行交流，演示评价。

（5）反思自己的工作过程与结果，并进行优化，总结出改善性意见。

4.5.2　认识 A/D 转换芯片 ADC0809

A/D 转换器是将模拟量转换为数字量，所以需要对模拟量进行等时间间隔取样，然后对采样值进行数字量的转换工作。通常，A/D 转换需要通过采样、保持、量化及编码 4 个步骤。

1. A/D 转换器的指标

从 4.4.2 章节中我们可以知道，A/D 转换器的指标包含分辨率、转换精度，转换误差和转换时间，对照这些指标，我们可以比较 ADC0832 与 ADC0809 的区别，ADC0832 与 ADC0809 的分辨率、转换精度，转换误差是一样的，只有转换时间不一样，参考 ADC0832 与 ADC0809 芯片手册，我们可以看到转换时间分别为 32μs 和 100μs。

2. ADC0809 芯片的功能以及使用方法

（1）功能：ADC0809 芯片为 8 通道模/数转换器，可以和单片机直接接口，将 IN0～IN7 任何一通道输入的模拟电压转换成 8 位二进制数。

（2）使用方法：ADC0809 芯片有 28 个引脚，采用双列直插式封装，如图 4-26 所示。各引脚功能如下。

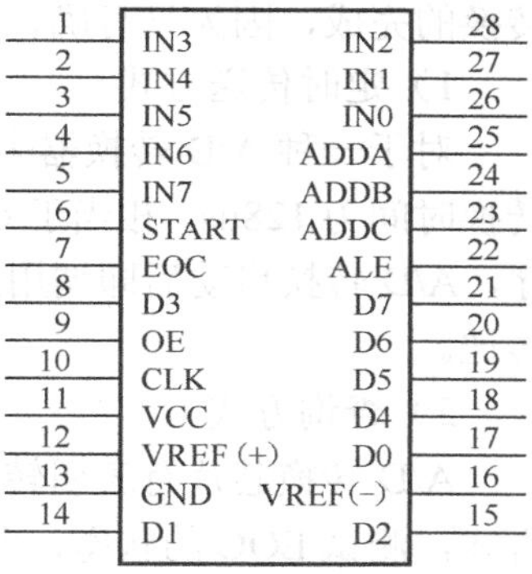

① IN0～IN7：8 路模拟量输入端。可输入 0～5V 待转换的模拟电压。本实例中采用 IN0 通道。

② D0～D7：8 位数字量输出端。三态输出，D7 是最高位，D0 是最低位。

③ ADDA、ADDB、ADDC：3 位地址输入线，用于选通 8 路模拟输入中的一路，通道选择表，如表 4-5 所示。在本实例中直接将 ADDA、ADDB、ADDC 接地，选择 IN0 通道。

④ ALE：地址锁存允许信号，输入，高电平有效。

⑤ START：A/D 转换启动脉冲输入端，输入一个正脉冲（至少宽为 100μs）使其启动（脉冲上升沿使 0809 复位，下降沿启动 A/D 转换）。

图 4-26　ADC0809 引脚排列

⑥ EOC：A/D 转换结束信号，输出，当 A/D 转换结束时，此端输出一个高电平（转换期间一直为低电平）。

⑦ OE：数据输出允许信号，输入，高电平有效。当 A/D 转换结束时，此端输入一个高电平，才能打开输出三态门，输出数字量。

⑧ CLK：时钟脉冲输入端。要求时钟频率不高于 640kHz。

⑨ VREF（+）、VREF（-）：基准电压。ADC0809 参考电压为 +5V。

表 4-5　ADC0809 输入通道地址

地　址　码			输入通道
ADDC	ADDB	ADDA	
0	0	0	IN0
0	0	1	IN1

地 址 码			输入通道
ADDC	ADDB	ADDA	
0	1	0	IN2
0	1	1	IN3
1	0	0	IN4
1	0	1	IN5
1	1	0	IN6
1	1	1	IN7

3. ADC0809 芯片的工作过程

首先输入 3 位地址，并使 ALE=1，将地址存入地址锁存器中。此地址经译码选通 8 路模拟输入之一到比较器。START 上升沿将逐次逼近寄存器复位。下降沿启动 A/D 转换，之后，EOC 输出信号变低，指示转换正在进行。直到 A/D 转换完成，EOC 变为高电平，指示 A/D 转换结束，结果数据已存入锁存器，这个信号可用作中断申请。当 OE 输入高电平时，输出三态门打开，转换结果的数字量输出到数据总线上。

A/D 转换后得到的数据应及时传送给单片机进行处理。数据传送的关键问题是如何确认 A/D 转换的完成，因为只有确认完成后，才能进行传送。为此可采用下述三种方式。

1）定时传送方式

对于一种 A/D 转换器来说，转换时间作为一项技术指标是已知的和固定的。例如，ADC0809 转换时间为 128μs，相当于 6MHz 的 MCS-51 单片机共 64 个机器周期。可据此设计一个延时子程序，A/D 转换启动后即调用此子程序，延迟时间一到，转换肯定已经完成了，接着就可进行数据传送。

2）查询方式

A/D 转换芯片有表明转换完成的状态信号，例如，ADC0809 的 EOC 端。因此，可以用查询方式，测试 EOC 的状态，即可确认转换是否完成，并接着进行数据传送。

3）中断方式

把表示转换完成的状态信号（EOC）作为中断请求信号，以中断方式进行数据传送。

不管使用上述哪种方式，只要一旦确定转换完成，即可通过指令进行数据传送。

4.5.3 软件程序设计

利用 AT89C51 单片机作控制，ADC0809 作 A/D 转换器实现数字电压表的功能，通过调节电位器调整输入电压幅度，并用 1602 型 LCD 显示实际电压值。具体任务内容见 4.5.1 节。

编写程序思路：首先定义启动信号、输出允许信号、输入地址锁存信号、A/D 转换结束信号及 CLK 时钟信号变量。CLK 接外部时钟，在 ALE 信号的上升沿锁存输入信号通道，START 信号的上升沿开始启动 A/D 转换，待 A/D 转换结束，EOC 信号为高电平，且 OE 信号输出允许时，将转换值分别求出各位数字，通过 1602 型 LCD 显示出来。具体程序参见案例 27。

案例 27：基于 ADC0809 的数字电压表的设计。

要求：

① AT89C51 单片机作控制，ADC0809 作 A/D 转换器。

② 将输入的直流电压（0～5V）转换成数字信号后，通过 1602 型 LCD 显示出来。

/案例 27：基于 ADC0808/ADC0809 的数字电压表设计

```c
#include<reg51.h>              //包含单片机寄存器的头文件
#include<intrins.h>            //包含_nop_()函数定义的头文件
sbit START=P3^0;              //将 START 定义为 P3.0
sbit OE=P3^1;                 //将 OE 定义为 P3.1
sbit ALE=P3^2;                //将 ALE 定义为 P3.2
sbit EOC=P3^3;                //将 EOC 定义为 P3.3
unsigned char code digit[10]={"0123456789"};    //定义字符数组显示数字
unsigned char code Str[]={"Volt="};             //说明显示的是电压
```
/***
以下是对液晶模块的操作程序
***/
```c
sbit RS=P2^5;                 //寄存器选择位，将 RS 位定义为 P2.5 引脚
sbit RW=P2^6;                 //读/写选择位，将 RW 位定义为 P2.6 引脚
sbit E=P2^7;                  //使能信号位，将 E 位定义为 P2.7 引脚
sbit BF=P0^7;                 //忙碌标志位，将 BF 位定义为 P0.7 引脚
```
/**
函数功能：延时程序 n 毫秒
入口参数：n
**/
```c
void delaynms(unsigned int n)
{
unsigned int i,j;
for(i=n;i>0;i--)
for(j=110;j>0;j--);
}
```
/**
函数功能：判断液晶模块的忙碌状态
返回值：result。result=1,忙碌;result=0，不忙
**/
```c
bit BusyTest(void)
  {
    bit result;
    RS=0;              //根据规定，RS 为低电平，RW 为高电平时，可以读状态
    RW=1;
    E=1;               //E=1，才允许读/写
    _nop_();           //空操作
    _nop_();
    _nop_();
    _nop_();           //空操作四个机器周期，给硬件反应时间
    result=BF;         //将忙碌标志电平赋给 result
    E=0;               //将 E 恢复低电平
    return result;
  }
```
/**
函数功能：将模式设置指令或显示地址写入液晶模块
入口参数：dictate
**/
```c
void WriteInstruction (unsigned char dictate)
```

• 181 •

```c
{
    while(BusyTest()==1);          //如果忙就等待
        RS=0;                      //根据规定，RS 和 RW 同时为低电平时，可以写入指令
        RW=0;
        E=0;                       //E 置低电平，根据表 4-3，写指令时，E 为高脉冲，
                                   //就是让 E 从 0～1 发生正跳变，所以应先置 0
        _nop_();
        _nop_();                   //空操作两个机器周期，给硬件反应时间
        P0=dictate;                //将数据送入 P0 口，即写入指令或地址
        _nop_();
        _nop_();
        _nop_();
        _nop_();                   //空操作四个机器周期，给硬件反应时间
        E=1;                       //E 置高电平
        _nop_();
        _nop_();
        _nop_();
        _nop_();                   //空操作四个机器周期，给硬件反应时间
        E=0;                       //当 E 由高电平跳变成低电平时，液晶模块开始执行命令
}
/***********************************************
函数功能：指定字符显示的实际地址
入口参数：x
***********************************************/
void WriteAddress(unsigned char x)
{
    WriteInstruction(x|0x80);      //显示位置的确定方法规定为"80H+地址码 x"
}
/***********************************************
函数功能：将数据（字符的标准 ASCII 码）写入液晶模块
入口参数：y（为字符常量）
***********************************************/
void WriteData(unsigned char y)
{
    while(BusyTest()==1);
        RS=1;                      //RS 为高电平，RW 为低电平时，可以写入数据
        RW=0;
        E=0;                       //E 置低电平，根据表 4-3，写指令时，E 为高脉冲，
                                   //就是让 E 从 0～1 发生正跳变，所以应先置 0
        P0=y;                      //将数据送入 P0 口，即将数据写入液晶模块
        _nop_();
        _nop_();
        _nop_();
        _nop_();                   //空操作四个机器周期，给硬件反应时间
        E=1;                       //E 置高电平
        _nop_();
        _nop_();
        _nop_();
        _nop_();                   //空操作四个机器周期，给硬件反应时间
```

```
        E=0;                        //当 E 由高电平跳变成低电平时，液晶模块开始执行命令
    }
/**********************************************
函数功能：对 LCD 的显示模式进行初始化设置
**********************************************/
void LcdInitiate(void)
{
    delaynms(15);               //延时 15ms，首次写指令时应给 LCD 一段较长的反应时间
    WriteInstruction(0x38);     //显示模式设置：16×2 显示，5×7 点阵，8 位数据接口
    delaynms(5);                //延时 5ms，给硬件反应时间
    WriteInstruction(0x38);
    delaynms(5);                //延时 5ms，给硬件反应时间
    WriteInstruction(0x38);     //连续三次，确保初始化成功
    delaynms(5);                //延时 5ms，给硬件反应时间
    WriteInstruction(0x0c);     //显示模式设置：显示开，无光标，光标不闪烁
    delaynms(5);                //延时 5ms，给硬件反应时间
    WriteInstruction(0x06);     //显示模式设置：光标右移，字符不移
    delaynms(5);                //延时 5ms，给硬件反应时间
    WriteInstruction(0x01);     //清屏幕指令，将以前的显示内容清除
    delaynms(5);                //延时 5ms，给硬件反应时间
}
/**********************************************
以下是电压显示的说明
**********************************************/
/**********************************************
函数功能：显示电压符号
**********************************************/
void display_volt(void)
 {
    unsigned char i;
    WriteAddress(0x03);         //写显示地址，将在第 2 行第 1 列开始显示
    i = 0;                      //从第一个字符开始显示
    while(Str[i] != '\0')       //只要没有写到结束标志，则继续写
      {
        WriteData(Str[i]);      //将字符常量写入 LCD
        i++;                    //指向下一个字符
      }
}
/**********************************************
函数功能：显示电压的小数点
**********************************************/
void     display_dot(void)
{
    WriteAddress(0x09);         //写显示地址，将在第 1 行第 10 列开始显示
    WriteData('.');             //将小数点的字符常量写入 LCD
}
/**********************************************
函数功能：显示电压的单位（V）
**********************************************/
void     display_V(void)
{
```

```
            WriteAddress(0x0c);            //写显示地址，将在第 2 行第 13 列开始显示
            WriteData('V');                //将字符常量写入 LCD
}
/******************************************************/
函数功能：显示电压的整数部分
入口参数：x
******************************************************/
void display1(unsigned char x)
{
        WriteAddress(0x08);               //写显示地址,将在第 2 行第 7 列开始显示
        WriteData(digit[x]);              //将百位数字的字符常量写入 LCD
}
/******************************************************/
函数功能：显示电压的小数数部分
入口参数：x
******************************************************/
 void display2(unsigned char x)
{
      unsigned char i,j;
      i=x/10;                             //取十位（小数点后第一位）
      j=x%10;                             //取个位（小数点后第二位）
      WriteAddress(0x0a);                 //写显示地址，将在第 1 行第 11 列开始显示
      WriteData(digit[i]);               //将小数部分的第一位数字字符常量写入 LCD
      WriteData(digit[j]);               //将小数部分的第二位数字字符常量写入 LCD
}
/******************************************************/
函数功能：将模拟信号转换成数字信号
******************************************************/
unsigned char   A_D()
{
   unsigned char valu;
    OE=0;                                //开启 ADC0809，具体参看 ADC0809 手册
ALE=0;
START=0;
ALE=1;                                   //ALE 产生一正脉冲
START=1;                                 //START 产生一正脉冲
ALE=0;
START=0;
while(EOC==0);                           //等待转换结束
OE=1;                                    //打开输出有效
valu=P1;                                 //把结果输出到 valu 中
OE=0;                                    //片选无效
      return valu;                       //将读出的数据返回
  }
/******************************************************/
函数功能：主函数
******************************************************/
main(void)
{
   unsigned int AD_val;                  //储存 A/D 转换后的值
   unsigned char Int,Dec;                //分别储存转换后的整数部分与小数部分
```

```
LcdInitiate();                          //将液晶初始化
delaynms(5);                            //延时 5ms 给硬件反应时间
  display_volt();                       //显示温度说明
display_dot();                          //显示温度的小数点
display_V();                            //显示温度的单位
while(1)
    {
        AD_val= A_D();                  //进行 A/D 转换
        Int=(AD_val)/51;                //计算整数部分
        Dec=(AD_val%51)*100/51;         //计算小数部分
    display1(Int);                      //显示整数部分
        display2(Dec);                  //显示小数部分
        delaynms(250);                  //延时 250ms
    }
}
```

4.5.4 用 Proteus 软硬件仿真运行

根据工作任务要求，选用 AT89C51 单片机、时钟电路、复位电路、电源、1602 型 LCD、A/D 转换芯片 ADC0809、电阻和电容等，构成了基于 ADC0809 的电压表装置，将 ADDA、ADDB、ADDC 接地，选通 IN0 通道，CLK 与外部时钟相连，单片机通过外部时钟输出时钟信号供 ADC0809 使用，START 与 P3.0 相连，OUT1～OUT8，8 位转换结果输出端与 P1 口相连，从 P1 口输出转换结果，EOC 与 P3.3 相连，ALEA 与 P3.2 相连，OE 与 P3.1 相连。

将编译好的"案例 27.hex"文件载入"AT89C51"单片机，在仿真环境中单击"运行"按钮，进入仿真运行状态。基于 ADC0808/ADC0809 的数字电压表的仿真效果如图 4-27 所示。案例 27 的对象选择器显示窗口如图 4-28 所示。

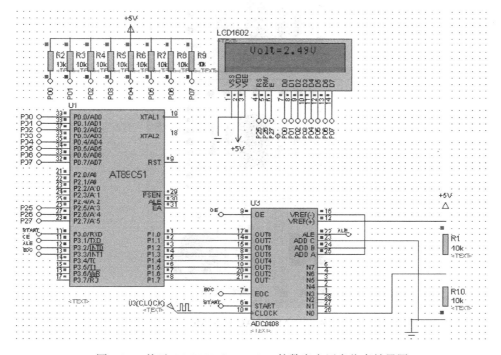

图 4-27 基于 ADC0808/ADC0809 的数字电压表仿真效果图

图 4-28　案例 27 对象选择器显示窗口

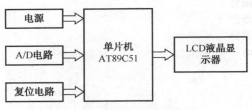

图 4-29　系统方案设计框图

4.5.5　数字电压表的设计与实现

1. 系统方案设计

根据工作任务要求，选用 AT89C51 单片机、时钟电路、复位电路、电源、1602 型 LCD、A/D 转换电路、电阻和电容等构成工作系统，完成对 LCD1602 液晶显示器控制。该系统方案设计框图，如图 4-29 所示。

选用 AT89C51 单片机、复位电路、电源和 8 个 LED 数码管。

2. 认识 YL-236 型单片机实训平台的 ADC/DAC 模块 MCU07

认识 YL-236 型单片机实训平台，会操作 MCU01 主机模块、MCU02 电源模块、MCU07ADC/DAC 模块、MCU04 显示模块和 SL-USBISP-A 在线下载器。

ADC/DAC 模块 MCU07 如图 4-30 所示。

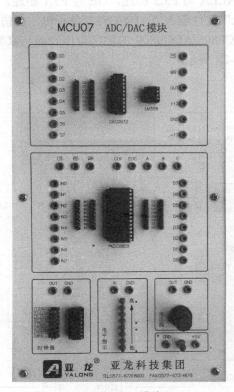

图 4-30　ADC/DAC 模块 MCU07

3. 系统硬件设计

本设计选用 AT89S51 芯片（MCU01 主机模块）、"+5V"电源和"GND"地（MCU02 电源模块）、LCD 1602（MCU04 显示模块）、A/D 转换电路（MCU07ADC/DAC 模块）和 SL-USBISP-A 在线下载器。由于主机模块上已经接有时钟电路（晶振电路）和复位电路，故只需要连接 A/D 转换电路、液晶显示电路和"+5V"电源与"GND"地即可。

"数字电压表的设计与实现"实物电路连接示意图，如图 4-31 所示。单片机的 P0 端口与显示模块的 D0～D7 输入端口相连；单片机的 P1 端口与 ADC/DAC 模块的 OUT1～OUT8 输出相连，同时连接相应的控制线。

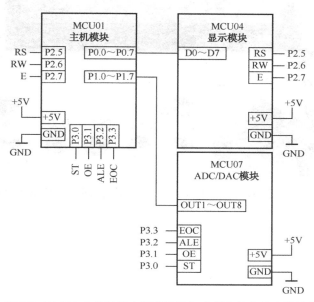

图 4-31　"基于 ADC0809 的数字电压表设计与实现"的实物电路连接示意图

4. 系统软件设计

1）主程序模块设计

数字电压表的设计与实现的主程序模块设计流程图如图 4-32 所示。

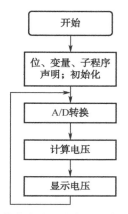

图 4-32　基于 ADC0809 的数字电压表的设计与实现的主程序模块流程图

2）软件程序

在编译软件 Keil μVision 中，新建项目→新建源程序文件（案例 27：基于 ADC0809 的数字电压表设计）→将新建的源程序文件加载到项目管理器→编译程序→调试程序至成功。

5. 单片机控制电子钟的实现

用"SL-USBISP-A 在线下载器"将编译好的程序下载到 AT89S51 芯片中→实物运行。
"基于 ADC0809 的数字电压表设计与实现"的实物运行效果图,如图 4-33 所示。

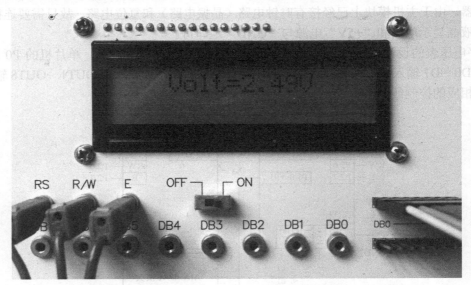

图 4-33 "基于 ADC0809 的数字电压表设计与实现"的实物运行效果图

项目 5　数字温度控制器的设计与实现

5.0　项目 5 任务描述

温度是工业对象中主要的被控参数之一，例如，水温的控制，锅炉的温度控制；在农业上，农业蔬菜、水果大棚的温度控制；在畜牧业，繁殖育种、水产养殖的温度控制；在日常生活中，空气的温度控制，烤箱、微波炉、电磁炉的温度控制等，温度控制技术在国内外得到了广泛的应用和发展。采用单片机来对控制对象控制不仅具有方便、简单和灵活性大等优点，而且可以大幅度提高被控温度的技术指标，从而能够大大提高产品的质量和数量。

本学习项目是使用单片机控制，进行数字温度控制器的设计与实现，用 DS18B20 数字温度传感器进行温度检测，用 1602LCD 液晶模块进行状态显示，并根据温度控制的加热器和风机，对控制对象来加热和降温，从而达到控制温度的目的。

5.0.1　项目目标

（1）正确认识数字温度传感器 DS18B20 及其应用。

（2）对每项工作任务进行规划、设计，分配任务，确定一个时间进程表。

（3）选择一个（合作）伙伴，伙伴之间合作式地工作，各尽其责，独立完成自己的任务，并谨慎认真地对待工作资料。

（4）能够根据项目任务要求，自主利用资源（手册、参考书籍、网络等）解决学习过程中遇到的实际问题，并完成由单片机控制的数字温度控制器的仿真应用。

（5）能够按照设计任务要求，完成数字温度控制器的设计与实现。

（6）工作任务结束后，学会总结和分析，积累经验，找出不足，形成有效的工作方法和解决问题的思维模式。

（7）通过与其他小组交流，检查（修订）自身的工作结果，展示汇报。

（8）反思自己的工作过程与结果，并进行优化，提出改善性意见。

5.0.2　项目内容

（1）明确数字温度传感器 DS18B20 及其应用，学会单片机单总线及接口电路的应用。

（2）学会单片机 LCD 液晶接口技术在数字温度控制器的设计与实现上的应用。

（3）能完成基于单片机的温度报警器的设计与仿真运行。

（4）能完成基于单片机的根据温度控制驱动电机的设计与仿真运行。

（5）会根据设计任务的要求，完成数字温度控制器的设计与实现。

（6）根据需要，完成小组内部的交流或在全班展示汇报并提出改善性意见。

（7）进行"电子钟的设计与实现"的项目能力评价。

5.0.3　项目能力评价

教育组织者可以根据学习者的学习反馈和本身具有的设备资源情况，制定项目能力评价体系，以下"项目能力评价表"供大家参考。教育组织者可以让学习者自评、互评或者教育组织者评价，又或联合评价，加权算出平均值进行最终评价。

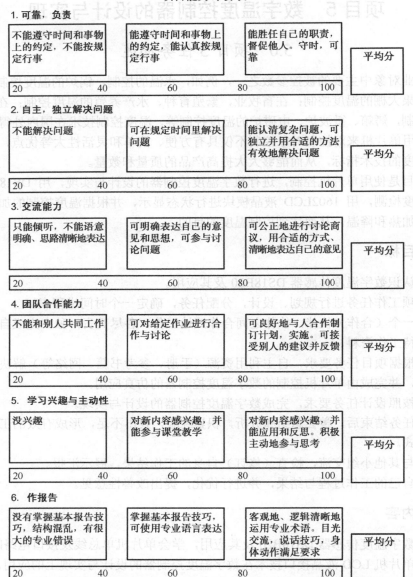

项目能力评价表

1. 可靠，负责

| 不能遵守时间和事物上的约定，不能按规定行事 | 能遵守时间和事物上的约定，能认真按规定行事 | 能胜任自己的职责，督促他人。守时，可靠 | 平均分 |

20　　　　40　　　　60　　　　80　　　　100

2. 自主，独立解决问题

| 不能解决问题 | 可在规定时间里解决问题 | 能认清复杂问题，可独立并用合适的方法有效地解决问题 | 平均分 |

20　　　　40　　　　60　　　　80　　　　100

3. 交流能力

| 只能倾听，不能语意明确、思路清晰地表达 | 可明确表达自己的意见和思想，可参与讨论问题 | 可公正地进行讨论商议，用合适的方式、清晰地表达自己的意见 | 平均分 |

20　　　　40　　　　60　　　　80　　　　100

4. 团队合作能力

| 不能和别人共同工作 | 可对给定作业进行合作与讨论 | 可良好地与人合作制订计划，实施。可接受别人的建议并反馈 | 平均分 |

20　　　　40　　　　60　　　　80　　　　100

5. 学习兴趣与主动性

| 没兴趣 | 对新内容感兴趣，并能参与课堂教学 | 对新内容感兴趣，并能应用和反思。积极主动地参与思考 | 平均分 |

20　　　　40　　　　60　　　　80　　　　100

6. 作报告

| 没有掌握基本报告技巧，结构混乱，有很大的专业错误 | 掌握基本报告技巧，可使用专业语言表达 | 客观地、逻辑清晰地运用专业术语。目光交流，说话技巧，身体动作满足要求 | 平均分 |

20　　　　40　　　　60　　　　80　　　　100

5.1　任务 1　认识数字温度传感器 DS18B20

5.1.1　认识数字温度传感器 DS18B20

1. 单总线器件及其应用

　　数字温度传感器 DS18B20 是一个单总线器件，单总线器件与单片机间的数据通信只要一根线。美国 DALLAS 公司推出的单总线技术采用单根信号线，既可以传输时钟信号又可以传送数据信号，而数据又可以双向传输，因而这种总线技术具有线路简单、成本低廉、便于扩展和维护等优点。本节介绍常见的单总线数字温度传感器 DS18B20 的使用方法及其应用实例。温度传感器 DS18B20 实物如图 5-1 所示，图 5-2 为单总线器件 DS18B20 的外形及引脚排列。

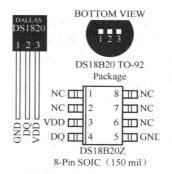

图 5-1　温度传感器 DS18B20 实物　　　　图 5-2　温度传感器 DS18B20 的外形及引脚图

单总线适用于单主机系统，能够控制一个或多个从机设备。主机通常是单片机，从机可以是单总线器件，它们之间通过一条信号线进行数据交换。单总线上同样允许挂接多个单总线器件。因此，每个单总线器件必须有各自固定的地址。单总线通常需接一个约 4.7kΩ 的上拉电阻。这样，当总线空闲时，状态为高电平。单总线使用的步骤如下。

（1）初始化单总线器件。

单总线上的所有工作均从初始化开始。单片机先发出一个复位脉冲，当单总线器件接收到位复脉冲后向单片机发出存在脉冲信号，来"告知"单片机该器件在总线上且已准备好等待操作。

（2）识别单总线器件。

总线上允许挂接多个单总线器件，为便于单片机识别，每个单总线器件在出厂前都光刻好了 64 位序列号作为地址序列码。所以，单片机能够根据该地址来识别，并判断对那一个单总线器件进行操作。

（3）数据交换。

单片机与单总线器件之间的数据交换必须遵循严格的通信协议。单总线协议定义了复位信号、应答信号、写 "0"、读 "0"，写 "1"、读 "1" 的几种信号类型。所有的单总线命令都是由这些基本的信号类型组成的。除了应答信号外，其他均由单片机发出同步信号，发送的所有命令和数据的低位字节在前，高位字节在后。

2．DS18B20 引脚及功能

DS18B20 是 DALLAS 半导体公司生产的一种单总线数字式温度传感器。该芯片采用 TO-92 或 SO/μSOP 封装，图 5-2 使用的为 TO-92 封装。

（1）GND 为电源地。

（2）DQ 为数字信号输入/输出端。

（3）VDD 引脚有两种接法，一是采用独立电源供电方式，此时，该引脚接 3.0～5.5V 的电源；二是采用寄生电源的方式，即由数据线 DQ 供电，此时 VDD 接地，在实际应用中为了能够提供足够的电源，在 DQ 引脚到电源正极接上一只 4.7kΩ 的上拉电阻。

（4）NC 为空引脚。

3．主要特性

DS18B20 芯片的主要特性如下。

（1）使用一条 I/O 总线就可以发送或接收信息，数据以串行方式传送。

（2）每个 DS18B20 都有一个唯一的 64 位序列号，所以可以将多个 DS18B20 并联接在一根单总线上，如实现多点分布测温应用。

（3）测温范围：−55～+150℃，测温分辨率为 9～12 位选择，最大转换时间为 750ms。

（4）用户可以设置报警温度上、下限值，可编程在 E^2PROM 单元设定高温报警 TH 和低温报警 TL，设定值断电后不会丢失。

（5）不需要其他外围任何元件就可测温。

（6）内含寄生电源。

4. 内部结构

DS18B20 内部结构，如图 5-3 所示。其内部功能部件有寄生电源电路、64 位 ROM、温度传感器和一个 9B 的高速缓存存储器。

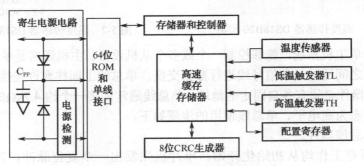

图 5-3　DS18B20 内部结构框图

寄生电源电路主要用于寄生方式，DS18B20 从单信号线取得电源。在单信号线为高电平期间二极管导通，电容 C_{PP} 充电；在单信号线为低电平期间二极管不导通，断开与信号线的连接。

64 位 ROM 存储着 DS18B20 三个部分的信息：低 8 位是产品工厂代码，中间 48 位是每个器件唯一的序列号，高 8 位是前面 56 位的 CRC 校验码。高速缓存存储器一共有 9B，功能定义如表 5-1 所示。

表 5-1　DS18B20 高速暂存功能

字　节	功　　能	字　节	功　　能
0	温度转换结果的低位	4	配置寄存器
1	温度转换结果的高位	5~7	系统保留
2	高温报警 TH	8	CRC 校验码
3	低温报警 TL		

5.1.2　DS18B20 温度传感器的接口电路与工作时序

1. DS18B20 温度传感器的接口电路

DS18B20 接口电路非常简单，典型应用电路如图 5-4 所示。图中，DQ 引脚直接与单片机的一个引脚相接，外接了一个 4.7kΩ 电阻到电源正端，保证总线在没有数据时总是高电平。

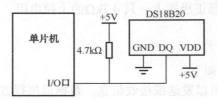

图 5-4　DS18B20 与单片机硬件连接图

2．DS18B20 的读/写时序

1）DS18B20 初始化时序

DS18B20 的初始化过程由三个部分组成：第一是由主控制器（单片机）向总线发出复位脉冲；第二是主控制器释放总线；第三是 DS18B20 对复位操作的应答。图 5-5 所示为 DS18B20 初始化时序图。

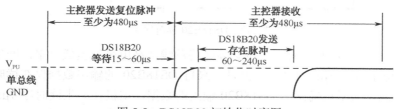

图 5-5　DS18B20 初始化时序图

（1）将数据线置为高电平 1（初始化操作之前状态）。

（2）将数据线拉低至电平 0（总线控制器低电平）。

（3）延时，不小于 480μs，不超过 960μs。

（4）总线控制器释放总线（将数据线置为高电平 1）。

（5）延时等待 15～60μs。

（6）检测 DS18B20 应答，若总线被 DS18B20 拉低电平，则初始化成功，说明 DS18B20 存在总线上，且工作正常；否则，初始化失败。为了检测 DS18B20 是否初始化成功，可以编写带位返回值的初始化函数。当 DS18B20 正常应答时返回 0；否则，返回 1。

（7）延时等待。从步骤（4）释放总线开始算起，延时时间不小于 480μs。

（8）DS18B20 释放总线（将数据线置成高电平 1），结束初始化操作。

2）DS18B20 写时序

DS18B20 的写时序分为写"0"时序和"写 1"时序。图 5-6 所示为 DS18B20 写时序图。

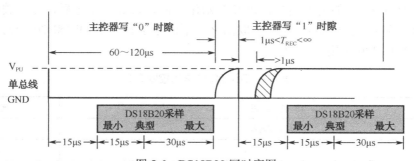

图 5-6　DS18B20 写时序图

当主机将总线从高电平拉至低电平时，产生写时序。有两种类型的写时序：写 1 和写 0。所有时序必须持续最短为 60μs，在各写周期之间必须有最短为 1μs 的恢复时间，恢复期总线为高电平。

在总线由高电平变为低电平之后，DS18B20 在 15～60μs 内对总线采样。如果总线为高电平，即写 1；如果总线为低电平，即写 0。

写 1 时，总线先被拉至低电平然后释放，使总线在写时序开始之后的 15μs 之内拉至高电平；写 0 时，总线被拉至低电平且至少保持 60μs。

3）DS18B20 读时序

DS18B20 的读时序分为"读 0"时序和"读 1"时序。图 5-7 所示为 DS18B20 读时序图。

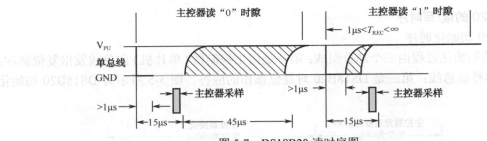

图 5-7　DS18B20 读时序图

当主机从 DS18B20 读数据时，主机必须先将总线从高电平拉至低电平，产生读时序，并且总线必须保持低电平至少 1μs 的时间。但是，来自 DS18B20 的输出数据仅在读时序下降沿之后 15μs 内有效。因此，为了正确读出 DS18B20 输出的数据，主机在产生读时序 1μs 后必须释放总线，使 DS18B20 输出数据（若输出 0，DS18B20 会将总线拉至低电平；若输出 1，DS18B20 会使总线保持高电平），主机在 15μs 内取走数据。15μs 后上拉电阻将总线拉回至高电平。所有读时序的最短持续时间为 60μs，且各个读时序之间必须有最短为 1μs 的恢复时间。

根据以上分析，读取一位数据可以按照如下步骤进行。

（1）将总线置为高电平 1（读操作之前状态）。

（2）将总线拉低至电平 0（产生读时序）。

（3）保持 1μs。

（4）释放总线（使 DS18B20 输出数据决定总线状态）。

（5）主机读取总线状态。

（6）释放总线（上拉电阻将总线拉高）。

（7）延时，从第（1）步起，不小于 60μs。

5.1.3　DS18B20 温度传感器的应用

在了解了 DS18B20 的内部结构，以及初始化、读、写等操作之后，比较关心的问题就是如何用单片机将温度信息从 DS18B20 中取出来。下面来了解一下 DS18B20 的常用控制命令，表 5-2 给出了 DS18B20 常用控制命令。

表 5-2　DS18B20 常用控制命令

功 能 描 述	代　码
启动温度转换	44H
读取暂存器内容	BEH
读 DS18B20 的序列号（总线上仅有一个 DS18B20 时使用）	33H
将数据写入暂存器的第 2、3 个字节中	4EH
匹配 ROM (总线有多个 DS18B20 时使用)	55H
搜索 ROM (使单片机识别所有 DS18B20 的 64 位编码)	F0H
报警搜索（仅在温度测量报警时使用）	ECH
跳过读序列号的操作（总线上仅有一个 DS18B20 时使用）	CCH
读电源供给方式，0 为寄生电源；1 为外部电源	B4H

5.2　任务2　温度报警器的设计

5.2.1　任务与计划

1．任务要求

（1）使用单片机控制方式，设计一个温度报警器装置，要求如下。

① 用 AT89C51 单片机作为控制器，检测数字温度传感器 DS18B20，并将检测到的温度信息 "Temp:×××.×℃" 显示在 1602LCD 液晶模块第一行。

② 当温度为 20～30℃时，第二行显示 "Temp Good!"，蜂鸣器、发光二极管不工作；当温度高于 30℃时，蜂鸣器鸣叫报警，1602LCD 第二行显示 "Temp High!"，并伴随红色发光二极管闪烁；当温度低于 20℃时，蜂鸣器鸣叫报警，1602LCD 第二行显示 "Temp Low!"，并伴随绿色发光二极管闪烁。

（2）使用仿真软件 Proteus 设计能够完成案例 28 的硬件原理图。

（3）使用单片机程序设计工具软件 Keil μVision，用 Keil C 编写源程序完成软件程序设计并进行软件调试，生成 HEX 文件。

（4）使用 Proteus 软、硬件仿真运行。

2．工作计划

（1）首先进行任务分析，根据任务要求学习数字温度传感器 DS18B20 的应用及相关知识，学习软件编程所需的 C 语言，结合单片机 4 个 I/O 端口的功能和使用方法，进行温度报警器的方案设计。

（2）与合作伙伴分工，分别进行硬件电路设计、软件流程图和程序编写。

（3）在完成程序的调试和编译后，进行输入/输出控制的仿真运行，在软硬件联调中，对所设计的电路和程序进行系统调试纠错，直至正确无误。

（4）仿真正常运行后，可以选择适当的形式进行交流，演示评价。

（5）反思自己的工作过程与结果，并进行优化，总结出改善性意见。

5.2.2　软件程序设计

案例 28：温度报警器的设计。

要求：

① 用 AT89C51 单片机作为控制器，检测数字温度传感器 DS18B20，并将检测到的温度信息 "Temp:×××.×℃" 显示在 1602LCD 液晶模块第一行。

② 当温度为 20～30℃时，第二行显示 "Temp Good!"，蜂鸣器、发光二极管不工作；当温度高于 30℃时，蜂鸣器鸣叫报警，1602LCD 第二行显示 "Temp High!"，并伴随红色发光二极管闪烁；当温度低于 20℃时，蜂鸣器鸣叫报警，1602LCD 第二行显示 "Temp Low!"，并伴随绿色发光二极管闪烁。

```
//案例28：温度报警器的设计
#include<reg51.h>      //包含单片机寄存器的头文件
#include<intrins.h>    //包含_nop_()函数定义的头文件
unsigned char code digit[10]={"0123456789"};           //定义字符数组显示数字
unsigned char code D1[]={"Temp:          C"};          //第1行，说明显示的温度数值
unsigned char code Error[]={"Error!Check!"};          //说明没有检测到DS18B20
unsigned char code D2[]={"Temp"};                     //第2行，说明显示温度：高温>30℃（HIGH）、
```

```
                                    //20℃≤正常温度≤30℃（GOOD）、低温<20℃（LOW）
unsigned char code Cent[]={"!"};                    //温度提醒
unsigned char code TS1[]={"HIGH"};
unsigned char code TS2[]={"GOOD"};
unsigned char code TS3[]={"LOW "};
sbit LED_RED=P2^3;                                  //P2.3 接红色 LED
sbit LED_GREEN=P2^4;                                //P2.4 接绿色 LED
sbit sound=P2^5;                                    //P2.5 接蜂鸣器
/**************************************************************
以下是对液晶模块的操作程序
***************************************************************/
sbit RS=P2^0;                                       //寄存器选择位，将 RS 位定义为 P2.0 引脚
sbit RW=P2^1;                                        //读/写选择位，将 RW 位定义为 P2.1 引脚
sbit E=P2^2;                                         //使能信号位，将 E 位定义为 P2.2 引脚
sbit BF=P0^7;                                        //忙碌标志位，将 BF 位定义为 P0.7 引脚
/**********************************************************
函数功能：延时程序
入口参数：m
**********************************************************/
void delay(unsigned int m)
{
unsigned int i,j;
for(i=m;i>0;i--)
for(j=110;j>0;j--);
}
/**********************************************************
函数功能：判断液晶模块的忙碌状态
返回值：result。result=1，忙碌；result=0，不忙
**********************************************************/
bit BusyTest(void)
  {
    bit result;
    RS=0;                                           //根据规定，RS 为低电平，RW 为高电平时，可以读状态
    RW=1;
    E=1;                                            //E=1，才允许读/写
    _nop_();                                        //空操作
    _nop_();
    _nop_();
    _nop_();                                        //空操作四个机器周期，给硬件反应时间
    result=BF;                                      //将忙碌标志电平赋给 result
    E=0;                                            //将 E 恢复低电平
    return result;
  }
/**********************************************************
函数功能：将模式设置指令或显示地址写入液晶模块
入口参数：dictate
**********************************************************/
void WriteInstruction (unsigned char dictate)
{
```

```c
    while(BusyTest()==1);          //如果忙，则等待
        RS=0;                      //根据规定，RS 和 RW 同时为低电平时，可以写入指令
        RW=0;
        E=0;                       //E 置低电平，当 E 从 0~1 发生正跳变，才能写入，所以应先置 0
        _nop_();
        _nop_();                   //空操作两个机器周期，给硬件反应时间
        P0=dictate;                //将数据送入 P0 口，即写入指令或地址
        _nop_();
        _nop_();
        _nop_();
        _nop_();                   //空操作四个机器周期，给硬件反应时间
        E=1;                       //E 置高电平
        _nop_();
        _nop_();
        _nop_();
        _nop_();                   //空操作四个机器周期，给硬件反应时间
        E=0;                       //当 E 由高电平跳变成低电平时，液晶模块开始执行命令
    }
/**********************************************************
函数功能：指定字符显示的实际地址
入口参数：x
**********************************************************/
    void WriteAddress(unsigned char x)
    {
        WriteInstruction(x|0x80);  //显示位置的确定方法规定为 "80H+地址码 x"
    }
/**********************************************************
函数功能：将数据（字符的标准 ASCII 码）写入液晶模块
入口参数：y（为字符常量）
**********************************************************/
    void WriteData(unsigned char y)
    {
        while(BusyTest()==1);
        RS=1;                      //RS 为高电平，RW 为低电平时，可以写入数据
        RW=0;
        E=0;                       //E 置低电平，当 E 从 0~1 发生正跳变，才能写入，所以应先置 0
        P0=y;                      //将数据送入 P0 口，即将数据写入液晶模块
        _nop_();
        _nop_();
        _nop_();
        _nop_();                   //空操作四个机器周期，给硬件反应时间
        E=1;                       //E 置高电平
        _nop_();
        _nop_();
        _nop_();
        _nop_();                   //空操作四个机器周期，给硬件反应时间
        E=0;                       //当 E 由高电平跳变成低电平时，液晶模块开始执行命令
    }
/**********************************************************
```

函数功能：对 LCD 的显示模式进行初始化设置
***/
```c
void LcdInitiate(void)
{
    delay(15);                    //延时 15ms，首次写指令时应给 LCD 一段较长的反应时间
    WriteInstruction(0x38);       //显示模式设置：16×2 显示，5×7 点阵，8 位数据接口
    delay(5);                     //延时 5ms，给硬件反应时间
    WriteInstruction(0x38);
    delay(5);                     //延时 5ms，给硬件反应时间
    WriteInstruction(0x38);       //连续三次，确保初始化成功
    delay(5);                     //延时 5ms，给硬件反应时间
    WriteInstruction(0x0c);       //显示模式设置：显示开，无光标，光标不闪烁
    delay(5);                     //延时 5ms，给硬件反应时间
    WriteInstruction(0x06);       //显示模式设置：光标右移，字符不移
    delay(5);                     //延时 5ms，给硬件反应时间
    WriteInstruction(0x01);       //清屏幕指令，将以前的显示内容清除
    delay(5);                     //延时 5ms，给硬件反应时间
}
```
/***
以下是 DS18B20 的操作程序
***/
```c
sbit DQ=P3^3;
unsigned char time;              //设置全局变量，专门用于严格延时
/*******************************************
函数功能：将 DS18B20 传感器初始化，读取应答信号
出口参数：flag
*******************************************/
bit Init_DS18B20(void)
{
    bit flag;                    //储存 DS18B20 是否存在的标志，flag=0，表示存在；flag=1，
                                 //表示不存在
    DQ = 1;                      //先将数据线拉高
    for(time=0;time<2;time++)    //略微延时约 6μs
        ;
    DQ = 0;                      //再将数据线从高拉低，要求保持 480～960μs
    for(time=0;time<200;time++)  //略微延时约 600μs
        ;                        //向 DS18B20 发出一持续 480～960μs 的低电平复位脉冲
    DQ = 1;                      //释放数据线（将数据线拉高）
    for(time=0;time<10;time++)
        ;            //延时约 30μs（释放总线后需等待 15～60μs 让 DS18B20 输出存在脉冲）
    flag=DQ;         //让单片机检测是否输出了存在脉冲（DQ=0 表示存在）
    for(time=0;time<200;time++)  //延时足够长时间，等待存在脉冲输出完毕
        ;
    return (flag);               //返回检测成功标志
}
```
/***
函数功能：从 DS18B20 读取一个字节数据
出口参数：dat
***/

```c
unsigned char ReadOneChar(void)
  {
        unsigned char i=0;
        unsigned char dat=0;    //储存读出的一个字节数据
        for (i=0;i<8;i++)
          {

            DQ =1;              //先将数据线拉高
            _nop_();            //等待一个机器周期
            DQ = 0;             //单片机从 DS18B20 读出数据时，将数据线从高拉低即启动读时序
              dat>>=1;
            _nop_();            //等待一个机器周期
            DQ = 1;             //将数据线"人为"拉高，为单片机检测 DS18B20 的输出电平作准备
            for(time=0;time<2;time++)
              ;                 //延时约 6μs，使主机在 15μs 内采样
            if(DQ==1)
              dat|=0x80;        //如果读到的数据是 1，则将 1 存入 dat
              else
                 dat|=0x00;     //如果读到的数据是 0，则将 0 存入 dat
            for(time=0;time<8;time++)
                 ;              //延时 3μs,两个读时序之间必须有大于 1μs 的恢复期
          }
      return(dat);             //返回读出的十进制数据
}
/*************************************************
函数功能：向 DS18B20 写入一个字节数据
入口参数：dat
**************************************************/
WriteOneChar(unsigned char dat)
{
    unsigned char i=0;
    for (i=0; i<8; i++)
        {
        DQ =1;          //先将数据线拉高
        _nop_();        //等待一个机器周期
        DQ=0;           //将数据线从高拉低时即启动写时序
        DQ=dat&0x01;    //利用与运算取出要写的某位二进制数据，
                        //并将其送到数据线上等待 DS18B20 采样
        for(time=0;time<10;time++)
            ;//延时约 30μs，DS18B20 在拉低后的 15～60μs 内从数据线上采样
        DQ=1;           //释放数据线
        for(time=0;time<1;time++)
            ;//延时 3μs,两个写时序间至少需要 1μs 的恢复期
        dat>>=1;        //将 dat 中的各二进制位数据右移 1 位
        }
      for(time=0;time<4;time++)
              ;         //稍作延时，给硬件一点反应时间
}
/*************************************************
```

函数功能：红灯闪烁函数
**/

```
void red(void)
{
LED_RED=0;
delay (200);
LED_RED=1;
delay(200);
}
```
/**
函数功能：绿灯闪烁函数
**/

```
void green(void)
{
LED_GREEN=0;
delay(200);
LED_GREEN=1;
delay(200);
}
```
/***
以下是与温度有关的显示设置
**/
/***
函数功能：显示没有检测到 DS18B20
**/

```
void display_error(void)
 {
   unsigned char i;
     WriteAddress(0x00);        //写显示地址，将在第 1 行第 1 列开始显示
   i = 0;                       //从第一个字符开始显示
   while(Error[i] != '\0')      //只要没有写到结束标志，则继续写
     {
     WriteData(Error[i]);       //将字符常量写入 LCD
        i++;                    //指向下一个字符
        delay(100);             //延时 100ms 较长时间，以看清关于显示的说明
        }
        while(1)                //进入死循环，等待查明原因
        ;
}
```
/**
函数功能：说明显示的温度数值
**/

```
void display_explain(void)
 {
       unsigned char i;
         WriteAddress(0x00);      //写显示地址，将在第 1 行第 1 列开始显示
         i = 0;                   //从第一个字符开始显示
         while(D1[i] != '\0')     //只要没有写到结束标志，则继续写
           {
```

```
            WriteData(D1[i]);               //将字符常量写入 LCD
            i++;                            //指向下一个字符
            delay(100);                     //延时 100ms 较长时间,以看清关于显示的说明
        }
}
/***********************************************
函数功能:说明显示温度情况
***********************************************/
void display_symbol(void)
{
        unsigned char i;
        WriteAddress(0x40);                 //写显示地址,将在第 2 行第 1 列开始显示
        i = 0;                              //从第一个字符开始显示
        while(D2[i] != '\0')                //只要没有写到结束标志,则继续写
        {
            WriteData(D2[i]);               //将字符常量写入 LCD
            i++;                            //指向下一个字符
            delay(50);                      //延时 50ms 给硬件反应时间
        }
}
/***********************************************
函数功能:显示温度的小数点
***********************************************/
void      display_dot(void)
{
    WriteAddress(0x09);                     //写显示地址,将在第 2 行第 10 列开始显示
    WriteData('.');                         //将小数点的字符常量写入 LCD
    delay(50);                              //延时 50ms 给硬件一点反应时间
}
/***********************************************
函数功能:显示温度警示(!)
***********************************************/
void      display_cent(void)
{
    unsigned char i;
    WriteAddress(0x4A);                     //写显示地址,将在第 2 行第 13 列开始显示
    i = 0;                                  //从第一个字符开始显示
    while(Cent[i] != '\0')                  //只要没有写到结束标志,则继续写
    {
        WriteData(Cent[i]);                 //将字符常量写入 LCD
        i++;                                //指向下一个字符
        delay(50);                          //延时 50ms 给硬件一点反应时间
    }
}
/***********************************************
函数功能:显示温度的度前面的小圆圈
入口参数:x
***********************************************/
void display_du(void)
```

· 201 ·

```c
{
    WriteAddress(0x0C);                //写显示地址,将在第 1 行第 11 列开始显示
    WriteData(0xDF);                   //将温度的度前面的小圆圈写入 LCD
    delay(50);                         //延时 50ms 给硬件一点反应时间
}
/*********************************************
函数功能：显示温度的整数部分
入口参数：x
*********************************************/
void display_temp1(unsigned char x)
{
    unsigned char j,k,l;               //j,k,l 分别储存温度的百位、十位和个位
    j=x/100;                           //取百位
    k=(x%100)/10;                      //取十位
    l=x%10;                            //取个位
    WriteAddress(0x06);                //写显示地址,将在第 1 行第 7 列开始显示
    WriteData(digit[j]);               //将百位数字的字符常量写入 LCD
    WriteData(digit[k]);               //将十位数字的字符常量写入 LCD
    WriteData(digit[l]);               //将个位数字的字符常量写入 LCD
    delay(50);                         //延时 50ms 给硬件反应时间
}
/*********************************************
函数功能：显示温度的小数数部分
入口参数：x
*********************************************/
void display_temp2(unsigned char x)
{
    WriteAddress(0x0A);                //写显示地址,将在第 1 行第 11 列开始显示
    WriteData(digit[x]);               //将小数部分的第一位数字字符常量写入 LCD
    delay(50);                         //延时 50ms 给硬件反应时间
}
/*********************************************
函数功能：显示温度过高--HIGH
*********************************************/
void    display_TS1(void)
{
    unsigned char i;
    WriteAddress(0x45);                //写显示地址,将在第 2 行第 6 列开始显示
    i = 0;                             //从第一个字符开始显示
    while(TS1[i] != '\0')              //只要没有写到结束标志，则继续写
    {
        WriteData(TS1[i]);             //将字符常量写入 LCD
        i++;                           //指向下一个字符
        delay(50);                     //延时 50ms 给硬件反应时间
    }
}
/*********************************************
函数功能：显示温度正常--GOOD
*********************************************/
```

```c
void    display_TS2(void)
{
    unsigned char i;
        WriteAddress(0x45);             //写显示地址，将在第 2 行第 6 列开始显示
        i = 0;                          //从第一个字符开始显示
        while(TS2[i] != '\0')           //只要没有写到结束标志，则继续写
        {
            WriteData(TS2[i]);          //将字符常量写入 LCD
            i++;                        //指向下一个字符
            delay(50);                  //延时 50ms 给硬件反应时间
        }
    }
```

/**
函数功能：显示温度过低--LOW
**/
```c
void    display_TS3(void)
{
    unsigned char i;
        WriteAddress(0x45);             //写显示地址，将在第 2 行第 6 列开始显示
        i = 0;                          //从第一个字符开始显示
        while(TS3[i]!='\0')             //只要没有写到结束标志，则继续写
        {
        WriteData(TS3[i]);              //将字符常量写入 LCD
            i++;                        //指向下一个字符
            delay(50);                  //延时 50ms 给硬件反应时间
        }
}
```

/**
函数功能：做好读温度的准备
**/
```c
void ReadyReadTemp(void)
{
        Init_DS18B20();                 //将 DS18B20 初始化
        WriteOneChar(0xCC);             //跳过读序号列号的操作
        WriteOneChar(0x44);             //启动温度转换
        for(time=0;time<100;time++)
        ;                               //温度转换需要一点时间
        Init_DS18B20();                 //将 DS18B20 初始化
        WriteOneChar(0xCC);             //跳过读序号列号的操作
        WriteOneChar(0xBE);             //读取温度寄存器
}
```

/**
函数功能：T0 定时器初始化函数
**/
```c
void InitT0(void)
{                                       //此处定时器不工作
EA = 1;
ET0=1;
TMOD=0x02;
```

```
        TH0=56;
        TL0=56;
        TR0=1;
        }
/*************************************************
函数功能：T0 定时器中断服务函数
*************************************************/
void T0Serv() interrupt 1
{
sound=~sound;
 }
/*************************************************
函数功能：主函数
*************************************************/
 void main(void)
  {
        unsigned char TL;              //储存暂存器的温度低位
        unsigned char TH;              //储存暂存器的温度高位
        unsigned char TN;              //储存温度的整数部分
        unsigned char TD;              //储存温度的小数部分
        LcdInitiate();                 //将液晶初始化
        delay(5);                      //延时 5ms 给硬件反应时间
         if(Init_DS18B20()==1)
        display_error();               //没有检测到 DS18B20，则显示"Error!Check!"
        display_explain();             //显示温度说明
        display_symbol();              //显示温度情况
        display_dot();                 //显示温度的小数点
        display_cent();                //显示温度的警示
         display_du();
    while(1)                           //不断检测并显示温度
     {
        ReadyReadTemp();               //读温度准备
        TL=ReadOneChar();              //先读的是温度值低位
        TH=ReadOneChar();              //接着读的是温度值高位
        TN=TH*16+TL/16;                //实际温度值=(TH×256+TL)/16，即 TH×16+TL/16
                                       //这样得出的是温度的整数部分,小数部分被丢弃了
        TD=(TL%16)*10/16;              //计算温度的小数部分,将余数乘以 10 再除以 16 取整,
                                       //这样得到的是温度小数部分的第一位数字(保留 1 位小数)
        display_temp1(TN);             //显示温度的整数部分
        display_temp2(TD);             //显示温度的小数部分
        delay(10);
        if(TN>30)                      //当温度高于 30℃时
        {
        display_TS1();                 //1602LCD 第二行显示"Temp High!"
        red();                         //红色发光二极管闪烁
        InitT0();                      //初始化定时器 0，蜂鸣器鸣叫报警
        }
        if((TN<=30)&(TN>=20))          //当温度在 20～30℃时，蜂鸣器、发光二极管不工作
        {display_TS2();                //第二行显示"Temp Good!"
```

```
            EA=0;}
        if(TN<20)                    //当温度低于 20 时，蜂鸣器鸣叫报警，并伴随绿色发光二极管闪烁
        {
        display_TS3();              //1602LCD 第二行显示 "Temp Low!"
        green();                    //绿色发光二极管闪烁
        InitT0();                   //初始化定时器 0，蜂鸣器鸣叫报警
        }
    }
}
```

5.2.3 硬件仿真原理图

案例 28 的硬件仿真参考原理图，如图 5-8 所示。案例 28 的对象选择器显示窗口，如图 5-9 所示。

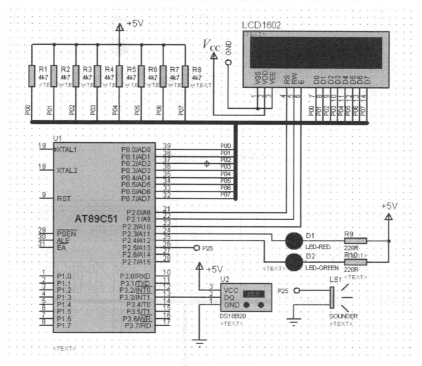

图 5-8 温度报警器设计的原理图

图 5-9 案例 28 对象选择器显示窗口

5.2.4 用 Proteus 软硬件仿真运行

将编译好的"案例 28.hex"文件载入"AT89C51"单片机，在仿真环境中单击"运行"按钮，进入仿真运行状态。温度报警器设计的仿真效果，如图 5-10 所示。

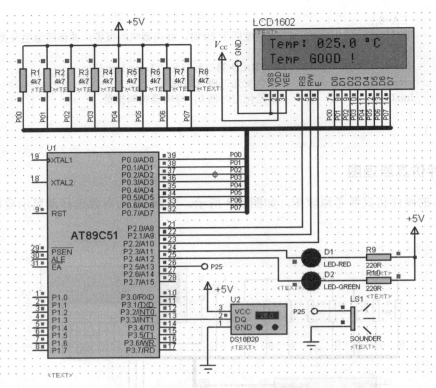

(a) 温度报警器正常温度的仿真效果图

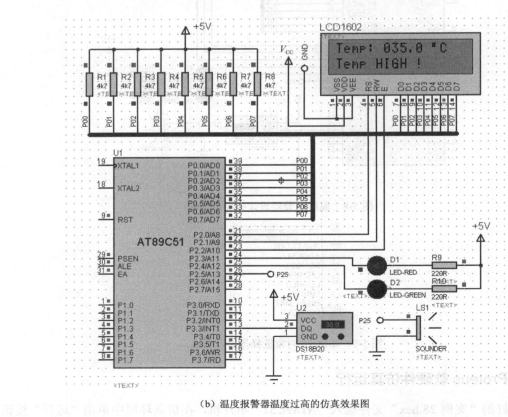

(b) 温度报警器温度过高的仿真效果图

图 5-10　温度报警器设计的仿真效果图

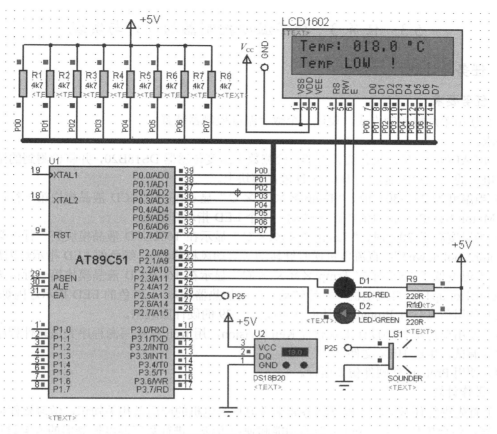

（c）温度报警器温度过低的仿真效果图

图 5-10　温度报警器设计的仿真效果图（续）

5.2.5　提高练习

提高练习：温度报警器的设计。

要求：

① 用 AT89C51 单片机作为控制器，检测数字温度传感器 DS18B20，并将检测到的温度信息"Temp:×××.×℃"显示在 1602LCD 液晶模块第 2 行。

② 当温度为 25~35℃时，第 1 行显示"Temp Good!"，蜂鸣器、发光二极管不工作；当温度高于 35℃时，蜂鸣器鸣叫报警，1602LCD 第 1 行显示"Temp High!"，并伴随红色发光二极管闪烁；当温度低于 25℃时，蜂鸣器鸣叫报警，1602LCD 第 1 行显示"Temp Low!"，并伴随绿色发光二极管闪烁。

5.2.6　拓展练习

使用单片机与温度传感器 DS18B20，制作一个环境温度控制系统。要求：通过单片机对DS18B20 温度传感器输出的数据进行采集，把采集到的数据处理后，使温度保持在 40~60℃；上电后开始加热，若温度超过 60℃，停止加热；若温度下降低于 40℃，重新开始加热，如此循环。

5.3　任务3　数字温度控制器的设计与实现

5.3.1　任务与计划

1．任务要求

（1）使用单片机控制方式，设计一个数字温度控制器装置。

要求：

① 用 AT89C51 单片机作为控制器，检测数字温度传感器 DS18B20，并将检测到的温度信息和当前电机的三种状态显示在 1602LCD 液晶模块上。

② 当温度为 25～30℃时，"Temp:×××.×℃"显示在 1602LCD 液晶模块第一行；第二行显示"Motor: STOP ！"；直流电机不转动；两个 LED 指示灯熄灭。

③ 当温度高于 30℃时，"Temp:×××.×℃"显示在 1602LCD 液晶模块第一行；第二行显示"Motor:Cool down！"；直流电机逆时针转动（启动风机降温）；绿色的 LED 指示灯闪烁。

④ 当温度低于 25℃时，"Temp:×××.×℃"显示在 1602LCD 液晶模块第一行；第二行显示"Motor:Hot up！"；直流电机顺时针转动（启动加热器加热）；红色的 LED 指示灯闪烁。

（2）使用仿真软件 Proteus 设计能够完成案例 29 的硬件原理图。

（3）使用单片机程序设计工具软件 Keil μVision，用 Keil C 编写源程序完成软件程序设计并进行软件调试，生成 HEX 文件。

（4）使用 Proteus 软硬件仿真运行。

2．工作计划

（1）首先进行任务分析，根据任务要求学习直流电机的应用及相关知识，学习软件编程所需的 C 语言，结合单片机 4 个 I/O 端口的功能和使用方法，进行数字温度控制器的方案设计。

（2）与合作伙伴分工，分别进行硬件电路设计、软件流程图和程序编写。

（3）在完成程序的调试和编译后，进行输入/输出控制的仿真运行，在软、硬件联调中，对所设计的电路和程序进行系统调试和纠错，直至正确无误。

（4）仿真正常运行后，可以选择适当的形式进行交流，演示评价。

（5）反思自己的工作过程与结果，并进行优化，总结出改善性意见。

5.3.2　认识交直流电机模块 MCU08 和温度传感器模块 MCU13

认识 YL-236 型单片机实训平台，会操作 MCU01 主机模块、MCU02 电源模块、MCU04 显示模块、MCU06 指令模块、MCU08 交直流电机模块、MCU13 温度传感器模块和 SL-USBISP-A 在线下载器。

1．交直流电机模块 MCU08

交直流电机模块 MCU08 如图 5-11 所示。

2．温度传感器模块 MCU13

温度传感器模块 MCU13 如图 5-12 所示。

5.3.3　软件程序设计

案例 29：数字温度控制器的设计与实现。

要求：

① 用 AT89C51 单片机作为控制器，检测数字温度传感器 DS18B20，并将检测到的温度信息和当前电机的三种状态显示在 1602LCD 液晶模块上。

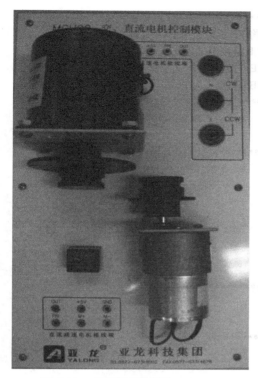

图 5-11　交直流电机模块 MCU08

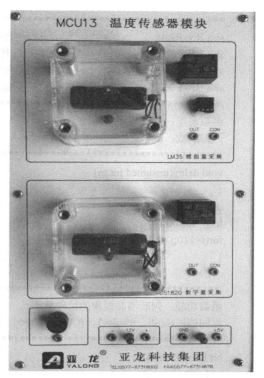

图 5-12　温度传感器模块 MCU13

② 当温度为 25～30℃时，"Temp:×××.×℃"显示在 1602LCD 液晶模块第一行；第二行显示"Motor: STOP ！"；直流电机不转动；两个 LED 指示灯熄灭。

③ 当温度高于 30℃时，"Temp:×××.×℃"显示在 1602LCD 液晶模块第一行；第二行显示"Motor:Cool down！"；直流电机逆时针转动（启动风机降温）；绿色的 LED 指示灯闪烁。

④ 当温度低于 25℃时，"Temp:×××.×℃"显示在 1602LCD 液晶模块第一行；第二行显示"Motor:Hot up！"；直流电机顺时针转动（启动加热器加热）；红色的 LED 指示灯闪烁。

```
//案例29：数字温度控制器的设计与实现
#include<reg51.h>                              //包含单片机寄存器的头文件
#include<intrins.h>                            //包含_nop_()函数定义的头文件
unsigned char code digit[10]={"0123456789"};   //定义字符数组显示数字
unsigned char code D1[]={"Temp:        C"};     //第1行，说明显示的温度数值
unsigned char code Error[]={"Error!Check!"};   //说明没有检测到DS18B20
unsigned char code D2[]={"Motor:"};            //第2行，说明直流电机：高温>30℃（COOL DOWN!）、
//25℃≤正常温度≤30℃（STOP !）、低温<25℃（HOT UP！）
unsigned char code TS1[]={"COOL DOWN!"};
unsigned char code TS2[]={"   STOP !  "};
unsigned char code TS3[]={"HOT UP !   "};
sbit LED_RED=P2^3;
sbit LED_GREEN=P2^4;
sbit P1_0=P1^0;
sbit P1_1=P1^1;
unsigned char cwFlag;                          //电机状态标志：0=停止，1=CW，2=CCW
/*********************************************************************
以下是对液晶模块的操作程序
```

```
**************************************************************/
sbit RS=P2^0;                    //寄存器选择位，将 RS 位定义为 P2.0 引脚
sbit RW=P2^1;                    //读/写选择位，将 RW 位定义为 P2.1 引脚
sbit E=P2^2;                     //使能信号位，将 E 位定义为 P2.2 引脚
sbit BF=P0^7;                    //忙碌标志位，将 BF 位定义为 P0.7 引脚
/*************************************************
函数功能：延时程序
入口参数：m
*********************************************/
void delay(unsigned int m)
{
unsigned int i,j;
for(i=m;i>0;i--)
for(j=110;j>0;j--);
}


/*************************************************
函数功能：判断液晶模块的忙碌状态
返回值：result。result=1，忙碌;result=0，不忙
*********************************************/
bit BusyTest(void)
  {
    bit result;
    RS=0;                        //根据规定，RS 为低电平，RW 为高电平时，可以读状态
    RW=1;
    E=1;                         //E=1，才允许读/写
    _nop_();                     //空操作
    _nop_();
    _nop_();
    _nop_();                     //空操作四个机器周期，给硬件反应时间
    result=BF;                   //将忙碌标志电平赋给 result
    E=0;                         //将 E 恢复低电平
    return result;
  }
/*************************************************
函数功能：将模式设置指令或显示地址写入液晶模块
入口参数：dictate
*********************************************/
void WriteInstruction (unsigned char dictate)
{
    while(BusyTest()==1);        //如果忙就等待
    RS=0;                        //根据规定，RS 和 RW 同时为低电平时，可以写入指令
    RW=0;
    E=0;                         //E 置低电平，当 E 从 0~1 发生正跳变，才能写入，所以应先置 0
    _nop_();
    _nop_();                     //空操作两个机器周期，给硬件反应时间
    P0=dictate;                  //将数据送入 P0 口，即写入指令或地址
    _nop_();
    _nop_();
```

· 210 ·

```c
        _nop_();
        _nop_();                        //空操作四个机器周期,给硬件反应时间
        E=1;                            //E 置高电平
        _nop_();
        _nop_();
        _nop_();
        _nop_();                        //空操作四个机器周期,给硬件反应时间
        E=0;                            //当 E 由高电平跳变成低电平时,液晶模块开始执行命令
    }
/*********************************************************
函数功能:指定字符显示的实际地址
入口参数:x
*********************************************************/
    void WriteAddress(unsigned char x)
    {
        WriteInstruction(x|0x80);       //显示位置的确定方法规定为"80H+地址码 x"
    }
/*********************************************************
函数功能:将数据(字符的标准 ASCII 码)写入液晶模块
入口参数:y(为字符常量)
*********************************************************/
    void WriteData(unsigned char y)
    {
        while(BusyTest()==1);
        RS=1;                           //RS 为高电平,RW 为低电平时,可以写入数据
        RW=0;
        E=0;                            //E 置低电平,当 E 从 0~1 发生正跳变,才能写入,
                                        //所以应先置 0
        P0=y;                           //将数据送入 P0 口,即将数据写入液晶模块
        _nop_();
        _nop_();
        _nop_();
        _nop_();                        //空操作四个机器周期,给硬件反应时间
        E=1;                            //E 置高电平
        _nop_();
        _nop_();
        _nop_();
        _nop_();                        //空操作四个机器周期,给硬件反应时间
        E=0;                            //当 E 由高电平跳变成低电平时,液晶模块开始执行命令
    }
/*********************************************************
函数功能:对 LCD 的显示模式进行初始化设置
*********************************************************/
    void LcdInitiate(void)
    {
        delay(15);                      //延时 15ms,首次写指令时应给 LCD 一段较长的反应时间
        WriteInstruction(0x38);         //显示模式设置:16×2 显示,5×7 点阵,8 位数据接口
        delay(5);                       //延时 5ms,给硬件反应时间
        WriteInstruction(0x38);
```

· 211 ·

```
        delay(5);                              //延时 5ms，给硬件反应时间
        WriteInstruction(0x38);                //连续三次，确保初始化成功
        delay(5);                              //延时 5ms，给硬件反应时间
        WriteInstruction(0x0c);                //显示模式设置：显示开，无光标，光标不闪烁
        delay(5);                              //延时 5ms，给硬件反应时间
        WriteInstruction(0x06);                //显示模式设置：光标右移，字符不移
        delay(5);                              //延时 5ms，给硬件反应时间
        WriteInstruction(0x01);                //清屏幕指令，将以前的显示内容清除
        delay(5);                              //延时 5ms，给硬件反应时间


    }
/******************************************************************
以下是 DS18B20 的操作程序
**********************************************************************/
sbit DQ=P3^3;
unsigned char time;                            //设置全局变量，专门用于严格延时
/*****************************************************
函数功能：将 DS18B20 传感器初始化，读取应答信号
出口参数：flag
*****************************************************/
bit Init_DS18B20(void)
    {
    bit flag;                                  //存储 DS18B20 是否存在的标志，flag=0，表示存在；flag=1，
                                               //表示不存在
    DQ = 1;                                    //先将数据线拉高
    for(time=0;time<2;time++)                  //略微延时约 6μs
        ;
    DQ = 0;                                    //再将数据线从高拉低，要求保持 480～960μs
    for(time=0;time<200;time++)                //略微延时约 600μs
        ;                                      //以向 DS18B20 发出一持续 480～960μs 的低电平复位脉冲
    DQ = 1;                                    //释放数据线（将数据线拉高）
      for(time=0;time<10;time++)
        ;                                      //延时约 30μs（释放总线后需等待 15～60μs 让 DS18B20 输出存在脉冲）
    flag=DQ;                                   //让单片机检测是否输出了存在脉冲（DQ=0 表示存在）
    for(time=0;time<200;time++)                //延时足够长时间，等待存在脉冲输出完毕
        ;
    return (flag);                             //返回检测成功标志
}
/*********************************************
函数功能：从 DS18B20 读取一个字节数据
出口参数：dat
*********************************************/
unsigned char ReadOneChar(void)
    {
            unsigned char i=0;
            unsigned char dat=0;               //储存读出的一个字节数据
            for (i=0;i<8;i++)
                {
```

```
                DQ =1;              //先将数据线拉高
                _nop_();           //等待一个机器周期
                DQ = 0;            //单片机从 DS18B20 读出数据时,将数据线从高拉低即启动读时序
                 dat>>=1;
                _nop_();           //等待一个机器周期
                DQ = 1;            //将数据线"人为"拉高,为单片机检测 DS18B20 的输出电平作准备
                for(time=0;time<2;time++)
                  ;                //延时约 6μs,使主机在 15μs 内采样
                if(DQ==1)
                   dat|=0x80;      //如果读到的数据是 1,则将 1 存入 dat
                  else
                        dat|=0x00; //如果读到的数据是 0,则将 0 存入 dat
                                   //将单片机检测到的电平信号 DQ 存入 r[i]
                for(time=0;time<8;time++)
                        ;          //延时 3μs,两个读时序之间必须有大于 1μs 的恢复期          }

        return(dat);              //返回读出的十进制数据
}
/************************************************
函数功能: 向 DS18B20 写入一个字节数据
入口参数: dat
************************************************/
WriteOneChar(unsigned char dat)
{
    unsigned char i=0;
    for (i=0; i<8; i++)
        {
          DQ =1;               //先将数据线拉高
          _nop_();             //等待一个机器周期
          DQ=0;                //将数据线从高拉低时即启动写时序
          DQ=dat&0x01;         //利用与运算取出要写的某位二进制数据,并将其送到数据线上等待
                               //DS18B20 采样
          for(time=0;time<10;time++)
              ;                //延时约 30us,DS18B20 在拉低后的 15~60μs 内从数据线上采样
          DQ=1;                //释放数据线
          for(time=0;time<1;time++)
              ;                //延时 3μs,两个写时序间至少需要 1μs 的恢复期
          dat>>=1;             //将 dat 中的各二进制位数据右移 1 位
         }
     for(time=0;time<4;time++)
              ;                //稍作延时,给硬件反应时间
}
/************************************************
函数功能: 红灯闪烁函数
************************************************/
void red(void)
{
LED_RED=0;
delay (200);
```

```
LED_RED=1;
delay(200);
}
/**************************************************
函数功能：绿灯闪烁函数
**************************************************/
void green(void)
{
LED_GREEN=0;
delay(200);
LED_GREEN=1;
delay(200);
}
/***************************************************
以下是与温度有关的显示设置
***************************************************/
/***************************************************
函数功能：显示没有检测到 DS18B20
***************************************************/
void display_error(void)
{
        unsigned char i;
            WriteAddress(0x00);              //写显示地址，将在第 1 行第 1 列开始显示
            i = 0;                           //从第一个字符开始显示
            while(Error[i] != '\0')          //只要没有写到结束标志，则继续写
            {
                WriteData(Error[i]);         //将字符常量写入 LCD
                i++;                         //指向下一个字符
                delay(100);                  //延时 100ms 较长时间，以看清关于显示的说明
                }
                while(1)                     //进入死循环，等待查明原因
                    ;
}
/**************************************************
函数功能：说明显示的温度数值
**************************************************/
void display_explain(void)
{
        unsigned char i;
            WriteAddress(0x00);              //写显示地址，将在第 1 行第 1 列开始显示
            i = 0;                           //从第一个字符开始显示
            while(D1[i] != '\0')             //只要没有写到结束标志，则继续写
            {
                WriteData(D1[i]);            //将字符常量写入 LCD
                i++;                         //指向下一个字符
                delay(100);                  //延时 100ms 较长时间，以看清关于显示的说明
                }
}
/**********************************************
```

函数功能：说明显示温度情况
**/

```c
void display_symbol(void)
{
    unsigned char i;
        WriteAddress(0x40);    //写显示地址，将在第 2 行第 1 列开始显示
        i = 0;                 //从第一个字符开始显示
        while(D2[i] != '\0')   //只要没有写到结束标志，则继续写
        {
        WriteData(D2[i]);      //将字符常量写入 LCD
            i++;               //指向下一个字符
            delay(50);         //延时 50ms 给硬件反应时间
                }
}
```

/***

函数功能：显示温度的小数点
**/

```c
void        display_dot(void)
{
    WriteAddress(0x09);        //写显示地址，将在第 2 行第 10 列开始显示
    WriteData('.');            //将小数点的字符常量写入 LCD
    delay(50);                 //延时 50ms 给硬件反应时间
}
```

/***

函数功能：显示温度的度前面的小圆圈
入口参数：x
**/

```c
void display_du(void)
{
    WriteAddress(0x0C);        //写显示地址，将在第 1 行第 11 列开始显示
    WriteData(0xDF);           //将温度的度前面的小圆圈写入 LCD
    delay(50);                 //延时 50ms 给硬件反应时间
}
```

/***

函数功能：显示温度的整数部分
入口参数：x
**/

```c
void display_temp1(unsigned char x)
{
 unsigned char j,k,l;          //j,k,l 分别存储温度的百位、十位和个位
    j=x/100;                   //取百位
    k=(x%100)/10;              //取十位
    l=x%10;                    //取个位
    WriteAddress(0x06);        //写显示地址，将在第 1 行第 7 列开始显示
    WriteData(digit[j]);       //将百位数字的字符常量写入 LCD
    WriteData(digit[k]);       //将十位数字的字符常量写入 LCD
    WriteData(digit[l]);       //将个位数字的字符常量写入 LCD
    delay(50);                 //延时 50ms 给硬件反应时间
    }
```

```c
/*************************************************
函数功能：显示温度的小数部分
入口参数：x
*************************************************/
 void display_temp2(unsigned char x)
{
     WriteAddress(0x0A);                    //写显示地址，将在第 1 行第 11 列开始显示
     WriteData(digit[x]);                   //将小数部分的第一位数字字符常量写入 LCD
     delay(50);                             //延时 50ms 给硬件反应时间
}
/*************************************************
函数功能：显示温度过高--COOL DOWN!
*************************************************/
void    display_TS1(void)
{
     unsigned char i;
          WriteAddress(0x46);               //写显示地址，将在第 2 行第 6 列开始显示
          i = 0;                            //从第一个字符开始显示
          while(TS1[i] != '\0')             //只要没有写到结束标志，则继续写
             {
             WriteData(TS1[i]);             //将字符常量写入 LCD
             i++;                           //指向下一个字符
             delay(50);                     //延时 50ms 给硬件反应时间
                }
}
/*************************************************
函数功能：显示温度正常--STOP !
*************************************************/
void    display_TS2(void)
{
          unsigned char i;
             WriteAddress(0x46);            //写显示地址，将在第 2 行第 6 列开始显示
   i = 0;                                   //从第一个字符开始显示
                while(TS2[i] != '\0')       //只要没有写到结束标志，则继续写
                {
                    WriteData(TS2[i]);      //将字符常量写入 LCD
                    i++;                    //指向下一个字符
                    delay(50);              //延时 50ms 给硬件反应时间
                }

}
/*************************************************
函数功能：显示温度过低--HOT UP !
*************************************************/
void    display_TS3(void)
{
             unsigned char i;
             WriteAddress(0x46);            //写显示地址，将在第 2 行第 6 列开始显示
   i = 0;                                   //从第一个字符开始显示
```

```
                    while(TS3[i] !='\0')          //只要没有写到结束标志，则继续写
                    {
                          WriteData(TS3[i]);      //将字符常量写入 LCD
                          i++;                    //指向下一个字符
                          delay(50);              //延时 50ms 给硬件反应时间
                    }
}
/************************************************
函数功能：做好读温度的准备
***********************************************/
void ReadyReadTemp(void)
{
        Init_DS18B20();                           //将 DS18B20 初始化
           WriteOneChar(0xCC);                    //跳过读序号列号的操作
           WriteOneChar(0x44);                    //启动温度转换
        for(time=0;time<100;time++)
                    ;                             //温度转换需要一点时间
           Init_DS18B20();                        //将 DS18B20 初始化
           WriteOneChar(0xCC);                    //跳过读序号列号的操作
           WriteOneChar(0xBE);                    //读取温度寄存器，前两个分别是温度的低位和高位
}
/************************************************
函数功能：主函数
***********************************************/
 void main(void)
 {
         unsigned char TL;                        //储存暂存器的温度低位
         unsigned char TH;                        //储存暂存器的温度高位
         unsigned char TN;                        //储存温度的整数部分
         unsigned char TD;                        //储存温度的小数部分
         LcdInitiate();                           //将液晶初始化
         delay(5);                                //延时 5ms 给硬件一点反应时间
            if(Init_DS18B20()==1)
            display_error();
            display_explain();
            display_symbol();                     //显示温度说明
            display_dot();                        //显示温度的小数点
            display_du();
       while(1)                                   //不断检测并显示温度
         {
            ReadyReadTemp();                      //读温度准备
            TL=ReadOneChar();                     //先读的是温度值低位
            TH=ReadOneChar();                     //接着读的是温度值高位
            TN=TH*16+TL/16;                       //实际温度值=(TH×256+TL)/16，即 TH×16+TL/16
                                                  //这样得出的是温度的整数部分，小数部分被丢弃了
            TD=(TL%16)*10/16;                     //计算温度的小数部分，将余数乘以 10 再除以 16 取整，
                                                  //这样得到的是温度小数部分的第一位数字(保留 1 小数)
            display_temp1(TN);                    //显示温度的整数部分
            display_temp2(TD);                    //显示温度的小数部分
```

```
        delay(10);
        if(TN>30)                            //当温度高于30℃时
        {
        P1_0=1;P1_1=0;                        //直流电机逆时针转动（启动风机降温）
        display_TS1();                        //1602LCD第二行显示"Motor:Cool down！"
        green();                              //绿色的LED指示灯闪烁
        }
        if((TN<=30)&(TN>=25))                 //当温度为25～30℃时
        {
        P1_0=1;P1_1=1;                        //直流电机不转动
        display_TS2();                        //1602LCD第二行显示"Motor: STOP ！"
          EA=0;}                              //两个LED指示灯熄灭
        if(TN<25)                             //当温度低于25℃时
        {
        P1_0=0;P1_1=1;                        //直流电机顺时针转动（启动加热器加热）
        display_TS3();                        //1602LCD第二行显示"Motor:Hot up！"
        red();                                //红色的LED指示灯闪烁
        }
    }
}
```

5.3.4 硬件仿真原理图

案例29的硬件仿真参考原理图如图5-13所示。案例29的对象选择器显示窗口如图5-14所示。

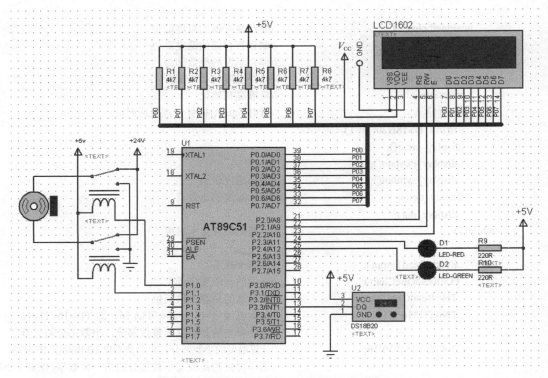

图5-13 数字温度控制器设计与实现的原理图

图 5-14　案例 29 的对象选择器显示窗口

5.3.5　用 Proteus 软硬件仿真运行

将编译好的"案例 29.hex"文件载入"AT89C51"单片机，在仿真环境中单击"运行"按钮，进入仿真运行状态。数字温度控制器的设计与实现的仿真效果如图 5-15 所示。

5.3.6　数字温度控制器的设计与实现

1．系统方案设计

根据工作任务要求，选用 AT89C51 单片机、复位电路、电源、温度传感器 18B20 和 2 个 LED 灯、LCD1602 液晶显示器、直流电机电路构成工作系统，完成对数字温度控制器的设计与实现。该系统方案设计框图如图 5-16 所示。

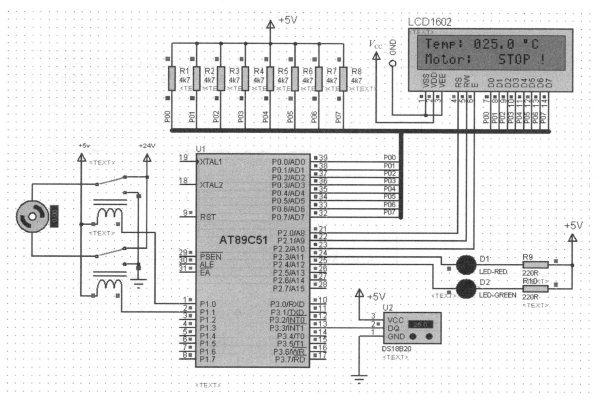

（a）数字温度控制器正常温度的仿真效果图

图 5-15　数字温度控制器设计与实现的仿真效果图

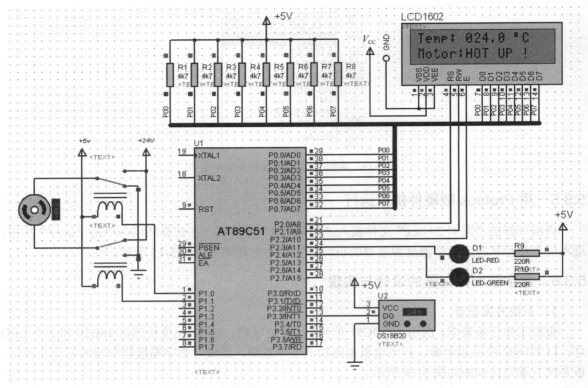

（b）数字温度控制器温度过低的仿真效果图

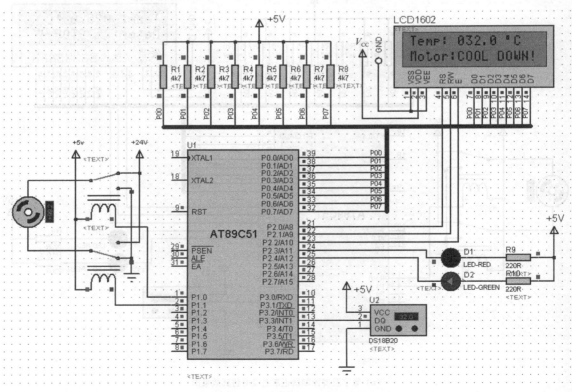

（c）数字温度控制器温度过高的仿真效果图

图 5-15　数字温度控制器设计与实现的仿真效果图（续）

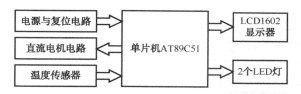

图 5-16　数字温度控制器的设计与实现系统方案设计框图

2．系统硬件设计

本设计选用 AT89C51 芯片（MCU01 主机模块）、"+5V"电源和"GND"地（MCU02 电源模块）、显示电路（MCU04 显示模块）、直流电机电路（MCU08 交直流电机控制模块）、温度传感器电路（温度传感器模块 MCU13）和 SL-USBISP-A 在线下载器；由于主机模块上已经接有时钟电路（晶振电路）和复位电路，故只需要连接显示电路、直流电机电路、温度传感器电路和"+5V"电源与"GND"地即可。

数字温度控制器的设计与实现实物电路连接示意图，如图 5-17 所示。单片机的 P0 端口与显示模块的 D0～D7 输入端口相连；单片机的 P2.3、P2.4 端口与"逻辑指示电路"（LED 灯电路）的输入端口相连；单片机的 P1.0、P1.1 端口控制直流电机；单片机的 P3.3 端口与温度传感器的数字信号输入/输出端 DQ 相连；同时连接所有相应的控制线。

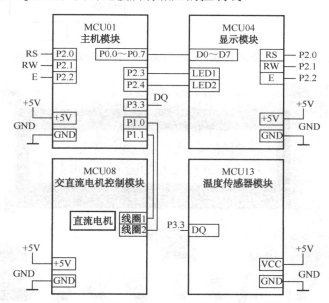

图 5-17　数字温度控制器的实物电路连接示意图

3．系统软件设计

1）主程序模块设计

数字温度控制器设计与实现的主程序模块设计流程图如图 5-18 所示。

2）软件程序参见 5.3.3 节的软件程序设计

在编译软件 Keil μVision 中，新建项目→新建源程序文件（案例 29 数字温度控制器的设计与实现）→将新建的源程序文件加载到项目管理器→编译程序→调试程序至成功。

4．单片机控制数字温度控制器的实现

用"SL-USBISP-A 在线下载器"将编译好的程序下载到 AT89C51 芯片中→实物运行。

实物运行效果如图 5-19 所示。

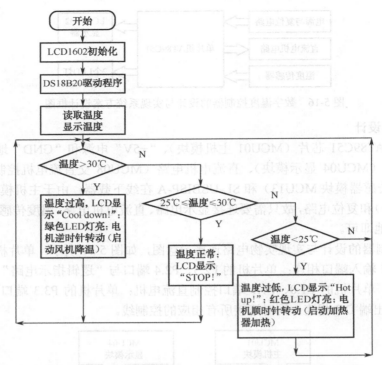

图 5-18　数字温度控制器设计与实现的主程序模块设计流程图

（a）数字温度控制器温度过高的仿真效果图

图 5-19　"数字温度控制器设计与实现"的实现效果图

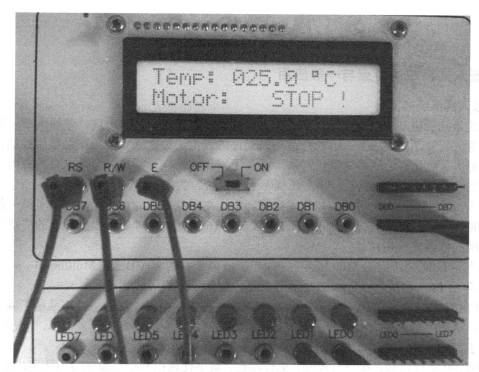

（b）数字温度控制器正常温度的仿真效果图

（c）数字温度控制器温度过低的仿真效果图

图 5-19 "数字温度控制器设计与实现"的实现效果图（续）

5.4 任务 4 认识 Cortex-M4

5.4.1 嵌入式系统的特点与一般应用

1．嵌入式系统的发展

嵌入式系统的出现最初是基于单片机。20 世纪 70 年代单片机的出现，使得汽车、家电、工业机器、通信装置，以及成千上万种产品可以通过内嵌电子装置来获得更佳的使用性能，如更容易使用、更快、更便宜。这些装置已经初步具备了嵌入式的应用特点，但是这时的应用只是使用 8 位的芯片，执行一些单线程的程序，还谈不上"系统"的概念。

1971 年 11 月，Intel 公司成功把算术运算器和控制器电路集成在一起，推出了第一款微处理器 Intel 4004，其后，各厂家陆续推出了许多 8 位、16 位的微处理器，微处理器的广泛应用形成了一个广阔的嵌入式应用市场。

1976 年，Intel 公司推出 Multibus，1983 年扩展为带宽达 40MB/s 的 Multibus Ⅱ。

1978 年由 Prolog 设计的简单 STD 总线广泛应用于小型嵌入式系统。

从 20 世纪 80 年代早期开始，嵌入式系统的程序员开始用商业级的"操作系统"编写嵌入式应用软件，这使得可以获取更短的开发周期，更低的开发资金和更高的开发效率，"嵌入式系统"真正出现了。

20 世纪 90 年代以后，在分布控制、柔性制造、数字化通信和信息家电等巨大需求的牵引下，嵌入式系统进一步加速发展。随着对实时性要求的提高，软件规模不断上升，逐渐发展为实时多任务操作系统（RTOS），并作为一种软件平台逐步成为目前国际嵌入式系统的主流。

21 世纪无疑是一个网络的时代，未来的嵌入式设备为了适应网络发展的要求，必然要求硬件上提供各种网络通信接口。新一代的嵌入式处理器已经开始内嵌网络接口，除了支持 TCP/IP 协议，还有的支持 IEEE1394、USB、CAN、Bluetooth 或 IrDA 通信接口中的一种或者几种协议，同时也需要提供相应的通信组网协议软件和物理层驱动软件。软件方面系统内核支持网络模块，甚至可以在设备上嵌入 Web 浏览器，真正实现随时随地用各种设备上网。

2．嵌入式微处理器的特点

嵌入式系统的核心是嵌入式微处理器。嵌入式微处理器一般具备以下 4 个特点：

（1）对实时任务有很强的支持能力。能完成多任务并且有较短的中断响应时间，从而使内部的代码和实时内核心的执行时间减小到最低限度。

（2）具有功能很强的存储区保护功能。这是由于嵌入式系统的软件结构已模块化，而为了避免在软件模块之间出现错误的交叉作用，需要设计强大的存储区保护功能，同时也有利于软件诊断。

（3）可扩展的处理器结构。应用可扩展的处理器结构，能够最迅速地推出满足应用的最高性能的嵌入式微处理器。

（4）嵌入式微处理器功耗很低。嵌入式微处理器功耗必须很低，尤其是用于便携式的无线及移动的计算和通信设备中靠电池供电的嵌入式系统更是如此，如需要功耗只有 mW 甚至 μW 级。

5.4.2 Cortex-M4 的组成及功能

ARM CortexTM-M4 处理器是由 ARM 专门开发的最新的嵌入式处理器，在 M3 的基础上强化了运算能力，新加了浮点、DSP、并行计算等，用以满足需要有效且易于使用的控制和信号处理功能混合的数字信号控制市场。其高效的信号处理功能与 Cortex-M 处理器系列的低功耗、低成本和易于使用的优点的组合，旨在满足专门面向电动机控制、汽车、电源管理、嵌入式音频和工业自动化市场的新兴类别的灵活解决方案。

Cortex-M4 将 32 位控制与领先的数字信号处理技术集成来满足需要很高能效级别的市场。Cortex-M4 通过一系列出色的软件工具和 Cortex 微控制器软件接口标准（CMSIS）使信号处理算法开发变得十分容易。

1. Cortex-M4 的组成

Cortex-M4 处理器采用一个扩展的单时钟周期乘法累加（MAC）单元、优化的单指令多数据（SIMD）指令、饱和运算指令、一个可选的单精度浮点单元（FPU）和一个可选的内存保护单元（MPU）。以上的组成以表现 ARM Cortex-M 系列处理器特征的创新技术为基础。创新技术如下。

（1）RISC 处理器内核：高性能 32 位 CPU、具有确定性的运算、低延迟 3 阶段管道，可达 1.25DMIPS/MHz。

（2）Thumb-2®指令集：16/32 位指令的最佳混合、小于 8 位设备 3 倍的代码大小、对性能没有负面影响。提供最佳的代码密度。

（3）低功耗模式：集成的睡眠状态支持、多电源域、基于架构的软件控制。

（4）嵌套矢量中断控制器（NVIC）：低延迟、低抖动中断响应、不需要汇编编程、以纯 C 语言编写的中断服务例程。能完成出色的中断处理。

（5）工具和 RTOS 支持：广泛的第三方工具支持、Cortex 微控制器软件接口标准（CMSIS）、最大限度地增加软件成效。

（6）CoreSight 调试和跟踪：JTAG 或 2 针串行线调试（SWD）连接、支持多处理器、支持实时跟踪。

2. Cortex-M4 的功能

Cortex-M4 的功能如表 5-3 所示。

表 5-3　Cortex-M4 的功能

Cortex-M4 功能	
体系结构	ARMv7E-M (Harvard)
ISA 支持	Thumb®/Thumb-2
DSP 扩展	单周期 16、32 位 MAC 单周期双 16 位 MAC 8、16 位 SIMD 运算 硬件除法（2～12 个周期）
浮点单元	单精度浮点单元 符合 IEEE 754
管道	3 阶段 + 分支预测
Dhrystone	1.25 DMIPS/MHz
内存保护	带有子区域和后台区域的可选 8 区域 MPU
中断	不可屏蔽的中断 (NMI) + 1～240 个物理中断
中断延迟	12 个周期
中断间延迟	6 个周期
中断优先级	8～256 个优先级
唤醒中断控制器	最多 240 个唤醒中断

Cortex-M4 功能	
睡眠模式	集成的 WFI 和 WFE 指令和"退出时睡眠"功能
	睡眠和深度睡眠信号
	随 ARM 电源管理工具包提供的可选保留模式
位操作	集成的指令和位段
调试	可选 JTAG 和串行线调试端口。最多 8 个断点和 4 个检测点
跟踪	可选指令跟踪（ETM）、数据跟踪（DWT）和测量跟踪（ITM）

5.4.3 Cortex-M4 的主要应用

Cortex-M4 的主要应用包括手机、PDA、电子字典、可视电话、VCD/DVD/MP3Player、数字相机（DC）、数字摄像机（DV）、U-Disk、机顶盒（Set Top Box）、高清电视（HDTV）、游戏机、智能玩具、交换机、路由器、数控设备或仪表、汽车电子产品、家电控制系统、医疗仪器、航天航空设备等。

5.4.4 Cortex-M4 的系列

Cortex-M4 目前有多个厂家生产，这里介绍飞思卡尔的系列产品。

Kinetis 是基于 ARM® CortexTM-M4 具有超强可扩展性的低功耗、混合信号微控制器。Kinetis 微控制器基于飞思卡尔创新的 90nm 薄膜存储器（TFS）闪存技术，具有独特的 Flex 存储器（可配置的内嵌 EEPROM）。Kinetis 微控制器系列融合了最新的低功耗革新技术，具有高性能、高精度的混合信号能力，宽广的互联性，人机接口和安全外设。飞思卡尔公司，以及其他大量的 ARM 第三方应用商提供对 Kinetis 微控制器的应用支持。

飞思卡尔的系列产品非常完善，有多个系列，这些系列包括由模拟、通信和定时，以及控制外设组成的丰富套件，功能集成程度随闪存规模和输入/输出数而增加。

1. Kinetis 的系列

（1）K10 系列：具有 50～150MHz 的性能选项和 32KB～1MB 的闪存，提供较高的 RAM 闪存比吞吐量。将使用超小型 5mm×5mm QFN 封装供货，用于最小的低功率设计。K20、K30 和 K40 系列与 K10 系列完全兼容。

（2）K20 系列：增加了 USB 2.0 器件/主机/On-The-Go（全速和高速）。USB 设备充电器检测（DCD）功能优化充电电流/时间，使便携式 USB 产品拥有较长的电池使用寿命。

（3）K30 系列：添加了灵活的 LCD 控制器，支持最多 320 个分段。低功率闪烁模式和分段故障检测功能为支持 LCD 的产品提供了低功率操作并改进了显示完整性。

（4）K40 系列：组合了 USB 和分段 LCD 功能，用于需要灵活连接到图形用户界面的产品。

（5）K60 系列：包括一套高度集成的 MCU，提供高达 180MHz 的性能和 IEEE 1588 以太网 MAC，用于工业自动化环境中精确的、实时的时间控制。硬件加密支持多个算法，以最小的 CPU 负载提供快速、安全的数据传输和存储。系统安全模块包括安全密钥存储和硬件篡改检测，提供用于电压、频率、温度和外部传感（用于物理攻击检测）的传感器。

（6）K70 系列：面向单芯片、图形 LCD 应用的基于 ARM Cortex-M4 内核的微控制器（MCU）系列。高性能 Kinetis K70 系列的目标应用是需要复杂的图形 LCD 用户界面以及先进的连接和安全功能，而没有多芯片设计相关的成本与功耗的增加。

2．Kinetis 系列的通用特性

Kinetis 系列的通用特性如下。

（1）高速 16 位模/数转换器。

（2）12 位数/模转换器，带有片上模拟电压参考。

（3）多个高速比较器和可编程增益放大器。

（4）低功率触摸感应功能，通过触摸能将器件从低功率状态唤醒。

（5）多个串行接口，包括 UART，带有 ISO7816 支持和 Inter-IC Sound。

（6）强大、灵活的定时器，用于包括电机控制在内的广泛应用。

（7）片外系统扩展和数据存储选项，包括 SD 主机、NAND 闪存、DRAM 控制器和飞思卡尔 FlexBus 互联方案。

5.5　任务 5　基于 Cortex-M4 的直流步进电机控制器的设计与实现

5.5.1　任务与计划

1．任务要求

（1）使用单片机控制方式，设计用控制 PD 口 8 位 LED 闪烁的显示装置，要求用 LPTMR 方式进行定时，LED 的闪烁周期是 100ms，即亮 50ms，熄灭 50ms。

（2）使用单片机程序设计工具软件 IAR，用 IAR 6.30 编写源程序完成 LED 闪烁程序设计并进行软件调试。

（3）在简单程序的基础上了解四线步进电机的特点，并使用 IAR 6.30 编写源程序完成步进电机驱动的程序设计。

2．工作计划

（1）首先进行任务分析，根据任务要求学习 LPTMR 的相关知识，学习软件编程所需的 C 语言内容，结合单片机 8 个 I/O 端口的功能和使用方法，进行精确延时，完成 PD 口 8 位 LED 闪烁的方案设计。

（2）与合作伙伴分工，分别进行硬件电路设计、软件流程图和程序编写。

（3）在完成程序的调试和编译后，进行输入/输出控制的仿真运行，然后下载程序到开发系统，并比对运行效果。

（4）正常运行后，可以选择适当的形式进行交流，演示评价。

（5）反思自己的工作过程与结果，并进行优化，总结出改善性意见。

（6）在以上简单程序的基础上，完成四线步进电机的程序设计，总结编程心得。

5.5.2　熟悉 IAR 6.30 开发环境

Cortex-M4 系列可以用的开发环境较多，目前，主流的开发环境有 Keil 4.x、IAR 6.xx、CodeWarrior 10.x，本节以 IAR 6.3 现有工程为例介绍程序的开发调试过程。

IAR 6.30 开发环境安装完毕后，双击桌面上的"IAR Embedded Wordbench 6.30"图标，打开"IAR 6.30"软件的集成开发环境编辑操作界面，如图 5-20 所示。

1．软件程序设计

（1）安装好 IAR 6.30 开发环境。

（2）打开本书配套光盘，或者从出版社下载本书链接，或者配套开发工具箱，找到用 Cortex-M4 控制 LED 灯闪烁的演示程序。在 demoled 文件夹中，找到 demoled.eww 文件，双击打开，自动

进入 IAR 6.30 开发环境。IAR 工程文件的图标，如图 5-21 所示。

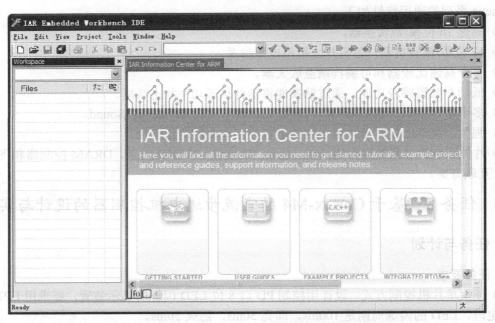

图 5-20　IAR Embedded Wordbench 6.30 开发环境编辑操作界面

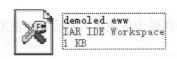

图 5-21　IAR 工程文件的图标

（3）进入 IAR 6.30 开发环境程序开发界面，如图 5-22 所示。配置好工程中的 RAM 和 Flash 选项，插上 JLINK V8 下载器，先编译，没有错误时单击 ⏬ 图标开始下载。

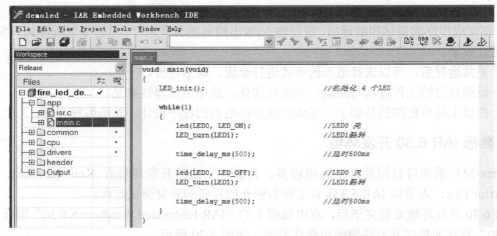

图 5-22　IAR 程序开发界面

（4）下载成功后进入调试窗口，调试窗口如图 5-23 所示。

2．Cortex-M4 控制 LED 灯闪烁的接线示意图

Cortex-M4 控制 LED 灯闪烁的接线示意图如图 5-24 所示。

图 5-23　IAR 调试主要按钮

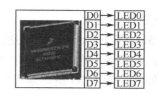

图 5-24　8 位 LED 闪烁的接线示意图

5.5.3　基于 Cortex-M4 的直流电机控制器的设计与实现

1．系统方案设计

根据工作任务要求，选用 MK60DN512VLQ10 单片机、时钟电路、复位电路、电源和步进电机构成工作系统，完成对步进电机的控制。该系统方案设计框图如图 5-25 所示。

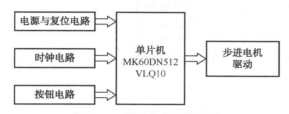

图 5-25　系统方案设计框图

2．系统硬件设计

本设计选用 MK60DN512VLQ10 芯片（LQ-KxxP100SYSY VE 模块）、L298 步进电机驱动模块（LQ-298 模块）、17PM-K054-G7WS 步进电机和 LQ-JLINK V8 在线下载器；由于主机模块上具备独立运行功能，故只需要连接步进电机驱动模块的主机和电机即可。基于 Cortex-M4 的直流步进电机控制器的接线示意图如图 5-26 所示。

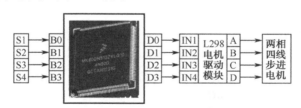

图 5-26　基于 Cortex-M4 的直流步进电机控制器的接线示意图

3．系统软件设计

1）主程序模块设计

主程序模块设计流程图如图 5-27 所示。

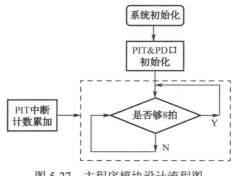

图 5-27　主程序模块设计流程图

2）软件程序设计

案例 30：基于 Cortex-M4 的独立式键盘控制步进电机正反转。

要求：按下 S1 键时，步进电动机正转；按下 S2 键时，步进电动机反转；按下 S3 键时，步进电动机停转；按下 S4 键时速度加快一个档次，达到最大值时再从 0 开始。

```
//案例 30：基于 Cortex-M4 的独立式键盘控制步进电机正反转
#include "common.h"
#include "include.h"
#define SA PTD0_OUT            //与电机驱动 IN1 相连
#define SB PTD1_OUT            //与电机驱动 IN2 相连
#define SC PTD2_OUT            //与电机驱动 IN3 相连
#define SD PTD3_OUT            //与电机驱动 IN4 相连
#define S1 PTB0_IN             //与按键 S1 相连
#define S2 PTB1_IN             //与按键 S2 相连
#define S3 PTB2_IN             //与按键 S3 相连
#define S4 PTB3_IN             //与按键 S4 相连

unsigned int cnt;             //计数
int step_index;               //步进索引数，值为 0～7
u8 dir;                       //步进电机转动方向：0 正转；1 反转
u8 stop_flag=0;               //步进电机停止标志：0 运行；1 停止
int speedlevel=1;             //步进电机转速参数，数值越大速度越慢，最小值为 1，速度最快;最大
                              //值为 7，最慢
int spcnt=0;                  //步进电机转速参数计数
void gorun();                 //步进电机控制步进函数
void gorun()
{
  if (stop_flag==1)
  {
    SA = 0;                   //A
    SB = 0;                   //B
    SC = 0;                   //C
    SD = 0;                   //D
    return;
  }
  switch(step_index)
  {
    case 0:                   //0
      SA = 1;
      SB = 0;
      SC = 0;
      SD = 0;
      break;
    case 1:                   //0、1
      SA = 1;
      SB = 1;
      SC = 0;
      SD = 0;
      break;
```

```
    case 2:                 //1
        SA = 0;
        SB = 1;
        SC = 0;
        SD = 0;
        break;
    case 3:                 //1、2
        SA = 0;
        SB = 1;
        SC = 1;
        SD = 0;
        break;
    case 4:                 //2
        SA = 0;
        SB = 0;
        SC = 1;
        SD = 0;
        break;
    case 5:                 //2、3
        SA = 0;
        SB = 0;
        SC = 1;
        SD = 1;
        break;
    case 6:                 //3
        SA = 0;
        SB = 0;
        SC = 0;
        SD = 1;
        break;
    case 7:                 //3、0
        SA = 1;
        SB = 0;
        SC = 0;
        SD = 1;
        break;
    }
    if (dir==0)
    {
        ++step_index;
        if (step_index>7)
            step_index=0;
    }
    else
    {
        --step_index;
        if (step_index<0)
            step_index=7;
    }
```

```
}
void PIT0_IRQHandler(void)
{
    //LED_turn(LED0);                    //LED0 反转
    cnt++;
    spcnt--;
    if(spcnt<=0)
    {
        spcnt = speedlevel;
        gorun();
    }
    PIT_Flag_Clear(PIT0);              //清中断标志位
}

void main()
{
    DisableInterrupts;                  //禁止总中断
    gpio_init(PORTD, 0, GPO, LOW);      //初始化 PTD0--SA
    gpio_init(PORTD, 1, GPO, LOW);      //初始化 PTD1--SB
    gpio_init(PORTD, 2, GPO, LOW);      //初始化 PTD2--SC
    gpio_init(PORTD, 3, GPO, LOW);      //初始化 PTD3--SD
    gpio_init(PORTB, 0, GPI, HIGH);     //初始化 PTB0--S1
    gpio_init(PORTB, 1, GPI, HIGH);     //初始化 PTB1--S2
    gpio_init(PORTB, 2, GPI, HIGH);     //初始化 PTB2--S3
    gpio_init(PORTB, 3, GPI, HIGH);     //初始化 PTB3--S4
    pit_init_100us(PIT0, 5);            //初始化 PIT0，定时时间为 0.5ms
    EnableInterrupts;                   //开总中断
    cnt = 0;
    step_index = 0;
    spcnt = 0;
    stop_flag = 0;
    SA = 0;
    SB = 0;
    SC = 0;
    SD = 0;
    dir = 0;
    speedlevel = 1;
    delayms(2000);
    for(;;)
    {
        if(!S1) dir = 0;                //正转
        if(!S2) dir = 1;                //反转
        if(!S3) stop_flag=1;            //停止
        if(!S4)
        {
            if(++speedlevel>7)
                speedlevel = 0;          //速度循环从 0～7
        }
        delayms(500);
```

4．Cortex-M4 控制步进电机的实现

基于 Cortex-M4 的直流步进电机控制器的设计与实现的实物图，如图 5-28 所示。

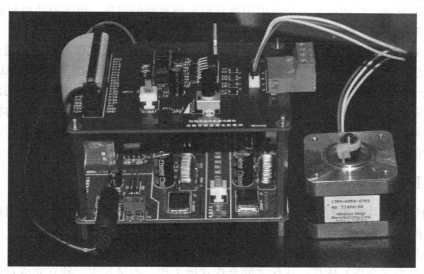

图 5-28　基于 Cortex-M4 的直流步进电机控制器的设计与实现实物图

项目 6　日历时钟的设计与实现

6.0　项目 6 任务描述

随着社会的发展，时间在人类生活中扮演着越来越重要的角色，电子日历时钟已经成为日渐流行的日常计时工具。

本学习项目是使用单片机控制，进行日历时钟的设计与实现，从单片机串行通信 I²C 总线接口及应用开始学习和工作，学会 I²C 芯片 24C04 的基本使用方法。通过学习 DS1302 时钟芯片的应用，学会电子日历时钟电路的设计与制作，并且使用 12864LCD 作为电子日历的液晶显示屏，同时，用中文和数字显示当前的日期、星期及时间信息。在收集单片机电子日历的相关资料的基础上，进行单片机日历时钟的任务分析和计划制订，硬件电路和软件程序的设计，完成单片机控制的日历时钟的设计与实现。

6.0.1　项目目标

（1）正确认识单片机串行通信 I²C 总线接口及应用，会 I²C 芯片 24C04 的应用和实时时钟芯片 DS1302 的典型应用，能用液晶显示器 12864 显示所需的内容。

（2）对每项工作任务进行规划、设计，分配任务，确定一个时间进程表。

（3）选择一个（合作）伙伴，伙伴之间合作式地工作，各尽其责，独立完成自己的任务，并谨慎认真地对待工作资料。

（4）能够根据项目任务要求，自主利用资源（手册、参考书籍、网络等）解决学习过程中遇到的实际问题，并完成基于 DS1302 的 LCD1602 显示的日历时钟、基于 DS1302 的 LCD12864 显示日历时钟设备的仿真应用。

（5）能够按照设计任务要求，完成日历时钟的设计与实现。

（6）工作任务结束后，学会总结和分析，积累经验，找出不足，形成有效的工作方法和解决问题的思维模式。

（7）通过与其他小组交流，检查（修订）自身的工作结果，展示汇报。

（8）反思自己的工作过程与结果，并进行优化，提出改善性意见。

6.0.2　项目内容

（1）明确单片机串行通信 I²C 总线接口及应用，会 I²C 芯片 24C04 和实时时钟芯片 DS1302 的典型应用。

（2）明确单片机液晶显示器 LCD12864 及其显示方式应用。

（3）能完成基于 DS1302 的 LCD1602 显示的日历时钟设计与仿真运行。

（4）能完成基于 DS1302 的 LCD12864 显示的日历时钟设计与仿真应用。

（5）会根据设计任务的要求，完成日历时钟的设计与实现。

（6）根据需要，完成小组内部的交流或在全班展示汇报并提出改善性意见。

（7）进行"日历时钟的设计与实现"的项目能力评价。

6.0.3　项目能力评价

教育组织者可以根据学习者的学习反馈和本身具有的设备资源情况，制定项目能力评价体系，以下"项目能力评价表"供大家参考。教育组织者可以让学习者自评、互评或者教育组织者评价，又或联合评价，加权算出平均值进行最终评价。

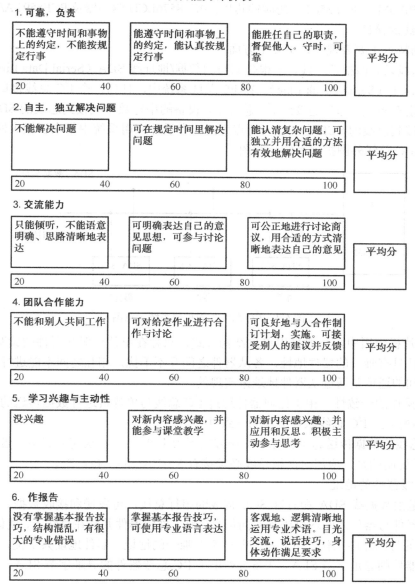

项目能力评价表

6.1 任务1 认识I²C总线

在单片机系统中，由于串行总线的接口比较简单，有利于系统设计的模块化和标准化，提高系统的可靠性，降低成本，所以串行总线的应用十分广泛。在众多的串行总线中，由于I²C总线只需两根线，支持带电插拔，有大量的外围接口芯片，因而经常被单片机系统采用。

6.1.1 I²C总线及I²C总线接口

1. I²C总线

I²C总线是 Inter Integrated Circuit Bus（内部集成电路总线）的缩写。它是 Philips 公司研发的一种双向二线制总线，用于连接单片机及其外围设备，是近年来应用较多的串行总线之一。I²C 总线的优点是简单、有效，并且占用的空间非常小，减少了电路板的空间和芯片引脚的数量，降低了互联成本。总线的长度可高达 8m，最多可支持 40 个器件。目前，具备 I²C 接口的芯片已有很多，如 AT24C 系列 E²PROM、 PCF8563 日历时钟芯片、PCF8576LCD 驱动器及 PCF8591 A/D 转换器等。

2．I²C 总线的接口

I²C 总线的特点主要表现在以下 4 个方面。

（1）I²C 总线只有两根信号线，一根是双向的数据/地址线 SDA（Serial Data Line）；另一根是串行时钟总线 SCL（Serial Clock Line）。在 PC 总线系统中，任何一个 I²C 总线接口的外围器件，不论其功能差别有多大，都是连接到 I²C 总线上，设备的串行数据线接到总线的 SDA 上，而设备的串行时钟线接到总线的 SCL 上。这一特点为用户在设计应用系统中带来了极大便利性。图 6-1 所示为单片机 I²C 总线外围扩展系统示意图。

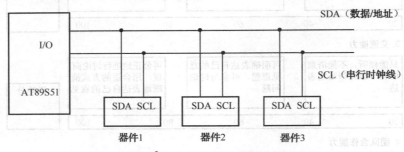

图 6-1　I²C 总线外围扩展系统示意图

（2）在单片机应用中，一般采用单主结构方式，只存在单片机对从器件的读写操作， 每个 I²C 总线从器件具有唯一的器件地址，各从器件之间互不干扰，相互之间不能进行通信，单片机与 I²C 器件之间的通信是通过从器件地址来实现的。

（3）软件操作的一致性。由于任何器件通过 I²C 总线与单片机进行数据传送的方式基本都是一样的，这就决定了 I²C 总线软件编写的一致性。

（4）I²C 总线的数据传送速率在标准工作方式下为 100kb/s。在快速方式下，最高传送速率可达 400kb/s。需说明的是，应用时两根总线必须接有 5～10kΩ 的上拉电阻。

3．I²C 总线器件的地址

I²C 总线是由数据线 SDA 和时钟 SCL 构成的串行总线，可发送和接收数据。在单片机与被控器件之间、器件与器件之间均可进行双向信息传送。外围器件并联在总线上，就像电话机一样，只有拨通各自的号码才能工作，所以每个器件都有唯一的地址。器件地址共 7 位，它与方向位构成了 I²C 总线器件的寻址字节 SLA。表 6-1 列出了 I²C 总线器件的寻址字节 SLA。

表 6-1　I²C 总线器件的寻址字节 SLA

位		D7	D6	D5	D4	D3	D2	D1	D0
含	义	DA3	DA2	DA1	DA0	A2	A1	A0	R/$\overline{W}$

（1）DA3、DA2、DA1 和 DA0：器件地址位，是 I²C 总线外围接口器件固有的地址编码，器件出厂时就已经给定了（使用者不能改变）。例如，I²C 总线器件 AT24C×× 系列器件的地址为 1010。

（2）A2、A1 和 A0：引脚地址位，是由 I²C 总线外围器件的地址端口根据接地或接电源的不同而形成的地址数据（由使用者控制）。

（3）R/$\overline{W}$：数据方向位，规定了总线上主节点对从节点的数据方向。R/$\overline{W}$ =1 时，为接收；R/$\overline{W}$ =0 时，为发送。

4．I²C 总线上的时钟信号

I²C 总线上的时钟信号是挂接在 SCL 时钟线上的所有器件的时钟信号逻辑与运算的结果。SCL 线上由高电平到低电平的跳变将影响到这些器件。一旦某个器件的时钟信号下跳变为低电平，将使 SCL 线一直保持低电平，所有器件开始低电平周期。此时，低电平周期短器件的时钟由低至高的跳变并不能影响 SCL 线的状态，于是这些器件将进入高电平等待状态。

当所有器件的时钟信号都跳变为高电平时，低电平周期结束，SCL 线被释放返回高电平，即所有的器件都同时开始它们的高电平周期。其后，第一个结束高电平期的器件又使 SCL 线的信号变成低电平。这样就在 SCL 线上产生一个同步时钟。可见，时钟低电平时间由时钟低电平周期最长的器件确定，而时钟高电平时间由时钟高电平周期最短的器件确定。

5．I²C 总线的传输规则与数据读写格式

1）起始和停止条件

在数据传送过程中，必须确认数据传送的开始和结束。在 I²C 总线技术规范中，开始和结束信号（又称为启动和停止信号）的定义，如图 6-2 所示。

（1）开始信号：SCL 为高电平时，SDA 由高电平向低电平跳变，开始传送数据。

（2）结束信号：SCL 为高电平时，SDA 由低电平向高电平跳变，结束传送数据开始信号和结束信号都是由主器件产生的。在开始信号后，总线被认为处于忙状态，其他器件不能再产生开始信号。主器件在结束信号后退出主器件角色，经过一段时间，总线被认为是空闲的。

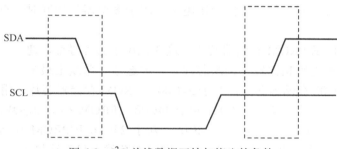

图 6-2　I²C 总线数据开始与停止的条件

2）数据传输格式

在 I²C 总线开始传输后，送出的第一个字节数据是用来选择从器件地址的。其中，前 7 位为地址码，第 8 位为方向位（R/$\overline{W}$）。方向位为"0"表示发送，即主器件把信息写到所选择的从器件；方向位为"1"表示主器件将由从器件读出信息。开始信号后，系统中的各个器件将自己的地址和主器件送到总线上的地址进行比较，如果两者一致，则该器件为被主器件寻址的器件。

I²C 总线的数据传输采用时钟脉冲逐位串行传送方式，时序如图 6-3 所示。在 SCL 的低电平期间，SDA 线上高、低电平能变化，即数据允许变化。在 SCL 高电平期间，SDA 上数据必须保持稳定，不允许变化。

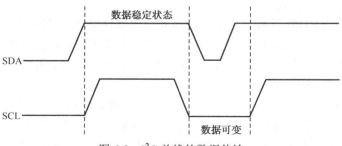

图 6-3　I²C 总线的数据传输

3）响应

I^2C 总线协议规定，每传送一个字节数据（含地址及命令字）后，都要有一个应答信号（又称为应答位，用 ACK 表示），以确定数据传送是否正确。应答位的时钟脉冲由主机产生，发送器件需在应答时钟脉冲的高电平期间释放（送高电平）数据/地址线 SDA，转由接收器件控制。通常接收器件在这个时钟脉冲内必须向 SDA 传送低电平，以产生有效的应答信号，表示接收正常。若接收器件不能接收或不能产生应答信号时，则保持 SDA 为高电平。此时，主机产生一个停止信号，表示接收异常，使传送异常结束。当主机为接收器件时，主机对最后一个字节不应答，以向发送器件表示数据传送结束。此时，发送器件应释放 SDA，以便主机产生一个停止信号。

6.1.2 I^2C 芯片 24C04 的应用

AT24C××是美国 Atmel 公司生产的低功耗 CMOS 串行 E^2PROM（电可擦除存储器），该系列有 24C01、24C02、24C04、24C08、24C16、24C32、24C64 等型号，它们的封装形式、引脚功能及内部结构类似，只是存储容量不同，对应的存储容量分别是 128B、256B、512B、1KB、2KB、4KB、8KB。以下简称 24C××。

1. 24C××芯片的引脚

24C××芯片的引脚，如图 6-4 所示。共有 8 个引脚，各引脚功能如下。

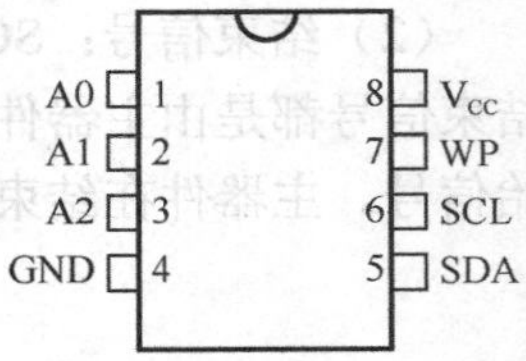

（1）A0、A1、A2：片选或页面选择地址输入端。选用不同的 E^2PROM
存储器芯片时，其意义不同，但都要接固定电平，用于多个器件级联时
的芯片寻址。

对于 24C01/24C02 E^2PROM 存储器芯片，这 3 位用于芯片寻址，通
过与其所接的接线逻辑电平相比较，判断芯片是否被选通。总线上最多
可连接 8 片 24C01/24C02 存储器芯片；对于 24C04 E^2PROM 存储器芯片，用 A1、A2 作为片选，A0 悬空。在总线上最多可连接 4 片 24C04；对于 24C08 E^2PROM 存储器芯片，只用 A2 作为片选，A0、A1 悬空。在总线上最多可连接 2 片 24C08。对于 24C16 E^2PROM 存储器芯片，A0、A1、A2 都悬空。这 3 位地址作为页地址位 P0、P1、P2。在总线上只能连接 1 片 24C16。

（2）GND：接地。

（3）SDA：串行数据（地址）I/O 端，用于串行数据的输入/输出。这个引脚是漏极开路驱动端，可以与任何数量的漏极开路或集电极开路器件"线或"连接。

（4）SCL：串行时钟输入端，用于输入/输出数据的同步。在其上升沿时，串行写入数据；在下降沿时，串行读取数据。

（5）WP：写保护端，用于硬件数据的保护。WP 接地时，对整个芯片进行正常的读/写操作；WP 接电源 V_{CC} 时，对芯片进行数据写保护。

（6）V_{CC}：电源电压，接+5V。

2. 24C××芯片的读写方式

24C××系列串行 E^2PROM 寻址方式字节的高 4 位为器件地址，且固定为 1010B；低 3 位为器件地址引脚 A2～A0。对于存储容量小于 256B 的芯片，如 24C01，片内寻址只有 8 位。对于容量大于 256B 的，如 24C16，其容量为 2KB，因此，需要 11 位寻址位。通常，将寻址地址多于 8 位的称为页面寻址，每 256B 作为一页。

图 6-5 所示为 24C××系列的字节写时序示意图。主机首先发送起始信号，随后给出器件地址，在收到应答信号后，再将字节地址写入 24C××芯片的地址指针，最后是准备写入的数据字节。对于多于 8 位的地址，主机需连续发送两个 8 位地址字节，并写入 24C××芯片的地址指针。

图 6-4　24C××芯片
的引脚示意图

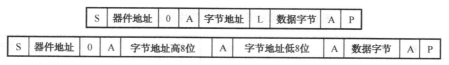

图 6-5 24C××系列字节写时序示意图

图 6-6 所示为 24C××系列芯片的页写时序示意图。与字节写模式不同，24C××系列芯片在页写模式下，可以一次写入 8B 或 16B 的数据，每个数据字节之间不需发送停止信号。当 24C××系列芯片收到停止信号后，自动启动内部的写周期，将所有接收到的数据在一个写周期内写入内存中。

图 6-6 24C××系列页写时序示意图

24C××系列芯片的读操作方式与写操作类似，所不同的是要将数据传送方向位置 1。图 6-7 给出了分别为立即地址读取、随机地址读取和顺序地址读取 3 种不同的读操作方式。采用立即地址读取方式时，主机无须发送要读的字节地址，24C××系列芯片会自动从上次访问地址的下一个地址处读取数据，即上次访问地址为 ADD，则芯片会从 ADD+1 的地址处开始读取数据。

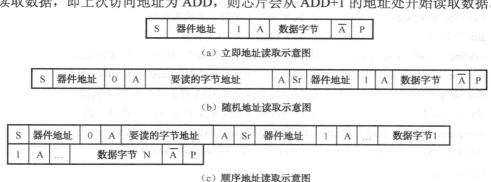

图 6-7 不同读操作方式的示意图

如果要读取某个特定地址的数据，可以使用随机地址读取的方式。此方式中，主机必须先通过字节写操作方式，将要读的字节地址写入 24C××系列芯片中，然后再次发送起始信号，启动读操作并将总线释放给 24C××，24C××会从之前设置的地址处回送数据字节给主机。

对于内存的读操作往往是连续多字节的，可以采用顺序地址读取的方式。该方式与随机地址读取类似，所不同的是，当主机对于数据字节给出应答位时，24C××会送出下一地址的数据；当主机对于数据字节给出非应答位时，24C××会认为当前操作结束，从而释放总线，主机要随后给出终止信号，结束本次操作。

3．24C××的命令字节格式

主机发送启动信号后，再发送一个 8 位的含有芯片地址的控制字对器件进行片选。这 8 位片选地址由三部分组成：第一部分是 8 位控制字的高 4 位（D7～D4），固定为 1010，是 I^2C 总线器件的特征编码；第二部分是最低位 D0，D0 位是读/写选择位 R/$\overline{W}$，决定主机对 E^2PROM 进行读/写操作，R/$\overline{W}$=1，表示读操作，R/$\overline{W}$=0 表示写操作；第三部分为余下的 3 位，即 A0、A1、A2，这 3 位根据芯片的容量不同，其意义也不相同。表 6-2 所示为 24C××E^2PROM 芯片的地址安排（表中，P2、P1、P0 为页地址位）。

表 6-2　24C××E²PROM 芯片的地址安排

型　　号	容　　量					地	址			可扩展的数目
24C01	128B	1	0	1	0	A2	A1	A0	R/$\overline{W}$	8
24C02	256B	1	0	1	0	A2	A1	A0	R/$\overline{W}$	8
24C04	512B	1	0	1	0	A2	A1	P0	R/$\overline{W}$	4
24C08	1KB	1	0	1	0	A2	P1	P0	R/$\overline{W}$	2
24C16	2KB	1	0	1	0	P2	P1	P0	R/$\overline{W}$	1
24C32	4KB	1	0	1	0	A2	A1	A0	R/$\overline{W}$	8
24C64	8KB	1	0	1	0	A2	A1	A0	R/$\overline{W}$	8

以下举例使用 24C04 进行应用设计。

6.1.3　软件程序设计

案例 31：将按键次数写入 AT24C04，再读出送 LED 数码管显示，若按键次数超过 99，则清 0 并重新开始计数。

```
//案例 31：将按键次数写入 AT24C04,再读出送 LED 数码管显示
#include<reg51.h>              // 包含单片机寄存器的头文件
#include<intrins.h>            // 包含_nop_()函数定义的头文件
sbit S=P1^5;                   // 将 S 位定义为 P1.5 引脚
#define    OP_READ 0xa1        // 器件地址以及读取操作，0xa1 即为 1010 0001B
#define    OP_WRITE 0xa0       // 器件地址以及写入操作，0xa0 即为 1010 0000B
sbit SDA=P3^4;                 // 将串行数据总线 SDA 位定义在为 P3.4 引脚
sbit SCL=P3^3;                 // 将串行时钟总线 SCL 位定义在为 P3.3 引脚
unsigned char code Tab[ ]={0xc0,0xf9,0xa4,0xb0,0x99,0x92,0x82,0xf8,0x80,0x90}; //数字 0~9 的段码
/********************************************************
函数功能：延时程序
********************************************************/
void delay(unsigned int m)
{
unsigned int i,j;
for(i=m;i>0;i--)
for(j=110;j>0;j--);
}
/********************************************************
函数功能：显示子程序
********************************************************/
 void display(unsigned char k)
{
P2=0x7f;                       // 点亮数码管十位
P0=Tab[k/10];                  // 显示十位数值
delay(1);                      // 动态扫描延时
P2=0xbf;                       // 点亮数码管个位
```

```
    P0=Tab[k%10];              // 显示个位数值
    delay(1);                  // 动态扫描延时
  }
/*******************************************************************
以下是对 AT24C02 的读写操作程序
********************************************************************/
/*********************************************
函数功能：开始数据传送
*********************************************/
void start()                   // 开始位
{
    SDA = 1;                   // SDA 初始化为高电平 "1"
    SCL = 1;                   // 开始数据传送时，要求 SCL 为高电平 "1"
    _nop_();                   // 等待一个机器周期
    _nop_();                   // 等待一个机器周期
    SDA = 0;                   // SDA 的下降沿被认为是开始信号
    _nop_();                   // 等待一个机器周期
    _nop_();                   // 等待一个机器周期
    _nop_();                   // 等待一个机器周期
    _nop_();                   // 等待一个机器周期
    SCL = 0;                   // SCL 为低电平时，SDA 上数据才允许变化（即允许以后的数据传递）
}
/*********************************************
函数功能：结束数据传送
*********************************************/
void stop()                    // 停止位
{
    SDA = 0;                   // SDA 初始化为低电平 "0"
    _nop_();                   // 等待一个机器周期
    _nop_();                   // 等待一个机器周期
    SCL = 1;                   // 结束数据传送时，要求 SCL 为高电平 "1"
    _nop_();                   // 等待一个机器周期
    _nop_();                   // 等待一个机器周期
    _nop_();                   // 等待一个机器周期
    SDA = 1;                   // SDA 的上升沿被认为是结束信号
}
/*********************************************
函数功能：从 AT24C×× 读取数据
出口参数：x
*********************************************/
unsigned char ReadData()       // 从 AT24C×× 移入数据到 MCU
{
```

· 241 ·

```c
    unsigned char i;
    unsigned char x;                      // 储存从 AT24C×× 中读出的数据
    for(i = 0; i < 8; i++)
    {
        SCL = 1;                          // SCL 置为高电平
        x<<=1;                            // 将 x 中的各二进位向左移一位
        x|=(unsigned char)SDA;            // 将 SDA 上的数据通过按位"或"运算存入 x 中
        SCL = 0;                          // 在 SCL 的下降沿读出数据
    }
    return(x);                            // 将读取的数据返回
}
/***************************************************
```
函数功能：向 AT24C×× 的当前地址写入数据
入口参数：y（储存待写入的数据）
```c
****************************************************/
bit WriteCurrent(unsigned char y)        // 在调用此数据写入函数前需首先调用开始函数
//start(),所以 SCL=0
{
    unsigned char i;
    bit ack_bit;              // 储存应答位
    for(i = 0; i < 8; i++)    // 循环移入 8 个位
    {
    SDA = (bit)(y&0x80);      // 通过按位"与"运算将最高位数据送到 S
                              // 因为传送时高位在前，低位在后
    _nop_();                  // 等待一个机器周期
    SCL = 1;                  // 在 SCL 的上升沿将数据写入 AT24C××
    _nop_();                  // 等待一个机器周期
    _nop_();                  // 等待一个机器周期
    SCL = 0;                  // 将 SCL 重新置为低电平，以在 SCL 线形成传送数据所需的 8 个脉冲
    y <<= 1;                  // 将 y 中的各二进位向左移一位
    }
    SDA = 1;                  // 发送设备（主机）应在时钟脉冲的高电平期间(SCL=1)释放 SDA 线，
                              // 以让 SDA 线转由接收设备（AT24C××）控制
    _nop_();                  // 等待一个机器周期
    _nop_();                  // 等待一个机器周期
    SCL = 1;                  // 根据上述规定，SCL 应为高电平
    _nop_();                  // 等待一个机器周期
    _nop_();                  // 等待一个机器周期
    _nop_();                  // 等待一个机器周期
    _nop_();                  // 等待一个机器周期
    ack_bit = SDA;            // 接受设备（AT24C××）向 SDA 送低电平，表示已经接收到一个字节
                              // 若送高电平，表示没有接收到，传送异常
    SCL = 0;                  // SCL 为低电平时，SDA 上数据才允许变化（即允许以后的数据传递）
    return   ack_bit;         // 返回 AT24C×× 应答位
}
/***************************************************
```

函数功能：向 AT24C×× 中的指定地址写入数据
入口参数：add（存储指定的地址）；dat（存储待写入的数据）
**/
```
void WriteSet(unsigned char add, unsigned char dat)    // 在指定地址 addr 处写入数
//据 WriteCurrent
{
    start();                              // 开始数据传递
    WriteCurrent(OP_WRITE);               // 选择要操作的 AT24C×× 芯片，并告知要对其写入数据
    WriteCurrent(add);                    // 写入指定地址
    WriteCurrent(dat);                    // 向当前地址（上面指定的地址）写入数据
    stop();                               // 停止数据传递
    delay(4);                             // 1 个字节的写入周期为 1ms，最好延时 1ms 以上
}
/**********************************************************
```
函数功能：从 AT24C×× 中的当前地址读取数据
出口参数：x（储存读出的数据）
**/
```
unsigned char ReadCurrent()
{
    unsigned char x;
    start();                              // 开始数据传递
    WriteCurrent(OP_READ);                // 选择要操作的 AT24C×× 芯片，并告知要读其数据
    x=ReadData();                         // 将读取的数据存入 x
    stop();                               // 停止数据传递
    return x;                             // 返回读取的数据
}
/**********************************************************
```
函数功能：从 AT24C×× 中的指定地址读取数据
入口参数：set_add
出口参数：x
**/
```
unsigned char ReadSet(unsigned char set_add)           // 在指定地址读取
{
    start();                              // 开始数据传递
    WriteCurrent(OP_WRITE);               // 选择要操作的 AT24C×× 芯片，并告知要对其写入数据
    WriteCurrent(set_add);                // 写入指定地址
    return(ReadCurrent());                // 从指定地址读出数据并返回
}
/**************************************************************
```
函数功能：主函数
**/
```
 void main(void)
 {
```

```
        unsigned char sum;                    // 储存计数值
         unsigned char x;                     // 储存从 AT24C02 读出的值
        sum=0;                                // 将计数值初始化为 0
        while(1)                              // 无限循环
          {
            if(S==0)                          // 如果该键被按下
              {
                delay(80);                    // 软件消抖，延时 80ms
                if(S==0)                      // 确实该键被按下
                  sum++;                      // 计件值加 1
                if(sum==99)                   // 如果计满 99
                  sum=0;                      // 清 0，重新开始计数
              }
            WriteSet(0x01,sum);               // 将计件值写入 AT24C04 中的指定地址"0x01"
              x=ReadSet(0x01);                // 从 AT24C04 中读出计件值
            display(x);                       // 调用显示子程序
          }
    }
```

6.1.4 硬件仿真原理图

案例 31 的硬件仿真参考原理图及对象选择器显示窗口如图 6-8 所示。

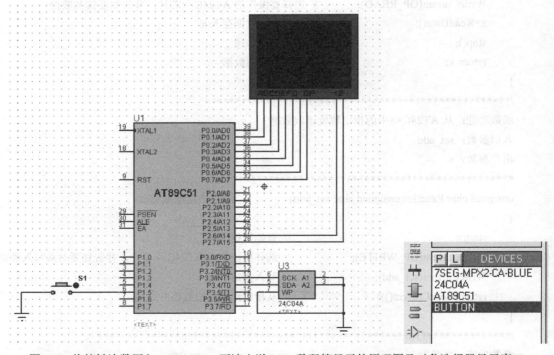

图 6-8 将按键次数写入 AT24C04，再读出送 LED 数码管显示的原理图及对象选择器显示窗口

6.1.5 用 Proteus 软硬件仿真运行

将编译好的"案例 31.hex"文件载入"AT89C51"单片机，在仿真环境中单击"运行"按钮，进入仿真运行状态。将按键次数写入 AT24C04，再读出送 LED 数码管显示的仿真效果，如图 6-9 所示。

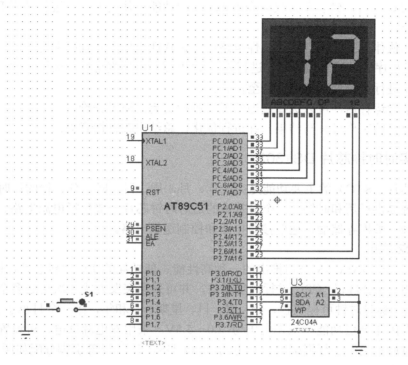

图 6-9　将按键次数写入 AT24C04，再读出送 LED 数码管显示的仿真效果图

6.1.6 提高练习

提高练习：将按键次数写入 AT24C04，再读出送 LED 数码管显示，若按键次数超过 10，则清 0 并重新开始计数。

6.1.7 拓展练习

拓展练习：将按键次数写入 AT24C02，再读出送 LCD 液晶显示器显示，若按键次数超过 99，则清 0 并重新开始计数。

6.2　任务 2　认识实时时钟电路

6.2.1 任务与计划

1. 任务要求

（1）使用单片机控制方式，设计一个基于 DS1302 的日历时钟。要求：从 DS1302 中读取时钟的数据，在 LCD1602 液晶显示器上显示时间。"Date:××××-××-××"显示在 1602LCD 液晶模块第一行；"Time:××-××-××"显示在 1602LCD 液晶模块第二行。

（2）使用仿真软件 Proteus 设计能够完成案例 32 的硬件原理图。

（3）使用单片机程序设计工具软件 Keil μVision，用 Keil C 编写源程序完成软件程序设计并进行软件调试，生成 HEX 文件。

（4）使用 Proteus 软、硬件仿真运行。

2．工作计划

（1）首先进行任务分析，根据任务要求学习实时时钟芯片 DS1302 的应用及相关知识，学习软件编程所需的 C 语言，结合单片机 4 个 I/O 端口的功能和使用方法，进行基于 DS1302 的日历时钟的方案设计。

（2）与合作伙伴分工，分别进行硬件电路设计、软件流程图和程序编写。

（3）在完成程序的调试和编译后，进行输入/输出控制的仿真运行，在软硬件联调中，对所设计的电路和程序进行系统调试纠错，直至正确无误。

（4）仿真正常运行后，可以选择适当的形式进行交流，演示评价。

（5）反思自己的工作过程与结果，并进行优化，总结出改善性意见。

6.2.2　认识实时时钟芯片 DS1302

适时时钟芯片（RTC）的主要功能是完成年、月、周、日、时、分、秒的计时。通过外部接口为单片机系统提供日历和时钟。一个最基本的适时时钟芯片一般包括电源电路、时钟信号产生电路、适时时钟、数据存储器、通信接口电路和控制逻辑电路。

1．DS1302 芯片

DS1302 是美国 DALLAS 公司推出的一种高性能、低功耗的实时时钟芯片，附加 31B 静态 RAM，采用 SPI 三线接口与 CPU 进行同步通信，并可采用突发方式一次传送多个字节的时钟信号和 RAM 数据。实时时钟可提供秒、分、时、日、星期、月和年，当一个月小于 31 天时可以自动调整，且具有闰年补偿功能。工作电压为 2.0～5.5V。采用双电源供电，可设置备用电源充电方式，提供了对后备电源进行涓细电流充电的能力。DS1302 的外部引脚分配如图 6-10 所示。内部结构如图 6-11 所示。

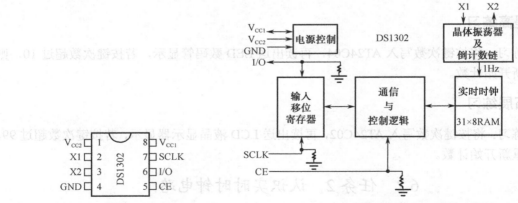

图 6-10　DS1302 的引脚图　　　　　　　图 6-11　DS1302 的内部结构图

DS1302 芯片引脚功能如下：

（1）V_{CC2}：主电源。

（2）V_{CC1}：备用电源。在主电源关闭的情况下，也能保持时钟的连续运行。DS1302 由 V_{CC1}、V_{CC2} 两者中的较大者供电。当 V_{CC2} 大于 V_{CC1}+0.2V 时，V_{CC2} 给 DS1302 供电；当 V_{CC2} 小于 V_{CC1} 时，DS1302 由 V_{CC1} 供电。

（3）X1、X2：振荡源，外接 32.768kHz 晶振。

（4）SCLK：串行时钟，信号输入，控制数据的输入与输出。

（5）I/O：三线接口时的双向数据线。

（6）CE：输入信号，在读/写数据期间，必须为高电平。该引脚有两个功能，首先，CE 接通控制逻辑，允许地址/命令序列送入移位寄存器；其次，CE 提供终止单字节或多字节数据的传送手段。当 CE 为高电平时，所有的数据传送被初始化，允许对 DS1302 进行操作。如果在传送过程中 CE 置为低电平，则会终止此次数据传送，I/O 引脚变为高阻态。上电运行时，在 $V_{CC} > 2.0V$ 之前，CE 必须保持低电平。只有 SCLK 为低电平时，才能将 CE 置为高电平。

2．DS1302 的性能特点

DS1302 能计算 2100 年前的秒、分、时、日、周、月和年的信息，并有闰年调整的功能。

（1）具有 31×8 位暂存数据存储器 RAM。

（2）串行 I/O 口方式使得引脚数量最少。

（3）工作电压：2.0～5.5V。

（4）在 2.0V 电压下的工作电流小于 300mA。

（5）可采用单字节和多字节两种传送方式读/写时钟或 RAM 数据。

（6）工作温度范围：−40～+85℃。

（7）具有可选的涓流充电能力。

3．DS1302 的操作方法

DS1302 有关日历、时间的寄存器共有 12 个，如表 6-3 所示。其中，有 7 个寄存器存放的数据格式为 BCD 码形式。通过向寄存器写入命令字实现对 DS1302 的操作。例如，如果要设置某时刻秒的初始值，需要先写入命令字 80H，然后才能向秒寄存器写入初始值；如果要读出某时刻秒的值，需要先写入命令字 81H，然后才能从秒寄存器读取数据。

表 6-3　DS1302 有关日历时间的寄存器

寄存器名称	命 令 字		取 值 范 围	各 位 名 称							
	写	读		7	6	5	4	3	2	1	0
秒寄存器	80H	81H	00～59	CH		10 秒			秒		
分寄存器	82H	83H	00～59	0		10 分			分		
小时寄存器	84H	85H	01～12，00～23	12/$\overline{24}$	0	AM/PM	时		时		
日寄存器	86H	87H	01～28，29，30，31	0	0	10 日			日		
月寄存器	88H	89H	01～12	0	0	0	10 月		月		
周寄存器	8AH	8BH	01～07	0	0	0	0	0	周日		
年寄存器	8CH	8DH	00～99	10 年				年			
控制寄存器	8EH	8FH	—	WP	0	0	0	0	0	0	0

秒寄存器（80H、81H）的位 7 定义为时钟暂停标志（CH）。当该位置为 1 时，时钟振荡器停止，DS1302 处于低功耗状态；当该位置为 0 时，时钟开始运行。"10 秒"为秒的十位数字，"秒"为秒的个位数字。

小时寄存器（84H、85H）的位 7 用于定义 DS1302 是运行于 12 小时模式还是 24 小时模式。当为高时，选择 12 小时模式。在 12 小时模式时，位 5 是 AM/PM 位，当为 1 时；表示 PM；在 24 小时模式时，位 5 是第二个 10 小时位。

周寄存器（8AH、8BH）的位 2、位 1、位 0 是周的个位数字（周日）。

控制寄存器（8EH、8FH）的位 7 是写保护位（WP），其他 7 位均置为 0。在任何对时钟和

RAM 的写操作之前，WP 位必须为 0。当 WP 位为 1 时，写保护位防止对任一寄存器的写操作。

DS1302 与 RAM 相关的寄存器分为两类：一类是单个 RAM 单元，共 31 个，每个单元为一个 8 位的字节，其命令控制字为 C0H～FDH，其中，奇数为读操作，偶数为写操作；另一类为突发方式下的 RAM 寄存器，此方式下可一次性读/写所有 RAM 的 31 个字节，命令控制字为 FEH（写）、FFH（读）。一般情况下，不需要对 RAM 进行操作。

1）将命令字写入 DS1302

每一个数据的传送由命令字节进行初始化，DS1302 的命令字节格式，如图 6-12 所示。

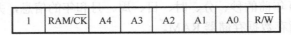

| 1 | RAM/CK | A4 | A3 | A2 | A1 | A0 | R/$\overline{W}$ |

图 6-12　DS1302 的命令字节格式

最高位位 7 为 1 时，允许写入；若为 0，则禁止写入。位 6 为 0 表示存取日历时钟数据；为 1 表示存取 RAM 数据。接着 5 个位是 RAM 或时钟寄存器的内部地址。最后一位为 0，表示写；为 1 表示读。

2）对 DS1302 进行数据读/写

控制字总是从最低位开始输出。读出的数据也是从最低位到最高位。数据读/写时序，如图 6-13 所示。无数据传递时，SCLK 保持低电平，此时，如果 CE 从低电平变成高电平时，即启动数据传输，为低电平时禁止数据传输。在控制字指令输入后的下一个 SCLK 时钟的上升沿时，数据被写入 DS1302，数据输入从最低位（0 位）开始。同样，在紧跟 8 位控制字指令后的下一个 SCLK 脉冲的下降沿，读出 DS1302 的数据。

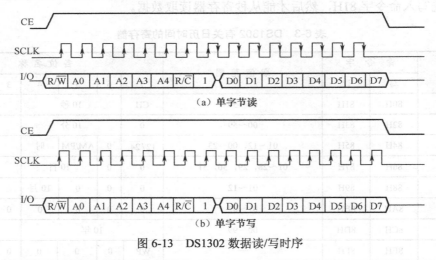

图 6-13　DS1302 数据读/写时序

3）对 DS1302 进行数据读/写步骤

（1）对 DS1302 的"读"操作步骤。

```
Writel302 (0x8F);      //读"允许写命令字"
Writel302 (0x81);      //读"读秒寄存器命令字"
X=Readl302 ();         //从秒寄存器中读取数据
```

（2）对 DS1302 的"写"操作步骤。

```
Writel302 (0x8E);      //写"允许写命令字"
Writel302 (Ox80);      //写"写寄存器命令字"
Writel302 (data);      //将数据写入 DS1302
```

（3）数据写入时的寄存器位的设置。

由于秒寄存器采用第 4～6 位来表示秒数值的十位数字，第 0～3 位表示秒的个位数字，因此，写入时还需做一些变换。例如，要将秒"35"写入秒寄存器，十位数字"3"的 8 位二进制表示形式为 0000 0011，要将 2 个数据位"11"写在秒寄存器的第 5、6 位，需要把"0000 0011"这个二进制数的各数据位向左移四位，用 C 语言表示如下。

```
x=3;
x=x<<4;          //移位后，x=00110000
```

秒"35"的个位数字"5"用 8 位二进制表示形式为 0000 0101，因为它的有效数字位"0101"本身就在第 0～3 位，所以不需右移。其他时钟寄存器的初始化方法与此类似。

6.2.3 软件程序设计

案例 32：基于 DS1302 的日历时钟。

要求：从 DS1302 中读取时钟的数据，在 LCD1602 液晶显示器上显示时间。"Dat：××××-××-××"显示在 1602LCD 液晶模块第一行；"Time：××-××-××"显示在 1602LCD 液晶模块第二行。

```
//案例 32：基于 DS1302 的日历时钟
#include<reg51.h>          //包含单片机寄存器的头文件
#include<intrins.h>        //包含_nop_()函数定义的头文件
/*****************************************************
以下是 DS1302 芯片的操作程序
*****************************************************/
unsigned char code digit[10]={"0123456789"};    //定义字符数组显示数字
sbit DATA=P1^2;           //位定义 1302 芯片的接口，数据输出端定义在 P1.2 引脚
sbit RST=P1^0;            //位定义 1302 芯片的接口，复位端口定义在 P1.0 引脚
sbit SCLK=P1^1;           //位定义 1302 芯片的接口，时钟输出端口定义在 P1.1 引脚
/*****************************************************
函数功能：延时程序
入口参数：m
*****************************************************/
void delay(unsigned int m)
{
unsigned int i,j;
for(i=m;i>0;i--)
for(j=110;j>0;j--);
}
/*****************************************************
函数功能：向 1302 写一个字节数据
入口参数：dat
*****************************************************/
void Write1302(unsigned char dat)
{
  unsigned char i;
  SCLK=0;                          // 拉低 SCLK，为脉冲上升沿写入数据做好准备
```

```
        delay(1);                        // 稍微等待，使硬件做好准备
        for(i=0;i<8;i++)                 // 连续写 8 个二进制位数据
            {
                DATA=dat&0x01;           // 取出 dat 的第 0 位数据写入 1302
                delay(1);                // 稍微等待，使硬件做好准备
                SCLK=1;                  // 上升沿写入数据
                delay(1);                // 稍微等待，使硬件做好准备
                SCLK=0;                  // 重新拉低 SCLK，形成脉冲
                dat>>=1;                 // 将 dat 的各数据位右移 1 位，准备写入下一个数据位
            }

    }
/**************************************************
函数功能：根据命令字，向 1302 写一个字节数据
入口参数：Cmd，储存命令字；dat，储存待写的数据
**************************************************/
void WriteSet1302(unsigned char Cmd,unsigned char dat)
    {
        RST=0;                           // 禁止数据传递
        SCLK=0;                          // 确保写数据前 SCLK 被拉低
        RST=1;                           // 启动数据传输
        delay(1);                        // 稍微等待，使硬件做好准备
        Write1302(Cmd);                  // 写入命令字
        Write1302(dat);                  // 写数据
        SCLK=1;                          // 将时钟电平置于已知状态
        RST=0;                           // 禁止数据传递
    }
/**************************************************
函数功能：从 1302 读一个字节数据
出口参数：dat
**************************************************/
 unsigned char Read1302(void)
    {
        unsigned char i,dat;
        delay(1);                        // 稍微等待，使硬件做好准备
        for(i=0;i<8;i++)                 // 连续读 8 个二进制位数据
            {
                dat>>=1;                 // 将 dat 的各数据位右移 1 位，因为先读出的是字节的最低位
                if(DATA==1)              // 如果读出的数据是 1
                dat|=0x80;               // 将 1 取出，写在 dat 的最高位
                SCLK=1;                  // 将 SCLK 置于高电平，为下降沿读出
                delay(1);                // 稍微等待
                SCLK=0;                  // 拉低 SCLK，形成脉冲下降沿
```

```
            delay(1);                          // 稍微等待
        }
    return dat;                                // 将读出的数据返回
    }
/******************************************************/
函数功能：根据命令字，从 1302 读取一个字节数据
入口参数：Cmd
******************************************************/
unsigned char    ReadSet1302(unsigned char Cmd)
    {
    unsigned char dat;
    RST=0;                                     // 拉低 RST
    SCLK=0;                                    // 确保写数据前 SCLK 被拉低
    RST=1;                                     // 启动数据传输
    Write1302(Cmd);                            // 写入命令字
    dat=Read1302();                            // 读出数据
    SCLK=1;                                    // 将时钟电平置于已知状态
    RST=0;                                     // 禁止数据传递
    return dat;                                // 将读出的数据返回
    }
/******************************************************/
函数功能：1302 进行初始化设置
******************************************************/
void Init_DS1302(void)
{
WriteSet1302(0x8E,0x00);                       // 根据写状态寄存器命令字，写入不保护指令
WriteSet1302(0x80,((0/10)<<4|(0%10)));         // 根据写秒寄存器命令字，写入秒的初始值
WriteSet1302(0x82,((10/10)<<4|(10%10)));       // 根据写分寄存器命令字，写入分的初始值
WriteSet1302(0x84,((10/10)<<4|(10%10)));       // 根据写小时寄存器命令字，写小时的初始值
WriteSet1302(0x86,((8/10)<<4|(8%10)));         // 根据写日寄存器命令字，写入日的初始值
WriteSet1302(0x88,((06/10)<<4|(06%10)));       // 根据写月寄存器命令字，写入月的初始值
WriteSet1302(0x8c,((13/10)<<4|(13%10)));       // 根据写年寄存器命令字，写入年的初始值
}
/***********************************************************************/
以下是对液晶模块的操作程序
***********************************************************************/
sbit RS=P2^5;                                  // 寄存器选择位，将 RS 位定义为 P2.5 引脚
sbit RW=P2^6;                                  // 读写选择位，将 RW 位定义为 P2.6 引脚
sbit E=P2^7;                                    // 使能信号位，将 E 位定义为 P2.7 引脚
sbit BF=P0^7;                                  // 忙碌标志位，，将 BF 位定义为 P0.7 引脚
/******************************************************/
函数功能：判断液晶模块的忙碌状态
返回值：result。result=1，忙碌；result=0，不忙
```

```
***********************************************/
bit BusyTest(void)
  {
    bit result;
     RS=0;                        // 根据规定，RS 为低电平，RW 为高电平时，可以读状态
     RW=1;
     E=1;                         // E=1，才允许读/写
     _nop_();                     // 空操作
     _nop_();
     _nop_();
     _nop_();                     // 空操作四个机器周期，给硬件反应时间
     result=BF;                   // 将忙碌标志电平赋给 result
     E=0;                         // 将 E 恢复低电平
    return result;
  }
/***********************************************
函数功能：将模式设置指令或显示地址写入液晶模块
入口参数：dictate
***********************************************/
void WriteInstruction (unsigned char dictate)
{
    while(BusyTest()==1);         // 如果忙就等待
     RS=0;                        // 根据规定，RS 和 RW 同时为低电平时，可以写入指令
     RW=0;
     E=0;                         // E 置低电平，当 E 从 0～1 发生正跳变，才能写入，所以应先置 0
     _nop_();
     _nop_();                     // 空操作两个机器周期，给硬件反应时间
     P0=dictate;                  // 将数据送入 P0 口，即写入指令或地址
     _nop_();
     _nop_();
     _nop_();
     _nop_();                     // 空操作四个机器周期，给硬件反应时间
     E=1;                         // E 置高电平
     _nop_();
     _nop_();
     _nop_();
     _nop_();                     // 空操作四个机器周期，给硬件反应时间
     E=0;                         // 当 E 由高电平跳变成低电平时，液晶模块开始执行命令
 }
/***********************************************
函数功能：指定字符显示的实际地址
入口参数：x
***********************************************/
```

· 252 ·

```c
void WriteAddress(unsigned char x)
{
    WriteInstruction(x|0x80);              // 显示位置的确定方法规定为"80H+地址码 x"
}
/**********************************************
函数功能：将数据（字符的标准 ASCII 码）写入液晶模块
入口参数：y（为字符常量）
**********************************************/
void WriteData(unsigned char y)
{
    while(BusyTest()==1);
    RS=1;                    // RS 为高电平，RW 为低电平时，可以写入数据
    RW=0;
    E=0;                     // E 置低电平，当 E 从 0~1 发生正跳变，才能写入，所以应先置 0
    P0=y;                    // 将数据送入 P0 口，即将数据写入液晶模块
    _nop_();
    _nop_();
    _nop_();
    _nop_();                 // 空操作四个机器周期，给硬件反应时间
    E=1;                     // E 置高电平
    _nop_();
    _nop_();
    _nop_();
    _nop_();                 // 空操作四个机器周期，给硬件反应时间
    E=0;                     // 当 E 由高电平跳变成低电平时，液晶模块开始执行命令
}

/**********************************************
函数功能：对 LCD 的显示模式进行初始化设置
**********************************************/
void LcdInitiate(void)
{
    delay(15);               // 延时 15ms，首次写指令时应给 LCD 一段较长的反应时间
    WriteInstruction(0x38);  // 显示模式设置：16×2 显示，5×7 点阵，8 位数据接口
    delay(5);                // 延时 5ms，给硬件反应时间
    WriteInstruction(0x38);
    delay(5);                // 延时 5ms，给硬件反应时间
    WriteInstruction(0x38);  // 连续三次，确保初始化成功
    delay(5);                // 延时 5ms，给硬件反应时间
    WriteInstruction(0x0c);  // 显示模式设置：显示开，无光标，光标不闪烁
    delay(5);                // 延时 5ms，给硬件反应时间
    WriteInstruction(0x06);  // 显示模式设置：光标右移，字符不移
    delay(5);                // 延时 5ms，给硬件反应时间
    WriteInstruction(0x01);  // 清屏幕指令，将以前的显示内容清除
```

```
        delay(5);                          // 延时 5ms，给硬件反应时间
    }
/**************************************************************
以下是 1302 数据的显示程序
**************************************************************/
/**********************************************
函数功能：显示年
入口参数：x
**********************************************/
void DisplayYear(unsigned char x)
{
  unsigned char i,j;                         // i,j 分别储存十位和个位
    i=x/10;//取十位
    j=x%10;//取个位
    WriteAddress(0x08);                    // 写显示地址，将在第 1 行第 9 列开始显示
    WriteData(digit[i]);                   // 将十位数字的字符常量写入 LCD
    WriteData(digit[j]);                   // 将个位数字的字符常量写入 LCD
    delay(50);                             // 延时 50ms 给硬件反应时间
  }
/**********************************************
函数功能：显示月
入口参数：x
**********************************************/
void DisplayMonth(unsigned char x)
{
  unsigned char i,j;                         // i,j 分别储存十位和个位
    i=x/10;//取十位
    j=x%10;//取个位
    WriteAddress(0x0b);                    // 写显示地址，将在第 1 行第 12 列开始显示
    WriteData(digit[i]);                   // 将十位数字的字符常量写入 LCD
    WriteData(digit[j]);                   // 将个位数字的字符常量写入 LCD
    delay(50);                             // 延时 50ms 给硬件反应时间
  }
/**********************************************
函数功能：显示日
入口参数：x
**********************************************/
void DisplayDay(unsigned char x)
{
  unsigned char i,j;                         // i,j 分别储存十位和个位
    i=x/10;//取十位
    j=x%10;//取个位
    WriteAddress(0x0e);                    // 写显示地址，将在第 21 行第 15 列开始显示
```

```c
        WriteData(digit[i]);                     // 将十位数字的字符常量写入 LCD
        WriteData(digit[j]);                     // 将个位数字的字符常量写入 LCD
        delay(50);                               // 延时 50ms 给硬件反应时间
    }
/***************************************************
函数功能：显示小时
入口参数：x
***************************************************/
void DisplayHour(unsigned char x)
{
    unsigned char i,j;                           // i,j 分别储存十位和个位
        i=x/10;//取十位
        j=x%10;//取个位
        WriteAddress(0x46);                      // 写显示地址，将在第 2 行第 7 列开始显示
        WriteData(digit[i]);                     // 将十位数字的字符常量写入 LCD
        WriteData(digit[j]);                     // 将个位数字的字符常量写入 LCD
        delay(50);                               // 延时 50ms 给硬件反应时间
    }
/***************************************************
函数功能：显示分钟
入口参数：x
***************************************************/
void DisplayMinute(unsigned char x)
{
    unsigned char i,j;                           // i,j 分别储存十位和个位
        i=x/10;//取十位
        j=x%10;//取个位
        WriteAddress(0x49);                      // 写显示地址，将在第 2 行第 10 列开始显示
        WriteData(digit[i]);                     // 将十位数字的字符常量写入 LCD
        WriteData(digit[j]);                     // 将个位数字的字符常量写入 LCD
        delay(50);                               // 延时 50ms 给硬件反应时间
    }
/***************************************************
函数功能：显示秒
入口参数：x
***************************************************/
void DisplaySecond(unsigned char x)
{
    unsigned char i,j;                           // i,j 分别储存十位和个位
        i=x/10;//取十位
        j=x%10;//取个位
        WriteAddress(0x4C);                      // 写显示地址，将在第 2 行第 13 列开始显示
        WriteData(digit[i]);                     // 将十位数字的字符常量写入 LCD
```

```
        WriteData(digit[j]);                    // 将个位数字的字符常量写入 LCD
        delay(50);                              // 延时 50ms 给硬件反应时间
    }
/****************************************************
函数功能：主函数
****************************************************/
void main(void)
{
    unsigned char second,minute,hour,day,month,year;    // 分别储存秒、分、小时，日，//月，年
    unsigned char ReadValue;                    // 储存从 1302 读取的数据
    LcdInitiate();                              // 将液晶初始化
    WriteAddress(0x01);                         // 写 Date 的显示地址，将在第 1 行第 2 列开始显示
    WriteData('D');                             // 将字符常量写入 LCD
    WriteData('a');                             // 将字符常量写入 LCD
    WriteData('t');                             // 将字符常量写入 LCD
    WriteData('e');                             // 将字符常量写入 LCD
    WriteData(':');                             // 将字符常量写入 LCD
    WriteData('2');                             // 将字符常量写入 LCD
    WriteData('0');                             // 将字符常量写入 LCD
    WriteAddress(0x41);                         // 写 Date 的显示地址,将在第 2 行第 2 列开始显示
    WriteData('T');                             // 将字符常量写入 LCD
    WriteData('i');                             // 将字符常量写入 LCD
    WriteData('m');                             // 将字符常量写入 LCD
    WriteData('e');                             // 将字符常量写入 LCD
    WriteAddress(0x0A);                         // 写年月分隔符的显示地址， 显示在第 1 行第 11 列
    WriteData('-');                             // 将字符常量写入 LCD
    WriteAddress(0x0D);                         // 写月日分隔符的显示地址， 显示在第 1 行第 14 列
    WriteData('-');                             // 将字符常量写入 LCD
    WriteAddress(0x45);                         // 写小时与分钟分隔符的显示地址， 显示在第 2 行第 6 列
    WriteData(':');                             // 将字符常量写入 LCD
    WriteAddress(0x48);                         // 写小时与分钟分隔符的显示地址， 显示在第 2 行第 9 列
    WriteData(':');                             // 将字符常量写入 LCD
    WriteAddress(0x4B);                         // 写分钟与秒分隔符的显示地址， 显示在第 2 行第 12 列
    WriteData(':');                             // 将字符常量写入 LCD
    Init_DS1302();                              // 将 1302 初始化
    while(1)
    {
        ReadValue = ReadSet1302(0x81);          // 从秒寄存器读数据
        second=((ReadValue&0x70)>>4)*10 + (ReadValue&0x0F);//将读出数据转化
        DisplaySecond(second);                  // 显示秒
        ReadValue = ReadSet1302(0x83);          // 从分寄存器读
        minute=((ReadValue&0x70)>>4)*10 + (ReadValue&0x0F); //将读出数据转化
        DisplayMinute(minute);                  // 显示分
```

```
ReadValue = ReadSet1302(0x85);        // 从小时寄存器读
hour=((ReadValue&0x70)>>4)*10 + (ReadValue&0x0F); //将读出数据转化
    DisplayHour(hour);                // 显示小时
ReadValue = ReadSet1302(0x87);        // 从日寄存器读
day=((ReadValue&0x70)>>4)*10 + (ReadValue&0x0F); //将读出数据转化
    DisplayDay(day);                  // 显示日
ReadValue = ReadSet1302(0x89);        // 从月寄存器读
month=((ReadValue&0x70)>>4)*10 + (ReadValue&0x0F); //将读出数据转化
    DisplayMonth(month);              // 显示月
ReadValue = ReadSet1302(0x8d);        // 从年寄存器读
year=((ReadValue&0x70)>>4)*10 + (ReadValue&0x0F); //将读出数据转化
    DisplayYear(year);                // 显示年
    }
}
```

6.2.4 硬件仿真原理图

案例 32 的仿真参考原理图如图 6-14 所示。对象选择器显示窗口如图 6-15 所示。

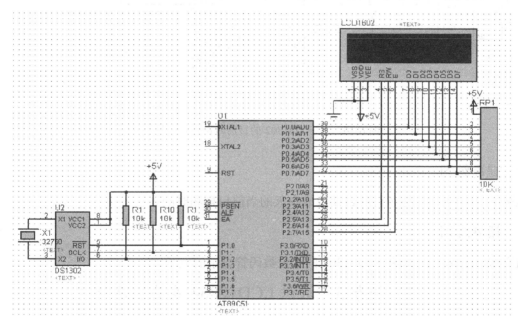

图 6-14　基于 DS1302 的日历时钟原理图

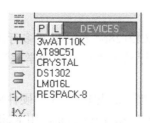

图 6-15　案例 32 的对象选择器显示窗口

6.2.5 用 Proteus 软硬件仿真运行

将编译好的"案例 32.hex"文件载入"AT89C51"单片机,在仿真环境中单击"运行"按钮,进入仿真运行状态。基于 DS1302 的日历时钟的仿真效果,如图 6-16 所示。

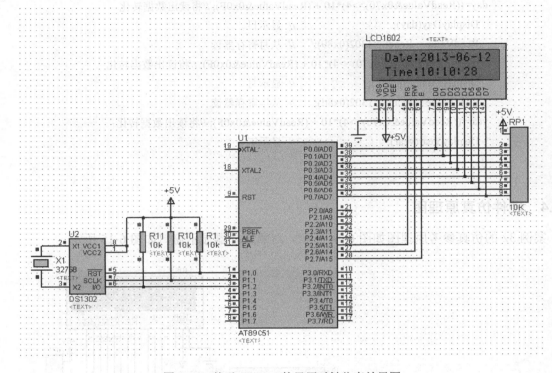

图 6-16 基于 DS1302 的日历时钟仿真效果图

6.2.6 提高练习

提高练习:将日历电子钟的日期改成今天的当前日期和时间。

6.2.7 拓展练习

拓展练习:设计一个基于 DS1302 的 8 位数码管显示的电子钟。

6.3 任务 3 认识 LCD12864 液晶显示屏

6.3.1 任务与计划

1. 任务要求

(1)使用单片机控制方式,由 LCD12864 设计显示多行汉字。要求:在 12864LCD 液晶显示器上第一行显示"北京电子",第二行显示"科技职业学院",第三行显示"欢迎大家来到",第四行显示"自动化工程学院"。

(2)使用仿真软件 Proteus 设计能够完成案例 33 的硬件原理图。

(3)使用单片机程序设计工具软件 Keil μVision,用 Keil C 编写源程序完成软件程序设计并进行软件调试,生成 HEX 文件。

（4）使用 Proteus 软、硬件仿真运行。

2．工作计划

（1）首先进行任务分析，根据任务要求学习 12864LCD 液晶显示器的应用及相关知识，学习软件编程所需的 C 语言，结合单片机 4 个 I/O 端口的功能和使用方法，进行 LCD12864 显示多行汉字的方案设计。

（2）与合作伙伴分工，分别进行硬件电路设计、软件流程图和程序编写。

（3）在完成程序的调试和编译后，进行输出控制的仿真运行，在软硬件联调中，对所设计的电路和程序进行系统调试纠错，直至正确无误。

（4）仿真正常运行后，可以选择适当的形式进行交流，演示评价。

（5）反思自己的工作过程与结果，并进行优化，总结出改善性意见。

6.3.2 LCD12864 液晶显示屏

LCD12864 是一种图形点阵液晶显示器，它主要由行驱动器、列驱动器及 128×64 全点阵液晶显示器组成，可完成图形显示，也可以显示 8×4 个（16×16 点阵）汉字，显示分辨率为 128（列）×64（行），与外部 CPU 接口可采用串行或并行方式控制。LCD12864 分为两种，带字库和不带字库，这里介绍不带字库的 12864。图 6-17 所示为 LCD12864 实物图，图 6-18 所示为 LCD12864 引脚图，表 6-4 所示为 LCD12864 引脚功能表。

1．引脚说明

引脚说明如表 6-4 所示。

表 6-4 LCD12864 引脚功能表

引　脚　号	引　脚　名　称	引脚功能描述
1	GND	电源地
2	V_{CC}	电源电压
3	V_O	液晶显示器驱动电压
4	RS	RS=H，表示 DB7～DB0 为显示数据
		RS=L，表示 DB7～DB0 为指令数据
5	R/$\overline{W}$	R/$\overline{W}$=H，从液晶模块读数据
		R/$\overline{W}$=L，将数据写入液晶模块
6	E	R/$\overline{W}$=L，E 信号下降沿锁存数据 DB7～DB0，写入有效
		R/$\overline{W}$=H，E=H，DDRAM 数据读到 DB7～DB0，读出有效
7～14	DB0～DB7	三态数据总线
15	CS1	选择芯片（左半屏）信号
16	CS2	选择芯片（右半屏）信号
17	RST	复位信号，低电平复位
18	VOUT	LCD 驱动负电压
19	LCDA	LCD 背光板电源正端
20	LCDK	LCD 背光板电源负端

图 6-17　LCD12864 实物图

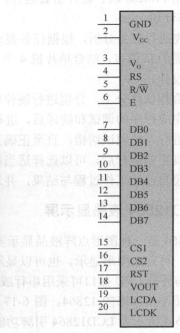

图 6-18　LCD12864 引脚图

2．操作时序

LCD12864 操作时序如图 6-19 所示。

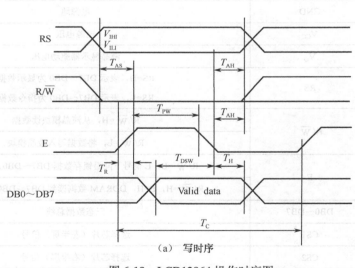

（a）写时序

图 6-19　LCD12864 操作时序图

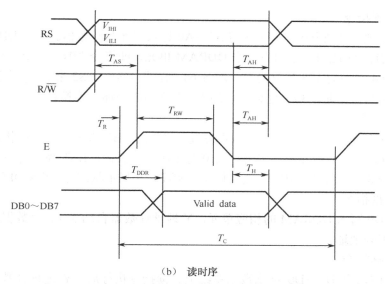

（b）读时序

图 6-19 LCD12864 操作时序图（续）

3．指令说明

LCD12864 指令说明，如表 6-5 所示。

表 6-5 LCD12864 指令说明

序 号	RS	R/$\overline{\text{W}}$	D7	D6	D5	D4	D3	D2	D1	D0	说　明
1	0	0	0	0	1	1	1	1	1	D	显示开关，D=1 开
2	0	0	1	1	A5	A4	A3	A2	A1	A0	设置显示起始行
3	0	0	1	0	1	1	1	A2	A1	A0	页面地址设置
4	0	0	0	1	A5	A4	A3	A2	A1	A0	列地址设置
5	0	1	BF	0	ON/OFF	RST	0	0	0	0	读状态字
6	1	0	数据								写显示数据
7	1	1	数据								读显示数据

1）开/关显示指令

D=1：开显示，显示器可以进行显示操作，即指令"0x3f"开显示。

D=0：关显示，不能对显示器进行显示操作，即指令"0x3e"关显示。

2）设置显示起始行指令

显示起始行由 Z 地址计数器控制，该指令将 A5～A0 的 6 位地址自动送入 Z 地址计数器，起始行地址可以是 0～63 的任意一行，所设置的行将显示在屏幕的第一行，即指令"0xc0+add"用来控制字符上下移动量。add 取值范围是 0～63。如 add=0，则第 1 行字符显示在第 1 行上，若 add=1，则第 1 行字符显示在第 2 行上。

3）页面地址设置指令

该指令执行后，后面的读/写操作将在指定的页内进行，直到重新设置。页地址存在 X 地址计数器中，A2～A0 表示 0～7 页，8 行为 1 页，64 行为 8 页，复位信号可将页地址计数器清零，即指令"0xb8+add"设置后续读/写的页地址。LCD12864 一个字节数据对应纵向 8 个点，规定每 8 行为一页。64 行分为 8 页，因此，add 取值为 0～7。

4）列地址设置指令

列地址存在 Y 地址计数器中，该指令将 A5～A0 送入 Y 地址计数器。在对 DDRAM 进行读/写操作后，Y 地址指针自动加 1，指向下一个 DDRAM 单元，即指令"0x40+add"设置后续读/写的列地址。LCD12864 把横向 128 列分为左、右各 64 列，用 CS1、CS2 来选择，因此，add 取值范围是 0～63。在读/写数据时，列地址会自动加 1，在 0～63 循环，不换行。

5）读状态字指令

LCD12864 的忙碌标志位 BF 放置在数据总线的 D7 位，BF 为 1 时表示忙状态，为 0 时表示空闲状态；ON/OFF 为 1 时表示显示打开，为 0 时表示显示关闭；RST 为 1 时表示复位，为 0 时表示正常。该指令读忙碌标志（BF）、复位标志（RST）和显示状态位（ON/OFF）。

6）写显示数据指令

将数据 D7～D0 写入 DDRAM 的相应单元，Y 地址计数器自动加 1。写数据到 DDRAM 前，先要设置页地址和列地址。

7）读显示数据指令

将 DDRAM 的内容 D7～D0 读到数据总线上。读指令执行后，Y 地址计数器自动加 1，读 DDRAM 数据前，先要设置页地址和列地址。

4．CS1 和 CS2 的屏幕选择说明

LCD12864 的 CS1 和 CS2 屏幕选择说明，如表 6-6 所示。CS1 和 CS2 均为低电平有效。

表 6-6　LCD12864 的 CS1 和 CS2 的屏幕选择说明

CS1	CS2	选屏
0	0	全屏
0	1	左半屏
1	0	右半屏
1	1	不选

6.3.3　软件程序设计

案例 33：LCD12864 显示多行汉字。

要求：在 LCD12864 液晶显示器上第一行显示"北京电子"；第二行显示"科技职业学院"；第三行显示"欢迎大家来到"；第四行显示"自动化工程学院"。

```
//案例 33：LCD12864 显示多行汉字
#include "reg51.h"
#include <intrins.h>
#define p0 P0
#define p2 P2
#define uchar unsigned char
sbit rs=P2^2;    // 数据/指令选择位
sbit rw=P2^1;    // 读/写选择位
sbit en=P2^0;    // 读/写使能位
sbit cs1=P2^4;   // 片选 1
sbit cs2=P2^3;   // 片选 2
sbit rst=P2^5;   // 复位
int code tu[]={
0x00,0x80,0x80,0x40,0x40,0xFF,0x00,0x00,0xFF,0x80,0x40,0x20,0x18,0x00,0x00,0x00,//北
```

0x10,0x10,0x08,0x08,0x04,0x3F,0x00,0x00,0x1F,0x20,0x20,0x20,0x20,0x3C,0x00,0x00,
0x00,0x08,0x08,0x08,0xE8,0x28,0x28,0x15,0x96,0x94,0xF4,0x04,0x04,0x04,0x00,0x00,//京
0x00,0x20,0x10,0x08,0x0D,0x01,0x21,0x7F,0x00,0x00,0x04,0x08,0x18,0x00,0x00,0x00,
     // 文字对应的编码请自行完成

};
/***
函数功能：向 12864 写指令
入口参数：com
**/
```c
void write_com(uchar com)
{
    rs=0;                    // 置命令字
    rw=0;                    // 写模式
    p0=com;
    en=1;                    // EN 由 1→0 锁存有效数据
    _nop_();
    _nop_();
    en=0;
}
```
/***
函数功能：向 12864 写数据
入口参数：date
**/
```c
void write_date(uchar date)         // 写数据函数
{
    rs=1;                    // 选择写数据
    rw=0;
    p0=date;                 // 写入数据
    en=1;
    _nop_();
    _nop_();
    en=0;
}
```
/***
函数功能：清屏函数
**/
```c
void clearlcd()
{
    uchar i,j;
    write_com(0xc0);                 // START=0 显示开始线
    for(i=0;i<8;i++)
    {
        write_com(0xb8+i);           //0～7 页选择
        write_com(0x40);
        for(j=0;j<64;j++)
        {
```

```
                    write_date(0x00);        // 列每次写入数据后自动加+1
                }
        }
}
/*************************************************
函数功能：初始化 LCD12864
*************************************************/
void init_lcd()//初始化 LCD
{
    rst=0;
    _nop_();
    _nop_();
    rst=1;
    cs1=1;                                    // 选屏
    cs2=0;
    write_com(0x3e);                          // 关显示
    write_com(0x3f);                          // 开显示
        clearlcd();                           // 清屏
    cs1=0;
    cs2=1;
    write_com(0x3e);
    write_com(0x3f);
        clearlcd();
}
/*************************************************
函数功能：主函数
*************************************************/
void main()
{
    int i,lie,j,zi=0;
    init_lcd();                               // 初始化 LCD12864
    while(1)
    {
        for(j=0;j<7;j=j+2)
        {
            cs1=0;                            // 选屏
            cs2=1;
            for(lie=0;lie<4;lie++)
          {
            write_com(0xb8+j);                // 页数
            write_com(0x40+16*lie);           // 起始列
            for(i=0;i<16;i++)                 // 列会自动加 1 共 16 列显示字的上半部分
            write_date(tu[i+zi*32]);          // zi 为第几个汉字，每个汉字需 32 个字节
            write_com(0xb8+1+j);              // 页数，一个汉字需要两列
            write_com(0x40+16*lie);           // 第二页的起始列数
            for(i=16;i<32;i++)
            write_date(tu[i+zi*32]);
```

```
                    zi++;
                    }
            cs1=1;                          // 选屏
            cs2=0;
             for(lie=0;lie<4;lie++)
        {
            write_com(0xb8+j);              // 页数
            write_com(0x40+16*lie);         // 起始列
            for(i=0;i<16;i++)               // 列会自动加 1，共 16 列显示字的下半部分
            write_date(tu[i+zi*32]);
            write_com(0xb8+1+j);            // 页数，一个汉字需要两列
            write_com(0x40+16*lie);         // 第二页的起始列数
            for(i=16;i<32;i++)
            write_date(tu[i+zi*32]);
            zi++;
            if(zi==32)
            zi=0;
                }
            }
        }
    }
```

6.3.4 硬件仿真原理图

案例 33 的仿真参考原理图如图 6-20 所示。对象选择器显示窗口如图 6-21 所示。

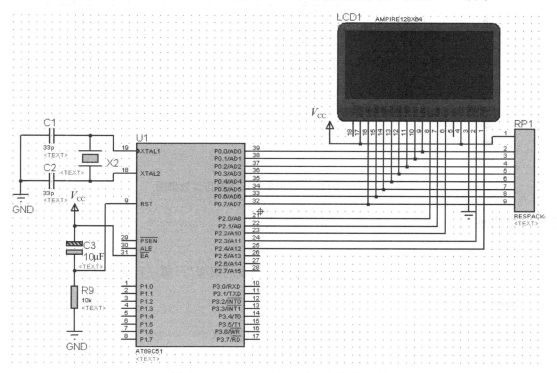

图 6-20 LCD12864 显示多行汉字原理图

图 6-21　案例 33 对象选择器显示窗口

6.3.5　用 Proteus 软硬件仿真运行

将编译好的"案例 33.hex"文件载入"AT89C51"单片机，在仿真环境中单击"运行"按钮，进入仿真运行状态。LCD12864 显示多行汉字的仿真效果如图 6-22 所示。

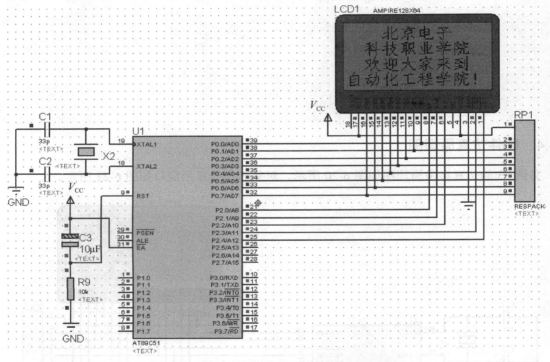

图 6-22　LCD12864 显示多行汉字的仿真效果图

6.3.6　提高练习

提高练习：LCD12864 显示两行汉字。

要求：在 LCD12864 液晶显示器上第一行显示"我的最爱"，第三行显示"××××××"。

6.3.7　拓展练习

拓展练习：在 LCD12864 液晶显示器上混合显示中英文。

要求：在 LCD12864 液晶上第一行显示"英文第一课"，从第二行开始显示英文第一课的名称。

6.4 任务4 日历时钟的设计与实现

6.4.1 任务与计划

1. 任务要求

（1）使用单片机控制方式，由 LCD12864 设计显示日历时钟。要求：在 LCD12864 液晶显示器上第一行显示"日期：2013-08-12"，第二行显示"星期一"，第三行显示"时间：10:10:00"。

（2）使用仿真软件 Proteus 设计能够完成案例 34 的硬件原理图。

（3）使用单片机程序设计工具软件 Keilμ Vision，用 Keil C 编写源程序完成软件程序设计并进行软件调试，生成 HEX 文件。

（4）使用 Proteus 软、硬件仿真运行。

2. 工作计划：

（1）首先进行任务分析，根据任务要求学习 LCD12864 液晶显示器和 DS1302 实时时钟芯片的应用及相关知识，学习软件编程所需的 C 语言，结合单片机 4 个 I/O 端口的功能和使用方法，进行 LCD12864 显示日历时钟的方案设计。

（2）与合作伙伴分工，分别进行硬件电路设计、软件流程图和程序编写。

（3）在完成程序的调试和编译后，进行输出控制的仿真运行，在软硬件联调中，对所设计的电路和程序进行系统调试纠错，直至正确无误。

（4）仿真正常运行后，可以选择适当的形式进行交流，演示评价。

（5）反思自己的工作过程与结果，并进行优化，总结出改善性意见。

6.4.2 软件程序设计

案例 34：LCD12864 显示日历时钟。

要求：在 LCD12864 液晶显示器上第一行显示"日期：2013-08-12"，第二行显示"星期一"，第三行显示"时间：10:10:00"。

```
//案例 34：LCD12864 显示日历时钟
#include <reg51.h>
#include <intrins.h>
#define uint unsigned int
#define uchar unsigned char
#define DATA   P0          // LCD12864 数据线
sbit RS=P2^2;              // 数据/指令的选择位
sbit RW=P2^1;              // 读/写的选择位
sbit EN=P2^0;              // 读/写的使能位
sbit cs1=P2^4;             // 片选 1
sbit cs2=P2^3;             // 片选 2
/*******************************
        定义中文字库
*******************************/
uchar code Hzk[]={
/*-- 文字: 日 --*/
0x00,0x00,0x00,0x00,0xF8,0x88,0x88,0x44,0x44,0x04,0xFC,0x00,0x00,0x00,0x00,0x00,
0x00,0x00,0x00,0x00,0x3F,0x10,0x10,0x08,0x08,0x08,0x1F,0x00,0x00,0x00,0x00,0x00,
/*-- 文字: 期 --*/
```

```
0x00,0x08,0x08,0xFE,0xA8,0x08,0xFF,0x04,0x00,0xFC,0x24,0x22,0xFE,0x00,0x00,0x00,
0x00,0x44,0x24,0x1B,0x02,0x0A,0x53,0x22,0x18,0x07,0x11,0x21,0x7F,0x00,0x00,0x00,
/*-- 文字:  :  --*/
0x00,0x00,0x00,0x00,0x00,0x00,0x00,0x00,0x00,0x00,0x00,0x00,0x00,0x00,0x00,0x00,
0x00,0x00,0x00,0x33,0x33,0x00,0x00,0x00,0x00,0x00,0x00,0x00,0x00,0x00,0x00,0x00,
            // 星、时、间对应的编码请自行完成

};
/*********************************
        定义中文字库 1
*********************************/
uchar code Xzk[]={
/*-- 文字:  一  --*/
0x00,0x00,0x00,0x00,0x00,0x00,0x00,0x80,0x80,0x80,0x80,0x80,0x80,0x80,0x00,0x00,
0x00,0x01,0x01,0x01,0x01,0x01,0x01,0x00,0x00,0x00,0x00,0x00,0x00,0x00,0x00,0x00,
/*-- 文字:  二  --*/
0x00,0x00,0x00,0x00,0x10,0x10,0x10,0x10,0x08,0x08,0x08,0x08,0x00,0x00,0x00,0x00,
0x00,0x08,0x08,0x08,0x08,0x08,0x08,0x04,0x04,0x04,0x04,0x04,0x04,0x00,0x00,0x00,
            // 三~日对应的编码请自行完成

};
/*************************************
        定义 ASCII 字库 8 列*16 行
*************************************/
uchar code Ezk[]={
/*-- 文字:  0  --*/
0x00,0x00,0xF0,0x08,0x08,0x18,0xE0,0x00,0x00,0x00,0x0F,0x10,0x20,0x10,0x0F,0x00,
/*-- 文字:  1  --*/
0x00,0x00,0x10,0xF8,0x00,0x00,0x00,0x00,0x00,0x00,0x00,0x1F,0x10,0x00,0x00,0x00,
            // 2~9 对应的编码请自行完成

/*-- 文字:  -  --*/
0x00,0x00,0x00,0x00,0x00,0x00,0x00,0x00,0x01,0x01,0x01,0x01,0x01,0x01,0x01,0x01,
/*-- 文字:     --*/
0x00,0x00,0x00,0x00,0x00,0x00,0x00,0x00,0x00,0x00,0x00,0x00,0x00,0x00,0x00,0x00,
/*-- 文字:  :  --*/
0x00,0xC0,0xC0,0x00,0x00,0x00,0x00,0x00,0x00,0x30,0x10,0x00,0x00,0x00,0x00,0x00,
};
/**********************************************************
函数功能: 状态检查, LCD 是否忙
**********************************************************/
void CheckState()
{
    uchar dat;   // 状态信息(判断是否忙)
    RS=0;        // 数据\指令选择, RS= "L" , 表示 DB7~DB0 为显示指令数据
    RW=1;        // R/W= "H" , 读出数据到 DB7~DB0
    do{
    DATA=0x00;
```

```
        EN=1;          // EN 下降沿锁存数据到 DB7~DB0
        _nop_();        // 等待一个机器周期
        dat=DATA;
        EN=0;
        dat=0x80 & dat;    // 仅当第 7 位为 0 时才可操作（判别 busy 信号）
        }while(!(dat==0x00));
}
/***************************************************************/
函数功能：写命令到 LCD 中
入口参数：com
***************************************************************/
SendCommandToLCD(uchar com)
{
    CheckState();        // 状态检查，LCD 是否忙
    RS=0;              // 向 LCD 发送命令。RS=0 写指令，RS=1 写数据
    RW=0;//R/W= "L" ，E= "H→L" 数据被写到 IR 或 DR
    DATA=com;          // com：命令
    EN=1;              // EN 下降沿锁存数据到 DB7~DB0
    _nop_();
    _nop_();
    EN=0;
}
/***************************************************************/
函数功能：设置页，0xb8 是页的首地址
入口参数：page
***************************************************************/
void SetLine(uchar page)
{
    page=0xb8|page;        // 设定页地址
    SendCommandToLCD(page);
}
/***************************************************************/
函数功能：设定显示开始行，0xc0 是行的首地址
入口参数：startline
***************************************************************/
void SetStartLine(uchar startline)
{
    startline=0xc0|startline;      // 1100 0000
    SendCommandToLCD(startline);    // 设置从哪行开始：0~63，一般从 0 行开始显示
}
/***************************************************************/
函数功能：设定列地址   Y：0~63 ；0x40 是列的首地址
入口参数：column
***************************************************************/
void SetColumn(uchar column)
{
    column=column &0x3f;        // column 最大值为 64，范围为 0≤column≤63
    column= 0x40|column;        // 01xx xxxx
```

```
            SendCommandToLCD(column);
    }
    /*************************************************************
    函数功能：开关显示，0x3f 是开显示，0x3e 是关显示
    入口参数：onoff
    **************************************************************/
    void SetOnOff(uchar onoff)
    {
        onoff=0x3e|onoff;                    // 0011 111x, onoff 只能为 0 或者 1
        SendCommandToLCD(onoff);
    }
    /*************************************************************
    函数功能：写显示数据
    入口参数：dat
    **************************************************************/
    void WriteByte(uchar dat)
    {
        CheckState();                        // 状态检查，LCD 是否忙
        RS=1;                                // RS=0 写指令，RS=1 写数据
        RW=0;                                //R/W= "L" , E= "H→L" 数据被写到 IR 或 DR
        DATA=dat;                            // dat:显示数据
        EN=1;                                // EN 下降沿锁存数据到 DB7~DB0
        _nop_();
        _nop_();
        EN=0;
    }
    /*************************************************************
    函数功能：选择屏幕，0—全屏，2—左屏，1—右
    入口参数：screen
    **************************************************************/
    void SelectScreen(uchar screen)
    {
        switch(screen)
        { case 0: cs1=0;                     // 全屏
                  _nop_(); _nop_(); _nop_();
                  cs2=0;
                  _nop_(); _nop_(); _nop_();
                  break;
          case 1: cs1=1;                     // 左屏
                  _nop_(); _nop_(); _nop_();
                  cs2=0;
                  _nop_(); _nop_(); _nop_();
                  break;
          case 2: cs1=0;                     // 右屏
                  _nop_(); _nop_(); _nop_();
                  cs2=1;
                  _nop_(); _nop_(); _nop_();
                  break;
```

```c
        }
}
/**********************************************************
函数功能：清屏，0—全屏，2—左屏，1—右
入口参数：screen
**********************************************************/
void ClearScreen(uchar screen)
{
    uchar i,j;
    SelectScreen(screen);

    for(i=0;i<8;i++)                    // 控制页数 0～7，共 8 页
    {
        SetLine(i);
        SetColumn(0);
        for(j=0;j<64;j++)               // 控制列数 0～63，共 64 列
        {
            WriteByte(0x00);            // 写入内容，列地址自动加 1
        }
    }
}
/**********************************************************
函数功能：初始化 LCD
**********************************************************/
void InitLCD()
{
    CheckState();                       // 状态检查，LCD 是否忙
    SelectScreen(0);                    // 选择屏幕
    SetOnOff(0);                        // 关显示
    SelectScreen(0);                    // 选择屏幕
    SetOnOff(1);                        // 开显示
    SelectScreen(0);                    // 选择屏幕
    ClearScreen(0);                     // 清屏
    SetStartLine(0);                    // 开始行：从 0 行开始
}
/**********************************************************
函数功能：显示全角汉字
入口参数：ss；page；column；number
**********************************************************/
void Display(uchar ss,uchar page,uchar column,uchar number)
{
    int i;                  // 选屏参数，pagr 选页参数，column 选列参数，number 选第几汉字输出
    SelectScreen(ss);
    column=column&0x3f;
    SetLine(page);                      // 写上半页
    SetColumn(column);                  // 控制列
    for(i=0;i<16;i++)                   // 控制 16 列的数据输出
    {
```

```
            WriteByte(Hzk[i+32*number]);              // i+32×number 汉字的前 16 个数据输出
        }
    SetLine(page+1);                                   // 写下半页
    SetColumn(column);                                 // 控制列
    for(i=0;i<16;i++)                                  // 控制 16 列的数据输出
    {
        WriteByte(Hzk[i+32*number+16]);                // i+32×number+16 汉字的后 16 个数据输出
    }
}
/*************************************************************
函数功能：显示全角汉字"周日"
入口参数：ss；page；column；number
**************************************************************/
void Display1(uchar ss,uchar page,uchar column,uchar number)
{
    int i; //选屏参数，pagr 选页参数，column 选列参数，number 选第几汉字输出
    SelectScreen(ss);
    column=column&0x3f;
    SetLine(page);                                     // 写上半页
    SetColumn(column);                                 // 控制列
    for(i=0;i<16;i++)                                  // 控制 16 列的数据输出
    {
        WriteByte(Xzk[i+32*number]);                   // i+32×number 汉字的前 16 个数据输出
    }
    SetLine(page+1);                                   // 写下半页
    SetColumn(column);                                 // 控制列
    for(i=0;i<16;i++)                                  // 控制 16 列的数据输出
    {
        WriteByte(Xzk[i+32*number+16]);                //i+32×number+16 汉字的后 16 个数据输出
    }
}
/*************************************************************
函数功能：显示半角汉字、数字和字母
入口参数：ss；page；column；number
**************************************************************/
void Displayen(uchar ss,uchar page,uchar column,uchar)
{
    uint i;        //选屏参数，pagr 选页参数，column 选列参数，number 选第几汉字输出
    SelectScreen(ss);
    column=column&0x3f;
    SetLine(page);                                     //写上半页
    SetColumn(column);
    for(i=0;i<8;i++)
    {
        WriteByte(Ezk[i+16*number]);
    }
    SetLine(page+1);                                   // 写下半页
    SetColumn(column);
```

```c
        for(i=0;i<8;i++)
        {
        WriteByte(Ezk[i+16*number+8]);
        }
}
```

```
/************************************************************
    以下是 DS1302 芯片的操作程序
************************************************************/
```

```c
unsigned char code digit[10]={"0123456789"};    //定义字符数组显示数字
sbit DATA1=P1^2;                // 位定义 1302 芯片的接口，数据输出端定义在 P1.2 引脚
sbit RST=P1^0;                  // 位定义 1302 芯片的接口，复位端口定义在 P1.0 引脚
sbit SCLK=P1^1;                 // 位定义 1302 芯片的接口，时钟输出端口定义在 P1.1 引脚
```

```
/************************************************************
函数功能：延时程序
入口参数：m
************************************************************/
```

```c
void delay(unsigned int m)
{
unsigned int i,j;
for(i=m;i>0;i--)
for(j=110;j>0;j--);
}
```

```
/************************************************
函数功能：向 1302 写一个字节数据
入口参数：dat
************************************************/
```

```c
void Write1302(unsigned char dat)
{
  unsigned char i;
  SCLK=0;                       // 拉低 SCLK，为脉冲上升沿写入数据做好准备
  delay(1);                     // 稍微等待，使硬件做好准备
  for(i=0;i<8;i++)              // 连续写 8 个二进制位数据
    {
        DATA1=dat&0x01;         // 取出 dat 的第 0 位数据写入 1302
        delay(1);               // 稍微等待，使硬件做好准备
        SCLK=1;                 // 上升沿写入数据
        delay(1);               // 稍微等待，使硬件做好准备
        SCLK=0;                 // 重新拉低 SCLK，形成脉冲
        dat>>=1;                // 将 dat 的各数据位右移 1 位，准备写入下一个数据位
    }
}
```

```
/************************************************
函数功能：根据命令字，向 1302 写一个字节数据
入口参数：Cmd，储存命令字；dat，储存待写的数据
************************************************/
```

```c
void WriteSet1302(unsigned char Cmd,unsigned char dat)
  {
    RST=0;                      // 禁止数据传递
```

```
          SCLK=0;                    // 确保写数据前 SCLK 被拉低
          RST=1;                     // 启动数据传输
          delay(1);                  // 稍微等待，使硬件做好准备
          Write1302(Cmd);            // 写入命令字
          Write1302(dat);            // 写数据
          SCLK=1;                    // 将时钟电平置于已知状态
          RST=0;                     // 禁止数据传递
    }
/********************************************************
函数功能：从 1302 读一个字节数据
出口参数：dat
********************************************************/
unsigned char Read1302(void)
 {
    unsigned char i,dat;
        delay(1);                    // 稍微等待，使硬件做好准备
        for(i=0;i<8;i++)             // 连续读 8 个二进制位数据
          {
            dat>>=1;                 // 将 dat 的各数据位右移 1 位，因为先读出的是字节的最低位
                if(DATA1==1)         // 如果读出的数据是 1
                dat|=0x80;           // 将 1 取出，写在 dat 的最高位
                SCLK=1;              // 将 SCLK 置于高电平，为下降沿读出
                delay(1);            // 稍微等待
                SCLK=0;              // 拉低 SCLK，形成脉冲下降沿
                delay(1);            // 稍微等待
          }
        return dat;                  // 将读出的数据返回
}
/********************************************************
函数功能：根据命令字，从 1302 读取一个字节数据
入口参数：Cmd
********************************************************/
unsigned char   ReadSet1302(unsigned char Cmd)
 {
    unsigned char dat;
    RST=0;                           // 拉低 RST
    SCLK=0;                          // 确保写数据前 SCLK 被拉低
    RST=1;                           // 启动数据传输
    Write1302(Cmd);                  // 写入命令字
    dat=Read1302();                  // 读出数据
    SCLK=1;                          // 将时钟电平置于已知状态
    RST=0;                           // 禁止数据传递
    return dat;                      // 将读出的数据返回
}
/********************************************************
函数功能：1302 进行初始化设置
********************************************************/
void Init_DS1302(void)
```

```
    {
    WriteSet1302(0x8e,0x00);                               // 根据写状态寄存器命令字，写入不保护指令
    WriteSet1302(0x80,((0/10)<<4|(0%10)));                 // 根据写秒寄存器命令字，写入秒的初始值
    WriteSet1302(0x82,((10/10)<<4|(10%10)));               // 根据写分寄存器命令字，写入分的初始值
    WriteSet1302(0x84,((10/10)<<4|(10%10)));               // 根据写小时寄存器命令字，写入小时的初始值
    WriteSet1302(0x86,((12/10)<<4|(12%10)));               // 根据写日寄存器命令字，写入日的初始值
    WriteSet1302(0x88,((8/10)<<4|(8%10)));                 // 根据写月寄存器命令字，写入月的初始值
    WriteSet1302(0x8a,((0)<<4|(1%10)));                    // 根据写月寄存器命令字，写入周的初始值
    WriteSet1302(0x8c,((13/10)<<4|(13%10)));               // 根据写年寄存器命令字，写入年的初始值
    }
/*****************************************************
以下是 1302 数据的显示程序
*****************************************************/
/*****************************************************
函数功能：显示年
入口参数：x
*****************************************************/
void DisplayYear(unsigned char x)
    {
    unsigned char i,j;                                     // i,j 分别储存十位和个位
        i=x/10;//取十位
        j=x%10;//取个位
        Displayen(2,0,2*16+24,i);                          // 写显示地址，将在第 1 行第 9 列开始显示
        Displayen(1,0,0,j);
        delay(50);                                         // 延时 50ms 给硬件反应时间
    }
/*****************************************************
函数功能：显示月
入口参数：x
*****************************************************/
void DisplayMonth(unsigned char x)
    {
    unsigned char i,j;                                     // i,j 分别储存十位和个位
        i=x/10;//取十位
        j=x%10;//取个位
        Displayen(1,0,16,i);                               // 写显示地址，将在第 1 行第 12 列开始显示
        Displayen(1,0,24,j);
        delay(50);                                         // 延时 50ms 给硬件反应时间
    }
/*****************************************************
函数功能：显示日
入口参数：x
*****************************************************/
void DisplayDay(unsigned char x)
    {
    unsigned char i,j;                    // i,j 分别储存十位和个位
        i=x/10;//取十位
        j=x%10;//取个位
```

```c
        Displayen(1,0,40,i);          // 写显示地址，将在第 21 行第 15 列开始显示
        Displayen(1,0,48,j);
        delay(50);                     // 延时 50ms 给硬件反应时间
 }
/***************************************************
函数功能：显示小时
入口参数：x
***************************************************/
void DisplayHour(unsigned char x)
{
 unsigned char i,j;                    // i,j 分别储存十位和个位
        i=x/10;//取十位
        j=x%10;//取个位
        Displayen(2,4,40,i);          // 写显示地址，将在第 2 行第 7 列开始显示
        Displayen(2,4,48,j);
        delay(50);                     // 延时 50ms 给硬件反应时间
 }
/***************************************************
函数功能：显示分钟
入口参数：x
***************************************************/
void DisplayMinute(unsigned char x)
{
        unsigned char i,j;            // i,j 分别储存十位和个位
        i=x/10;//取十位
        j=x%10;//取个位
        Displayen(1,4,0,i);           // 写显示地址，将在第 2 行第 10 列开始显示
        Displayen(1,4,8,j);
        delay(50);                     // 延时 50ms 给硬件反应时间
 }
/***************************************************
函数功能：显示秒
入口参数：x
***************************************************/
void DisplaySecond(unsigned char x)
{
        unsigned char i,j;            // i,j 分别储存十位和个位
        i=x/10;//取十位
        j=x%10;//取个位
        Displayen(1,4,24,i);          // 写显示地址，将在第 2 行第 13 列开始显示
        Displayen(1,4,32,j);
        delay(50);                     // 延时 50ms 给硬件反应时间
 }
/***************************************************
函数功能：显示周日
入口参数：x
***************************************************/
void Display1Week(unsigned char x)
```

```c
{
    unsigned char i;                              //i 储存个位
        i=x;//取个位
        Display1(2,2,2*16,i-1);                   // 写显示地址，将在第 2 行第 13 列开始显示
        delay(50);                                // 延时 50ms 给硬件反应时间
}
/*************************************************
函数功能：主函数
**************************************************/
void main()
{
    unsigned char second,minute,hour,day,month,week,year;      // 分别储存秒、分、小时，
//日，月，周，年
    unsigned char ReadValue;                      // 储存从 1302 读取的数据
        InitLCD();//初始 12864
        ClearScreen(0);                           // 清屏
        SetStartLine(0);                          // 显示开始行
        Init_DS1302();                            // 将 1302 初始化
        while(1)
        {
            Display(2,0,0*16,0);                  // "日"
            Display(2,0,1*16,1);                  // "期"
            Display(2,0,2*16,2);                  //" :"
            Displayen(2,0,2*16+8,2);              //" 2"
            Displayen(2,0,2*16+16,0);             //" 0"
            Displayen(1,0,8,10);                  //" -"
            Displayen(1,0,32,10);                 //" -"
            Display(2,2,0*16,3);                  // 星
            Display(2,2,1*16,1);                  // 期
            Display(2,4,0*16,4);                  // 时
            Display(2,4,1*16,5);                  // 间
            Displayen(2,4,32,12);                 // " : "
            Displayen(2,4,56,12);                 // " : "
            Displayen(1,4,16,12);                 //" :"
            ReadValue = ReadSet1302(0x81);        // 从秒寄存器读数据
            second=((ReadValue&0x70)>>4)*10 + (ReadValue&0x0F);   // 将读出数据转化
            DisplaySecond(second);                // 显示秒
            ReadValue = ReadSet1302(0x83);        // 从分寄存器读数据
            minute=((ReadValue&0x70)>>4)*10 + (ReadValue&0x0F);   // 将读出数据转化
            DisplayMinute(minute);                // 显示分
            ReadValue = ReadSet1302(0x85);        // 从小时寄存器读数据
            hour=((ReadValue&0x70)>>4)*10 + (ReadValue&0x0F);     // 将读出数据转化
            DisplayHour(hour);                    // 显示小时
            ReadValue = ReadSet1302(0x87);        // 从日寄存器读数据
            day=((ReadValue&0x70)>>4)*10 + (ReadValue&0x0F);      // 将读出数据转化
            DisplayDay(day);                      // 显示日
```

```
    ReadValue = ReadSet1302(0x89);                                    // 从月寄存器读数据
    month=((ReadValue&0x70)>>4)*10 + (ReadValue&0x0F);               // 将读出数据转化
     DisplayMonth(month);                                            // 显示月
    ReadValue = ReadSet1302(0x8b);                                    // 从周寄存器读数据
    week=((ReadValue&0x70)>>4)*10 + (ReadValue&0x0F);               // 将读出数据转化
     Display1Week(week);                                             // 显示周
     ReadValue = ReadSet1302(0x8d);                                   // 从年寄存器读数据
    year=((ReadValue&0x70)>>4)*10 + (ReadValue&0x0F);               // 将读出数据转化
    DisplayYear(year);                                               // 显示年
        }
    }
```

6.4.3 硬件仿真原理图

案例 34 的仿真参考原理图如图 6-23 所示。对象选择器显示窗口如图 6-24 所示。

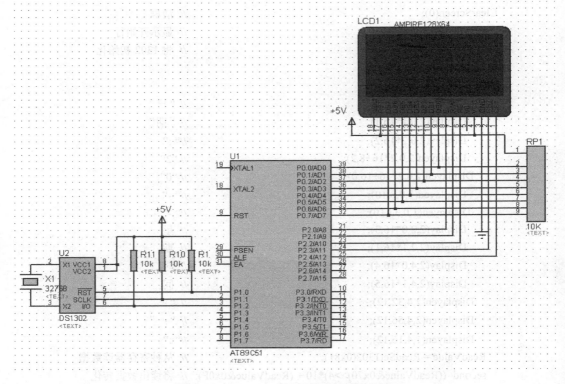

图 6-23 LCD12864 显示日历时钟原理图

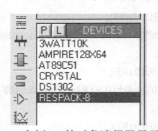

图 6-24 案例 34 的对象选择器显示窗口

6.4.4 用 Proteus 软硬件仿真运行

将编译好的"案例 34.hex"文件载入"AT89C51"单片机,在仿真环境中单击"运行"按钮,进入仿真运行状态。LCD12864 显示日历时钟的仿真效果,如图 6-25 所示。

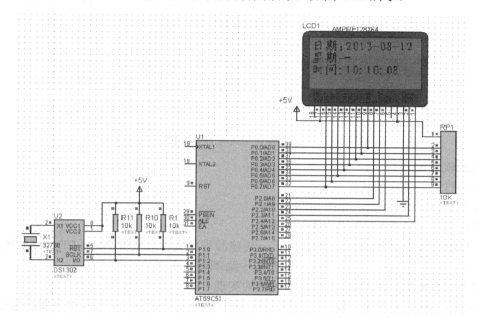

图 6-25　LCD12864 显示日历时钟的仿真效果图

6.4.5 日历时钟的设计与实现

1. 系统方案设计

根据工作任务要求,选用 AT89C51 单片机、时钟电路、复位电路、电源和 LCD12864 显示器构成工作系统,完成对 LCD12864 显示器的日历时钟控制。该系统方案设计框图,如图 6-26所示。

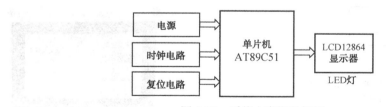

图 6-26　系统方案设计框图

2. 系统硬件设计

本设计选用 AT89C51 芯片(MCU01 主机模块)、"+5V"电源和"GND"地(MCU02 电源模块)、LCD12864(MCU04 显示模块)和 SL-USBISP-A 在线下载器;因为 YL-236 型单片机实训平台中没有实时时钟芯片 DS1302,所以编程时使用单片机内部时钟代替;由于主机模块上已经接有时钟电路(晶振电路)和复位电路,故只需要连接 LCD12864 显示电路和"+5V"电源与"GND"地即可。

"日历时钟的设计与实现"实物电路连接示意图,如图 6-27 所示。单片机的 P0 端口与LCD12864 显示电路相连,同时连接相应的控制线。

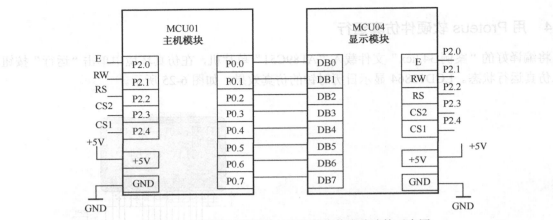

图 6-27　日历时钟的设计与实现的实物电路连接示意图

3．系统软件设计

1）日历时钟主程序模块设计

主程序模块设计流程图，如图 6-28 所示。

2）软件程序参见 6.4.2 节的软件程序设计

在编译软件 Keil μVision 中，新建项目→新建源程序文件（案例 34：LCD12864 显示日历时钟）→将新建的源程序文件加载到项目管理器→编译程序→调试程序至成功。

4．单片机控制 LCD12864 显示日历时钟的实现

用"SL-USBISP-A 在线下载器"将编译好的程序下载到 AT89S51 芯片中→实物运行。

实物运行效果如图 6-29 所示。

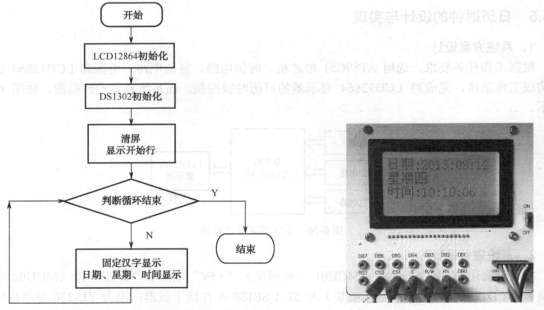

图 6-28　日历时钟主程序模块设计流程图　　　　图 6-29　LCD12864 显示日历时钟的实现效果图

附录A　ASCII 表

ASCII 码（美国标准信息交换代码）表

位654 \ 3210	000③	001③	010③	011	100	101	110	111③
0000	NUL	DLE	SP	0	@	P	`	p
0001	SOH	DC1	!	1	A	Q	a	q
0010	STX	DC2	"	2	B	R	b	r
0011	ETX	DC3	#	3	C	S	c	s
0100	EOT	DC4	$	4	D	T	d	t
0101	ENQ	NAK	%	5	E	U	e	u
0110	ACK	SYN	&	6	F	V	f	v
0111	BEL	ETB	,	7	G	W	g	w
1000	BS	CAN	(	8	H	X	h	x
1001	HT	EM	)	9	I	Y	i	y
1010	LF	SUB	*	:	J	Z	j	z
1011	VT	ESC	+	;	K	[	k	{
1100	FF	FS	'	<	L	、	l	|
1101	CR	GS	-	=	M	]	m	}
1110	SO	RS	.	>	N	Ω①	n	~
1111	SI	US	/	?	O	—②	o	DEL

注：① "Ω" 的形式取决于使用这种代码的机器，它的符号可以是弯曲符号、向上箭头或（—）标记；

② "—" 的形式取决于使用这种代码的及机器，它的符号可以是在下面画线、向下箭头或心形;

③ 对表中第 0、1、2 和 7 列的特殊控制功能的解释，见下列说明。

说明：

NUL	空	SP	空间（空格）
SOH	标题开始	DLE	数据链换码
STX	正文结束	DC1	设备控制1
ETX	本文结束	DC2	设备控制2
EOT	传输结果	DC3	设备控制3
ENQ	询问	DC4	设备控制4
ACK	承认	NAK	否定
BEL	报警符（可听见的信号）	SYN	空转同步
BS	退一格	ETB	信息组传送结束
HT	横向列表（穿孔卡片指令）	CAN	作废
LF	换行	EM	纸尽

VT	垂直制表		SUB	减
FF	走纸控制		ESC	换码
CR	回车		FS	文字分隔符
SO	移位输出		GS	组分隔符
SI	移位输入		RS	记录分隔符
US	单元分隔符		DEL	删除